逆态环境
与动物营养调控理论
及技术

Theory and Technology
of Animal Nutritional Regulation
in Adverse Environments

齐智利　著

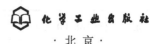

化学工业出版社

·北京·

内容简介

本书基于华中农业大学动物营养与调控研究团队近 20 年的研究成果，并汇集了本学科前沿相关最新知识，是首次对逆态环境与动物营养调控相关研究进行系统阐述的著作。书中主要介绍了环境应激与动物营养调控理论和技术、奶牛乳腺炎症与动物营养调控理论和技术、动物脂肪肝与动物营养调控理论和技术、肢蹄病与动物营养调控理论和技术、宠物肥胖与营养调控理论和技术、宠物毛发健康与营养调控理论和技术等方面的相关知识。

本书内容全面系统，是动物营养、动物科学、饲料与饲养等专业教师、本科生和研究生及相关科研人员的良好参考书。

图书在版编目（CIP）数据

逆态环境与动物营养调控理论及技术 / 齐智利著.
北京：化学工业出版社，2025. 6. -- ISBN 978-7-122
-47843-6

Ⅰ. S816

中国国家版本馆 CIP 数据核字第 20253LX333 号

责任编辑：邵桂林　　　　　　　　文字编辑：刘洋洋
责任校对：王鹏飞　　　　　　　　装帧设计：刘丽华

出版发行：化学工业出版社
　　　　　（北京市东城区青年湖南街 13 号　邮政编码 100011）
印　　装：北京印刷集团有限责任公司
787mm×1092mm　1/16　印张 12½　字数 291 千字
2025 年 8 月北京第 1 版第 1 次印刷

购书咨询：010-64518888　　　　　售后服务：010-64518899
网　　址：http://www.cip.com.cn

凡购买本书，如有缺损质量问题，本社销售中心负责调换。

定　　价：88.00 元

　　健康养殖是现代畜牧业实现可持续发展的前提，科学精准的营养策略是保障动物健康和预防疾病发生的根本技术手段，是生产优质畜产品的理想技术方案。卢德勋先生首次提出由自由基稳态失衡为主导的氧化应激-炎症反应-免疫功能失衡三方联动效应的健康营养核心理念，创建了动物健康营养理论和技术体系。英国学者 Clifford A Adams 博士提出了以维护动物健康为基础的动物营养学科理论和技术体系。动物健康管理的根本目的在于维护动物健康状态，干预并改善亚健康状态，最大程度地促使亚健康向健康状态转化，减少疾病发生的风险。本书的编写思路紧紧围绕上述核心理念，注重逆态环境下动物营养与健康的相互关系，揭示各种逆态条件下动物疾病发生的根本原因，提出相应的动物营养调控理论和新技术，为丰富和充实动物健康营养理论和技术体系提供科学依据。

　　笔者及课题组主要从事动物营养与调控、饲料效价评定和宠物营养及健康相关研究工作，重点围绕逆态环境与动物营养调控理论和技术开展研究。本书是在笔者近 20 年来围绕环境应激、动物疾病与营养调控进行科学研究和生产实际的基础上，结合课题研究所取得的成果编写而成。全书共六章，系统介绍了环境应激与动物营养调控理论和技术、乳腺炎症与动物营养调控理论和技术、脂肪肝与动物营养调控理论和技术、肢蹄病与动物营养调控理论和技术、宠物肥胖与营养调控理论和技术、宠物毛发健康与营养调控理论和技术。撰写时力求研究思路和内容与时俱进，将新方法、新技术、新案例融入相关章节，并注重理论与实际应用的结合；全书内容按照连贯性、逻辑性和易读性原则编写，同时注重各章节的合理划分与衔接。

　　本书在编写过程中，得到了有关专家、学者和技术人员的指导和帮助，并参阅和引用了相关书籍、期刊和学术论文，在此向提供帮助的专家和参考文献的作者表示衷心的感谢。此外，特别感谢课题组所有研究生为本书编写提供的帮助。

　　由于水平有限，书中难免有不足之处，恳请同行和读者谅解并予以指正。

齐智利

2025 年 5 月于武汉

目录

第一章

环境应激与动物营养调控理论和技术

第一节　环境应激及评价指标

一、应激

应激是指机体受到外界物理、化学或者生物刺激而产生的反应。1936年，加拿大病理学家 Hans Selye 首次提出这一名词，即内外环境的变化对机体产生的刺激打破了其内部环境的平衡所导致的一种状态。应激在典型情况下可以分为3个阶段（Selye，1998）：警戒阶段（也称动员阶段，即机体出现惊恐反应）、抵抗或适应阶段（即机体的免疫机能受损）和衰竭阶段（即机体出现营养不良）。对于动物而言，外界环境的变化和饲养方式的不同等因素都可能引起其产生应激反应，其中外界环境的变化是较难调控的因素，环境温度、湿度和风速等都属于环境因素。目前，环境温湿度的变化严重影响着动物的生产和繁殖等。由温度的降低或者升高所引发的动物冷热应激会直接影响动物的生产性能、生理健康及胃肠道消化功能等，进而影响动物产品质量。

（一）热应激

在全球变暖的背景下，热应激是影响畜禽生产最普遍和最难防范的因素之一。恒温动物具有热中性区，在此温度范围内，机体主要依靠物理调节维持正常体温。当环境温度、相对湿度、热辐射和风速发生变化，使环境有效温度超出热中性区范围时，机体产热量大于散热量，产生的非特异性应答反应即为热应激（Bagath et al，2019）。动物出现热应激时主要表现为呼吸加快、体温升高、食欲降低、采食量下降、营养物质消化吸收能力减弱、机体内分泌紊乱、产奶量下降、乳品质降低等。

高温高湿环境对奶牛健康和生产能力有着巨大的影响。奶牛作为一种恒温动物具有耐寒怕热的特点，会因外界热环境产生的热量高于消耗的热量而产生热应激（孔庆娟等，2020）。不同动物对温度和湿度变化有着不同的表现，由于奶牛主要依靠排汗和热性喘息等手段散热，所以随着环境温度升高自身调节能力降低。通常当环境温度达到27℃以上时，奶牛的直肠温度升高，在体温达到40℃以上时发生热性喘息。热应激一般是牛舍温度超过25℃，相对湿度达到50%以上时发生的反应（李斌等，2020）。当发生热应激时，奶牛食欲下降，反刍次数和消化机能也会相应下降，产奶量降低并且抵抗力减弱，严重时可导致奶牛死亡。在高温条件下，空气湿度过高会增强奶牛热应激效应。

(二) 冷应激

低温是应激源之一，不同的动物对于低温应激的范围和程度有所不同，目前对于低温应激还没有一个十分精确的定义。动物长期或短期暴露于低温环境中，出现不同程度的冷应激反应，该反应被称为"报警反应"。在寒冷地区，动物因处于极端低温条件下造成的继发感染给养殖业带来了巨大的损失。北美约三分之二的家畜所处的区域每年一月份的平均温度在 0℃ 以下，低温对动物的生产性能和饲料转化率有着极大的不良影响。传统研究认为奶牛对寒冷具有很强的耐受性，奶牛健康不易受到低温的影响，因而人们很少关注冬季低温对奶牛生产的不良影响。但是奶牛在经历了低温之后激素和一些适应性变化会使其生产水平和生产效率产生显著季节性变化，这种变化最终导致奶牛经济效益降低。研究发现，寒冷能刺激奶牛食欲，可以在一定程度上缓解由低温刺激造成的生产水平的下降，但易导致日粮能量利用率的降低（Young，1981）。

二、冷热应激评价指标研究进展

目前，冷热应激影响奶牛生产的程度和机制尚不清楚。了解和监测奶牛何时处于应激状态已经成为畜牧业研究的重要课题之一。衡量奶牛应激的指标目前有温度（temperature，T）、温湿指数（temperature-humidity index，THI）、风寒指数（wind chill index，WCI）、生理指标和生产性能等。

(一) 温度

有效温度（effective temperature，ET）是指饱和水汽压即空气静止环境中，人产生的舒适感觉与在实际环境中一致时的温度。将风速为零同时相对湿度为 100% 时感到舒适的 17.7℃ 作为标准，若风速达到 2m/s，相对湿度为 50%，则温度升至 27.4℃ 时才会感到舒适，27.4℃ 则作为当时条件下的有效温度，亦称为"实感温度"（颜志辉，2014）。

研究发现，日平均 ET 超过 20℃ 时，奶牛呼吸频率有升高趋势；超过 22℃ 时，体温有升高趋势。此外，日平均 ET 升高至 21.7℃ 时，奶牛的日干物质采食量有下降的趋势；日平均 ET 升高至 22.2℃ 时，奶牛的产奶量也出现下降趋势（Toda et al，1998；Toda et al，1999；Toda et al，2002）。

(二) 温湿指数

THI 是将环境温度和环境湿度综合起来对外界环境进行描述的指标，最初用于评定人所处环境的舒适度，后来常作为奶牛舒适度的评估指标，THI 有很多计算方法（见表 1-1）。

表 1-1　THI 计算公式

公式	来源
$THI = 0.72(T_d + T_w) + 40.6$	McDowell, 1976
$THI = 0.81T_d + (0.99T_d - 14.3)RH + 46.3$	Bohmanova et al, 2007

注：T_d 为干球温度，T_w 为湿球温度，RH 为相对湿度。

THI 的计算综合了温度和湿度的影响，能更加准确地评估奶牛应激（Bohmanova et al, 2007），所以被广泛应用于实际生产。THI 更多用于奶牛热应激的评估，Laurent 和 Piron（2012）报道当 THI≤72 时奶牛处于无热应激状态（此时每头牛产奶损失速率为 0.283kg/h、1.1kg/d），当 THI 在 72～79 时奶牛处于轻度热应激状态（此时每头牛产奶损失速率为 0.303kg/h、2.7kg/d），THI 在 80～89 时奶牛处于中度热应激状态（此时每头牛产奶损失速率为 0.322kg/h、3.9kg/d），THI 在 90～98 时奶牛处于重度热应激状态（见表 1-2）。此外，徐明等（2015）对不同环境下奶牛的应激表现进行系统的分析总结，提出当环境温度低于 22℃即 THI 小于 68 时奶牛无热应激，当环境温度高于 0℃即 THI 大于 38 时奶牛无冷应激，当环境温度高于 22℃即 THI 大于 68 或环境温度低于 0℃即 THI 小于 38 时奶牛会出现不同程度冷热应激（见表 1-3）。

表 1-2　热应激水平及其对产奶量的影响

THI	热应激水平	温度/相对湿度	持续时间/h	每头牛产奶损失/(kg/h,kg/d)
<72	无	22℃/50%	4	−0.283kg/h 1.1kg/d
72～79	轻度	25℃/50%	9	−0.303kg/h 2.7kg/d
80～89	中度	30℃/75%	12	−0.322kg/h 3.9kg/d
90～98	重度	34℃/85%	—	—
>98	危险	—	—	—

注：表中数据引自 Laurent and Piron（2012）。

表 1-3　成年母牛冷热应激评判标准

应激程度	热应激评判标准		冷应激评判标准	
	THI	温度/℃	THI	温度/℃
无应激	<68	<22	>38	>0
轻度应激	68～73	22～27	25～38	−9～0
中度应激	74～79	27～32	8～25	−18～−9
严重应激	79～84	32～36	−12～8	−27～−18
极端应激	84～90	36～39	−25～−12	−36～−27

注：表中数据引自徐明等（2015）。

（三）风寒指数

WCI 最初是由 Siple 和 Passel（1945）提出，它已被广泛用于评估低气温和风速的综合效应。在 1971 年 Steadman 基于热平衡提出新的 WCI，包含了 Siple 和 Passel 提出的更多的变量。而后美国和加拿大气象中心联合提出了新的风冷温度（wind chill temperature，WT）指数，其可作为判断动物冷应激的指标，图 1-1 是风冷温度分布图，其计算公式为

$$WCI = 13.12 + 0.6215T - 11.37V^{0.16} + 0.3965TV^{0.16}$$

式中，T 是环境温度，℃；V 是风速，km/h。

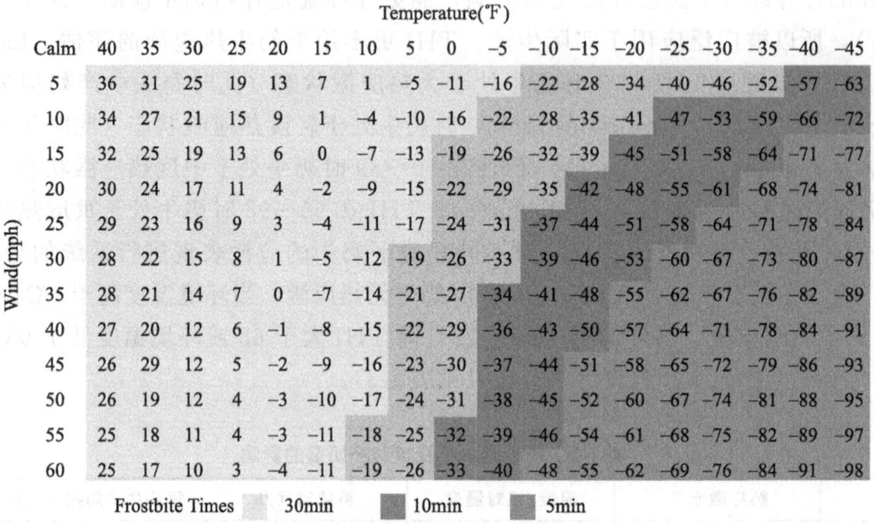

图 1-1 风冷温度指数分布图

外界低温会引起体表温度的急剧下降，从而导致肢体末端受到冻伤。根据 WCI 的大小，可以将外界低温带来的应激划分为不同程度（见表 1-4）。研究发现，WCI > -17.78℃ 时，乳头没有受到冻伤；WCI 在 -31.67～-17.78℃ 时，乳头可能受到冻伤；当 WCI < -31.67℃，长时间暴露会导致乳头冻伤（司马博锋，2017）。

表 1-4 冷应激程度表

WCI/℉	冷应激程度
>-10～0	轻度
>-25～-10	中度
>-45～-25	重度
>-59～-45	极端
≤-59	致命

（四）生理指标判定法：奶牛的直肠温度（RT）与呼吸频率（RR）

RT 是表示奶牛体核温度最稳定的一个指标，RR 被认为是目前评定奶牛应激程度的一个较为精准的指标，因此 RT 和 RR 常作为判断应激时生理变化的理想指标（West，1999）。但是目前对于 RT 和 RR 用于评估奶牛应激并未达成共识。艾晓杰（2004）报道，

同一时间段随机测定奶牛体温，若 70% 以上的个体体温超过 39.4℃ 或者 RR 高于 80 次/min，表明奶牛已经开始处于热应激状态；若 70% 以上的个体体温超过 40℃ 或 RR 超过 85次/min，则说明奶牛已处于严重热应激状态。这与唐姣玉等（2005）的研究结果一致。而郭东日等（2016）研究认为，在正常情况下，奶牛的 RR 为 20～50 次/min，RT 为 38.0～39.2℃；轻度热应激状态下，奶牛的 RR 为 50～79 次/min，RT 为 39.2～39.6℃；中度热应激状态下，奶牛的 RR 为 80～119 次/min，RT 为 39.6～40.0℃；重度热应激状态下，奶牛的 RR 为 120～160 次/min，RT≥40℃。RR 的升高要早于 RT，奶牛自身最初通过增加呼吸次数来增加机体散热量以维持体温平衡，当呼吸代偿仍不能有效维持正常体温时，RT 才会升高（Brown-Brandl et al，2003）。这进一步证实了 RT 作为奶牛热应激评定指标的有效性。但是 RT 的测定需要将牛进行绑定，并且需要将温度计的探头插入奶牛的直肠中，容易引起奶牛的应激反应。

（五）生产性能判定法

外界环境的变化引起奶牛的应激反应，进而使奶牛机体内的代谢活动发生改变，使其采食量降低，营养摄入不足，最终导致奶牛产奶量降低。艾晓杰（2004）和苏光华等（2007）认为，随着牛舍环境温度的升高，当奶牛采食量或产奶量下降 10% 以上，表明奶牛已开始产生热应激反应；如果奶牛采食量或产奶量下降 25% 以上，则奶牛机体已经受到严重热应激的危害。

参考文献

艾晓杰，2004. 奶牛热应激及其防治对策. 乳业科学与技术，27：81-86.
孔庆娟，郭丹丹，王铁岗，2020. 热应激对奶牛生长，繁殖性能及健康的研究进展. 中国饲料（8）：5-8.
李斌，韩印如，陈奕业，等，2020. 奶牛舒适度评估研究进展. 家畜生态学报，41：1-7.
司马博锋，2017. 风冷指数与奶牛乳头健康. 中国乳业，45-46.
苏光华，任慧波，张元跃，等，2007. 奶牛热应激及其防治措施. 饲料广角：37-39.
徐明，吴淑云，黄常宝，等，2015. 呼和浩特地区牛舍内温湿度变化规律和奶牛冷热应激判定. 家畜生态学报，36：54-60.
颜志辉，2014. 极端温度对奶牛生产与生理影响及其调控措施研究. 北京：中国农业大学.
Bagath M，Krishnan G，Devaraj C，et al，2019. The impact of heat stress on the immune system in dairy cattle：a review. Res Vet Sci，126：94-102.
Bohmanova J，Misztal I，Cole J B，2007. Temperature-humidity indices as indicators of milk production losses due to heat stress. J Dairy Sci，90：1947-1956.
Brown-Brandl T M，Nienaber J A，Eigenberg R A，et al，2003. Thermoregulatory responses of feeder cattle. J Thermal Biol，28：149-157.
Laurent D，Piron A，2012. Live yeast could help reduce the impact of heat stress on dairy production. International Dairy Topics，11：7-11.
McDowell J，Evans G，1976. Truth and meaning：essays in semantics. Oxford：Oxford University Press.
Selye H A，1998. Syndrome produced by diverse nocuous agents. J Neuropsychiatry Clin Neurosci，10：230-231.
Siple M P A，Passel C F，1945. Excerpts from：Measurements of dry atmospheric cooling in subfreezing temperatures. Wild Environ Mede，89：177-199.
Toda K，Fuzioka K，Ieki H，et al，2002. Effect of "effective temperature" on milk yield of Holstein cows in hot and humid environments. Nihon Chikusan Gakkaiho，73：63-100.
Toda K，Fuzioka K，Ieki H，1998. Effects of hot environment on milk production and physiological functions in

lactating cows（1）．Bull Ehime Animal Husbandry Experiments Station，16：7-16.

Toda K，Fuzioka K，Ieki H，1999. Effects of hot environment on milk production and physiological functions in lactating cows（1）．Bull Ehime Animal Husbandry Experiments Station，17：27-36.

West J W，1999. Nutritional strategies for managing the heat-stressed dairy cow. J Anim Sci，77（S2）：21-35.

Young B A，1981. Cold stress as it affects animal production. J Anim Sci，52：154-163.

第二节 环境应激条件下奶牛营养调控理论与技术

一、冷热应激对奶牛生产性能的影响及营养调控理论与技术

（一）冷热应激对奶牛采食量及消化率的影响

外界环境温度升高时，奶牛会自动调节减少干物质采食量以降低自身的产热量来维持体温的平衡（Collier et al，1982；Belay et al，1992；Sanchez and Mcguire，1994）。West（2003）报道，高温刺激延长了食糜在奶牛瘤胃内的通过时间，并传输信号到下丘脑，使奶牛产生厌食反应，同时奶牛饮水增加，最终导致奶牛的采食量减少。不同的是，虽然动物在低温环境下的消化率降低，但采食量可能会成倍地增加，机体可以通过吸收大量额外的营养物质来维持热量的产生（黄昌澍，1989）。据文献报道，动物处于寒冷环境时采食量增加而消化率降低，同时在羔羊上发现当外界温度低于13℃临界温度时，其干物质摄入量与环境温度呈线性关系：$DMI=111.3-0.52T$，其中 DMI 为每天干物质摄入量，单位 $g/kg\ BW^{0.75}$，T 为环境温度（Ames，979）。

美国国家研究委员会饲料标准（NRC）指出，低温环境下家畜的营养物质消化率降低，对于其干物质采食量的增加应该结合消化率的降低来进行分析。Christonpherson 和 Kennedy（1983）研究指出，长期处于寒冷环境中的绵羊、犊牛和阉牛，随着温度每降低 1℃，干物质消化率分别降低 0.31%、0.21%、0.08%。低温导致消化率降低的主要原因是低温使消化道蠕动增加和日粮在消化道中停留时间缩短，致使其中的微生物及自身消化酶的作用不能得到充分发挥以及已消化的养分也不能充分吸收，从而随粪便排出体外，因此采食量越大的动物在寒冷环境下的消化率下降会更严重（Kennedy and Milligan，1978）。

张轶凤（2017）通过在不同季节的饲养试验测定营养物质消化率。由图1-2可知，不同 THI 下奶牛的干物质采食量和营养物质消化率有着明显变化。夏季 DMI、干物质（DM）和粗蛋白质（CP）消化率均最低，明显低于其他三个季节（$P<0.01$）。夏季 DMI 较春季、秋季和冬季分别下降 20.53%、18.29%、27.45%；夏季 DM 消化率较春季、秋季和冬季分别下降 11.90%、12.03%、14.41%；夏季 CP 消化率较春季、冬季和秋季分别下降 13.36%、15.98%、14.95%。夏季粗脂肪（EE）和中性洗涤纤维（NDF）消化率均明显低于春季和冬季（$P<0.01$），NDF 消化率夏季较春季、秋季和冬季分别下降 26.15%、22.62%、30.32%。夏季酸性洗涤纤维（ADF）消化率极显著低于春季和冬季（$P<0.01$），较春季、秋季和冬季分别降低 18.59%、11.77%、27.86%。

在自然气候条件下，各种外界环境的改变中对奶牛生产性能的影响最明显的是环境

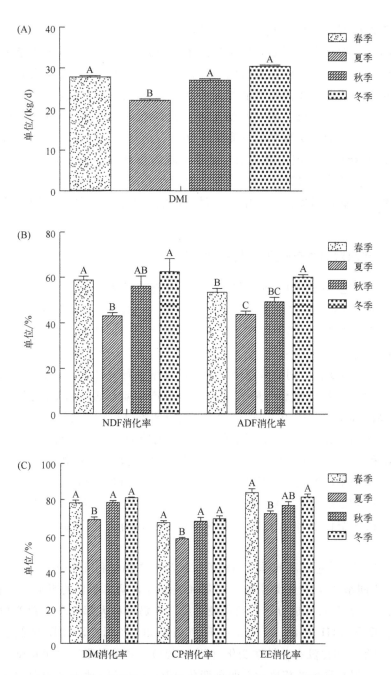

图 1-2　不同季节泌乳奶牛干物质采食量及营养物质消化率的变化

不同字母代表有显著性差异，后同

温湿度，而采食量是反映动物健康状态的重要指标，各种应激均能不同程度地影响动物的采食量。黄蜂等（2007）研究发现，冬季奶牛的干物质采食量每天为 18.66kg，夏季每天为 13.70kg，冬季日干物质采食量比夏季高 36.2%。Tao 和 Dahl（2013）也研究发现，外界环境温度的升高引起奶牛食欲下降，DMI 减少，如果持续高温应激会导致奶牛 DMI 降低 50% 甚至更多。这些现象的发生可能是因为高温环境下奶牛产生和蓄积的热量使其出现热应激反应，摄食中枢的兴奋受到抑制，其通过降低干物质采食量以减少发酵和消化等其他代谢所产生的热来维持体热平衡（Broderick，2003）。低温高湿环境下奶牛采食量明显增加是由于低温导致奶牛产生冷应激，其需要更多的能量来维持体热平衡（Souza et al，2014）。此外，张轶凤（2017）通过试验还发现夏季高温高湿环境奶牛的干物质消化率及营养物质消化率显著低于其他季节，但是对于高温如何影响营养物质消化率还存在着一定的争议。研究发现，奶牛的 DM、CP、EE、NDF 和 ADF 的消化率在夏季高温及高湿环境中明显降低（高民，2011；何钦，2012），这与本试验结果一致。而 NRC（1981）指出，高温应激使消化道蠕动减弱及日粮在消化道中的停留时间延长，导致奶牛营养物质消化率升高。瘤胃内微生物对生存环境 pH 要求十分严格，外界高温打破了体内酸碱平衡，引发瘤胃酸中毒，最终影响营养物质的消化利用，这可能是产生不一致结果的原因。

（二）冷热应激对奶牛产奶量及乳品质的影响

国内外研究报道，奶牛的产乳性能与外界温度有着紧密关系，当外界环境温度发生很大变化时会严重影响奶牛的产奶量及乳成分（Igono et al，1992；Cheng et al，2018）。奶牛产奶效率达到最高时的体温为 38℃，若体温持续上升，即使升高 1℃ 也会影响到奶牛乳腺组织的发育，进而影响奶牛的产奶量（薛白等，2010）。李建国等（1998）在对已产生热应激反应的泌乳前期、中期及后期奶牛的日产奶量进行统计时发现分别降低了 19.3%、15.88% 和 13.83% 且差异明显。热应激不仅影响产奶量也改变了乳成分，研究发现当 THI 大于 72 后，每增加一个单位的 THI，牛乳中乳蛋白和乳脂含量分别减少 0.009kg 和 0.012kg（Ravagnolo et al，2000）。同样低温引起的冷应激也会降低奶牛的产奶量，改变乳成分。白琳和栾冬梅（2015）在低于 −4℃ 环境下发现奶牛的产奶量下降 15% 左右，而温度在 0～5℃ 时奶牛的产奶量下降 2% 左右（Angrecka and Herbut，2015）。但是 Schnier 等（2003）研究却发现在低温环境下奶牛产奶量只有轻微的差异，并未显著地下降，相似的研究也发现在冬季低温环境下初产奶牛的产奶量没有发生明显变化（Broucek et al，1987）。

张轶凤（2017）通过在不同季节的饲养试验测定产奶量和乳成分。由图 1-3、图 1-4 及图 1-5 可知，不同季节 THI 对奶牛的产奶量和乳成分含量有明显的影响，且夏季 THI 为 85.09 时奶牛的产奶量及乳成分含量变化最明显，产奶量和大部分乳中营养物质含量均处于最低水平。夏季 THI 为 85.09 时奶牛日产奶量和 4% 标准乳均明显低于春季（$P<0.05$），而与秋冬季相比没有差异性变化（$P>0.05$）。夏季乳脂率含量最低，明显低于冬季（$P<0.05$），但与春秋季相比没有明显变化（$P>0.05$）。秋季乳蛋白率含量最低，明显低于春季和夏季（$P<0.05$），与冬季相比没有明显变化（$P>0.05$）。秋季乳糖率明显高于春、夏和冬季（$P<0.05$），而春夏冬季之间差异不显著（$P>0.05$）。夏季脂蛋比明显低于其他三个季节（$P<0.05$），而其他三个季节之间没有差异性变化（$P>0.05$）。春季尿素氮的含量较其他三个季节有着明显的差异性变化（$P<0.01$）。

采食量的高低与动物的生产性能有着密切的关系，对于奶牛而言，采食量的变化影响着产奶量与乳成分。Velez 和 Donkin（2005）研究发现，高温与奶牛的产奶量之间呈负相关关系，当牛舍环境 THI 大于 72 后，THI 每上升一个单位，奶牛产奶量就会下降 0.2kg（Ravagnolo et al，2000）。本试验研究结果发现夏季 THI 为 85.09 时奶牛的产奶量降低，

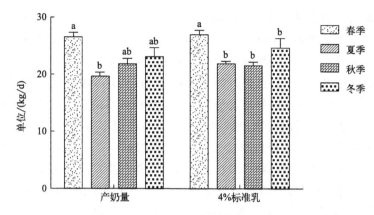

图 1-3 不同季节奶牛产奶量及 4％标准乳的变化

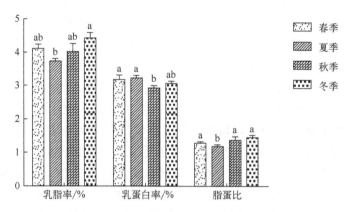

图 1-4 不同季节奶牛乳脂率、乳蛋白率及脂蛋比的变化

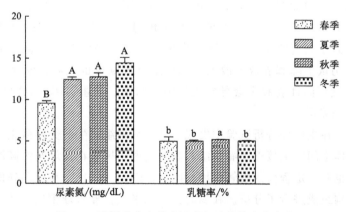

图 1-5 不同季节牛乳中尿素氮及乳糖率的变化

乳成分也发生明显改变，可能的原因有三个：一是热应激导致奶牛的采食量降低，营养物质缺乏，造成乳的合成减少，同时也会造成乳中营养物质含量的改变；二是奶牛机体内的泌乳相关激素受到热应激的影响；三可能是与奶牛的行为有关。前人的研究表明奶牛的产量与躺卧时间（Grant，2007）存在一定的正比例关系，当血液流经乳腺组织时，乳腺吸

收血液中的营养物质以合成牛奶（Delamaire 和 Guinard-Flament，2006），奶牛躺卧时，流经乳腺组织的血流量增加（Rulquin 和 Caudal，1992），进而可能增加产奶量，而本试验研究发现夏季奶牛的躺卧时间极显著地低于其他三个季节，该结果证明了奶牛行为是影响产奶量高低的重要因素之一。此外，奶牛的咀嚼时间在夏季明显低于春季，有文献报道咀嚼行为是动物对日粮中性洗涤纤维部分的物理有效性做出的反应，咀嚼活动可以有效地缩短粗饲料长度并加快肠道内容物的排空，提高饲料利用率（曾银等，2010），本试验中咀嚼时间的减少可以进一步解释夏季 THI 升高导致的奶牛产奶量的降低。虽然传统意义上认为奶牛是耐寒怕热的大型动物，但低温高湿对奶牛的生产也有着明显的影响。白琳和栾冬梅（2015）在低于 -4℃ 环境下研究发现奶牛的产奶量下降 5% 左右，而温度在 0～5℃ 时奶牛的产奶量下降 2% 左右（Angrecka 和 Herbut，2015）。张轶凤（2019）通过试验研究也发现冬季低温高湿环境下奶牛的产奶量与春季相比下降 13.35%，产奶量降低幅度的增加可能是由于环境湿度达到了 70% 以上，低温高湿环境可能对奶牛泌乳影响更大。因此，在奶牛养殖中除了在夏季高温高湿环境中采取降温措施外，对于冬季低温高湿也应该采取一定的防御措施，以减少冷应激对奶牛造成的影响。

温湿指数升高会减少奶牛对饲料的采食，从而对生产性能产生负面影响，除了降低奶牛的产奶量，还会影响奶牛乳汁中各种成分的含量，例如乳脂率、乳蛋白率等，同时热应激会增加奶牛体细胞数，导致奶牛乳腺炎发生（Pragna et al，2017）。李蓉（2018）研究发现对奶牛采取降温措施后，奶牛产奶量和乳成分得到改善。Rejeb 等（2012）研究了 13 头荷斯坦奶牛在热应激影响下产奶量的变化，发现夏季奶牛产奶量相较于春季下降，他们将这种下降归因于代谢、生理和饲料摄入量的变化。Rhoads 等（2009）已经证实了夏季奶牛产奶量的减少只有 35% 是由于采食量减少，其余 65% 是由于热应激的直接生理影响。热应激可以降低奶牛乳蛋白和乳脂肪等含量，Garcia 等（2015）采集了 50 头处于不同泌乳阶段的经产奶牛，发现重度热应激组奶牛产奶量下降 21%，乳糖和乳蛋白含量减少。由徐鸿润（2021）的试验结果可知，适宜温湿指数组的产奶量极显著高于高温湿指数组的产奶量，与之前的研究相吻合，其中适宜温湿指数组的乳脂率、总固形物极显著高于高温湿指数组，乳蛋白率显著低于高温湿指数组，说明夏季的热应激会造成奶牛产奶量下降和乳成分改变。奶牛患有乳腺炎也会对乳成分造成影响，Bagri 等（2018）研究发现隐性乳腺炎会导致乳汁中乳脂率、乳蛋白率、乳糖率显著低于未患有乳腺炎奶牛的正常乳样。

李蓉（2018）在主成分分析试验中发现，夏季喷淋组奶牛的粪样微生物样本相较于夏季高温高湿组，样本间距更接近于春季组，表明喷淋+风扇在缓解高温高湿热应激造成的肠道菌群紊乱上也有一定程度的缓解作用。同时，李蓉（2018）在门和属的水平上对奶牛的消化道菌群结构组成进行了分析。在属的分类水平上，瘤胃球菌属、消化链球菌属、类梭菌属和梭状芽孢杆菌属是春季组奶牛消化道中的优势菌属。在夏季高温高湿环境下奶牛处于热应激状态时，其消化道内的一些优势菌属发生了变化，瘤胃球菌属含量大幅度减少，消化链球菌属、类梭菌属和梭状芽孢杆菌属含量显著增加。对奶牛采取增加喷淋+风扇的缓解热应激措施后，喷淋组奶牛与高温高湿组相比，其消化链球菌属及类梭菌属含量均有所下降，瘤胃球菌属有增加，说明喷淋+风扇的缓解热应激措施对维持热应激奶牛消化道优势菌属有一定的积极作用。

二、冷热应激对奶牛免疫功能的影响及营养调控理论与技术

(一) 冷热应激对奶牛免疫功能的影响

应激可以影响动物机体的先天性及后天获得性免疫机能,这可能增加乳腺炎和子宫炎等的患病风险。免疫系统是机体应对和抵抗环境应激的重要防线,热应激会降低淋巴细胞向组织转移的速率,并抑制免疫细胞增殖和免疫因子分泌 (Bagath et al,2019)。此外,热应激会导致体温上升,使机体代谢酶活性和代谢率升高,大量自由基产生后无法被及时清除,最终导致氧化应激反应 (张轶凤和齐智利,2017)。

由单核细胞和巨噬细胞产生的肿瘤坏死因子 α (TNF-α) 是引发炎症的关键因子,可以促进 T 淋巴细胞和 B 淋巴细胞增殖。在急性和慢性炎症反应中血液 TNF-α 浓度升高表明机体受到感染,TNF-α 浓度的高低被认为是免疫是否激活的标记 (Horst,2009)。冷热应激降低机体免疫机能的过程主要是:应激→下丘脑-垂体-肾上腺 (HPA) 轴→促进糖皮质激素分泌→抑制淋巴细胞增殖→细胞免疫和体液免疫功能的降低 (Saker et al,2004)。研究发现热应激使奶牛初乳中免疫球蛋白 G (IgG) 含量明显降低 (马燕芬和陈志伟,2007),血清中免疫球蛋白 A (IgA) 和 IgG 含量显著降低,白细胞介素 (interleukin,IL) 如 IL-2、IL-6 和 IL-10 含量降低,IL-4 和 IL-8 含量升高 (蔡明成,2014)。

不同季节 THI 的变化显著影响了奶牛的免疫机能。当机体所处的外界环境温度发生变化时,病原入侵导致血液组成发生改变,内环境稳态被打破 (詹纯列等,2004)。有研究指出,THI 的变化会引起血液中炎症因子的分泌量及免疫球蛋白含量的变化,降低机体的免疫机能 (Min et al,2016)。张轶凤 (2019) 的试验研究结果表明,夏季 THI 高达85.09 时,血液中 IL-1β、TNF-α 的含量极显著升高,IgG 的含量极显著降低,冬季 IgG 的含量也显著低于春季。奶牛机体内的促炎性细胞因子 IL-1β 和 TNF-α 浓度的升高与其炎症的发生有着直接的关系 (Sordillo and Raphael,2013;Esposito et al,2014)。Dantzer 和 Kelley (2007) 研究也发现促炎性细胞因子会导致机体炎症反应,引起体温升高、心率加快和采食量下降等。

环境温湿度与奶牛的免疫机能存在紧密联系。热应激条件下,奶牛对病原微生物的感染率较高 (Webster,1983)。热应激主要通过刺激下丘脑-腺垂体-肾上腺皮质轴,促进糖皮质激素的分泌,从而抑制淋巴细胞增殖,导致细胞免疫和体液免疫功能降低 (Saker et al,2004)。温湿指数与奶牛免疫功能相关性的研究工作较早时就已开展,目前已取得一定进展。研究发现热应激条件下奶牛初乳中 IgG 含量显著降低 (马燕芬等,2007),γ-球蛋白含量显著降低 (李建国等,1998)。蔡明成 (2014) 发现热应激条件下,奶牛血清中 IgA 和 IgG 含量显著降低,IL-2、IL-6 和 IL-10 含量较低,IL-4、IL-8 含量较高,这些结果均表明高温高湿的热应激条件下泌乳奶牛机体免疫力降低。同时也有研究显示,血清 IL-10 浓度随热程度的升高而逐步增加,高热环境下的奶牛血清 TNF-α 浓度显著升高。

在夏季,奶牛乳腺炎、子宫内膜炎、热射病及胎衣不下等发病率会高于春秋季节 (高民等,2010)。奶牛感染这些疾病与体内一些细胞因子含量的改变也存在密切联系。曹华

斌等（2007）发现，在临床诊断的多种感染和炎症疾病中，动物机体免疫细胞因子短时剧烈的变化与疾病的发生和发展紧密相关，比如 IFN-γ 的检测已广泛用于牛结核病的早期诊断。此外，还有学者报道临床型和隐性子宫内膜炎奶牛血清及子宫分泌物中的 C-反应蛋白（CRP）、结合珠蛋白（Hp）、血清淀粉样蛋白 A（SAA）、α1-AGP 的含量与健康奶牛相比均显著升高，所以可以将 Hp 和 SAA 浓度变化作为临床检测子宫内膜炎的敏感指标（李德军，2010）。张韦（2015）研究表明细胞因子 IL-10 和 PGE 2 共同参与调节子宫生理与免疫的功能，与子宫内膜炎的发生发展密切相关，而且发生子宫内膜炎时奶牛血清中 IL-10、PGE 2 的浓度的变化将直接影响到奶牛子宫的免疫机能。由此可见，高温高湿条件下，奶牛发生热应激时，机体细胞因子含量的变化与奶牛疾病的发生与发展有着密切联系。

（二）牛磺酸对免疫功能的调节作用

牛磺酸又称牛胆酸，最早是在雄牛的胆汁中被分离出来的，学名 2-氨基乙磺酸，是大多数哺乳动物中最丰富的游离氨基酸之一，但不参与蛋白质的组成和代谢。牛磺酸在动物体内分布的特征是血浆浓度较低（$10\sim100\mu mol/L$），肾脏（$50\sim70mmol/L$）、神经元（$30\sim40mmol/L$）、骨骼肌（$10\sim60mmol/L$）和心脏（$20\sim30mmol/L$）中含量较为丰富（Seidel et al，2019）。动物主要通过饮食和自身合成来获取牛磺酸。机体自身合成牛磺酸的部位主要是肝脏，合成过程如图1-6所示。首先前体物蛋氨酸经过转硫反应生成半胱氨酸，接着经过氧化反应和分解反应生成亚牛磺酸后，最后分解生成牛磺酸（Ueki and Stipanuk，2007）。由于哺乳动物缺乏牛磺酸分解所需的酶，大部分牛磺酸以尿液的形式由肾脏排出体外，少部分牛磺酸会以与胆汁酸结合的方式由粪便排出（Lambert et al，2015）。在应激或者疾病情况下，如感染、肥胖、糖尿病和癌症等，由于肝脏功能受损或牛磺酸前体可用性降低，牛磺酸合成能力可能会降低（Wu，2020）。因此，热应激条件下的泌乳奶牛可能需要额外摄入牛磺酸，以维持生理健康和生产性能。

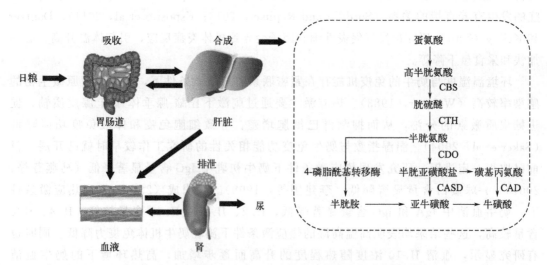

图 1-6　动物体内牛磺酸主要合成和代谢路径示意图

膳食中的牛磺酸通过转运蛋白被远端回肠吸收后，进入血液循环，其他组织主要通过细胞膜上的转运蛋白从血液中摄取牛磺酸（Wu，2020）。其中主要的转运蛋白是牛磺酸转运蛋白（taurine transporter，TauT）。TauT 的表达水平和活性受细胞外牛磺酸浓度的影响，同时也会反过来影响细胞摄取牛磺酸的效率。对 TauT 基因敲除小鼠的研究表明，体内牛磺酸水平降低，会导致体重和运动能力下降、肝脏和中枢神经系统损伤（Lambert and Hansen，2011）。TauT 基因沉默会导致乳腺上皮细胞炎症因子含量上升和抗氧化能力下降，从而减弱牛磺酸缓解炎症的效果（Li et al，2019）。当小鼠肠道组织中 TauT 表达量降低时，小肠组织内牛磺酸含量下降，尿液中牛磺酸的排出量增加（Yamashita et al，2017）。哺乳动物乳腺组织对牛磺酸的摄取具有高特异性和高亲和力，特别是妊娠期和泌乳期，母体尿液中牛磺酸含量减少，肝脏中牛磺酸合成相关酶含量增加，大量牛磺酸被转运到胎儿体内或者乳汁中（Seidel et al，2019）。这些研究表明，TauT 表达水平对细胞内牛磺酸稳态和生理健康具有重要影响作用。

牛磺酸及 TauT 已在先天性免疫系统相关细胞中被检测到，例如白细胞、吞噬细胞和中性粒细胞，而且在白细胞中牛磺酸是含量最丰富的氨基酸（Qaradakhi et al，2020），说明其在天然免疫应答中发挥重要功能。目前牛磺酸已被大范围应用于各类局部感染和慢性炎症疾病的治疗（Wu，2020）。机体发生炎症反应后，大量中性粒细胞被募集至炎症部位并分泌次氯酸，其分泌过量时容易导致组织氧化损伤。牛磺酸可与高活性氧化物次氯酸结合，得到氧化活性较弱的牛磺酸氯胺，从而缓解次氯酸对细胞的过度氧化（Kontny et al，2003）。另一方面，牛磺酸氯胺还可通过抑制巨噬细胞分泌炎症因子和增强蛋白质免疫原性，从而维持免疫应答反应和减轻炎性细胞对组织的破坏之间的平衡，最终发挥其免疫调节作用（Kim and Kim，2005）。

在体内试验中，牛磺酸通过增加 T 细胞的数量和抑制炎症相关通路，缓解金黄色葡萄球菌造成的小鼠乳腺炎症损伤（Miao et al，2012）。Nishigawa 等（2018）给泌乳母鼠饲喂牛磺酸转运抑制剂后，发现乳中牛磺酸含量和仔鼠脑组织牛磺酸含量降低，从而导致仔鼠的行为和生长机能亢进。在对奶牛乳腺上皮细胞的研究中发现，牛磺酸能有效促进乳蛋白和乳脂的分泌，从而提高泌乳性能（Yu et al，2019），同时还能抑制炎症因子的分泌，增加抗氧化酶的含量，从而缓解脂多糖（lipopolysaccharide，LPS）和致病菌导致的乳腺上皮细胞炎症及氧化应激反应（Miao et al，2012；Li et al，2019）。最新的研究发现，牛磺酸能够显著提高奶牛乳腺上皮细胞抗凋亡和抗氧化能力，从而减轻热应激引起的细胞损伤（Bai et al，2021），说明牛磺酸有利于乳腺免疫系统的正常运作。

李晗（2021）在热应激对奶牛乳腺屏障功能和肠道菌群的影响及牛磺酸的作用研究中通过建立泌乳小鼠热应激模型，探究热应激影响乳腺屏障功能的机制以及牛磺酸的缓解效应，发现牛磺酸抑制炎性相关酶和细胞因子的分泌，从而缓解热应激引起的乳腺炎症。炎症初期，外周血中大量免疫细胞尤其是中性粒细胞进入乳腺，牛磺酸能够通过调节 T 细胞数量和功能，加强免疫防御，从而缓解乳腺炎症反应（Miao et al，2012）。李晗（2021）的试验中，热应激＋牛磺酸组乳腺组织结构有所恢复，髓过氧化物酶（myeloperoxidase，MPO）、乳酸脱氢酶（lactate dehydrogenase，LDH）TNF-α、IL-1β 和 IL-6 含量显著降低。研究表明，给泌乳大鼠饲粮中添加 100mg/kg 剂量的牛磺酸后可显著缓解乳腺组织中上皮细胞变性和中性粒细胞浸润等病理变化，同时显著降低乳腺组织 MPO 含量，缓解乳腺炎症损伤（Miao et al，2012）。在奶牛乳腺上皮细胞相关研究中，牛磺酸可显著抑制致病菌导致的 TNF-α、IL-1β 和 IL-6 分泌增加（Li et al，2019）。由此可见，牛磺酸可以促进乳腺组织结构的恢复，抑制炎性相关酶和细胞因子的分泌，从而缓解热应激引起的乳腺炎症。

（三）冷热应激对奶牛抗氧化性能的影响

动物在正常条件下，自由基在机体内的产生、利用和清除三个过程处于动态平衡状态（Kinnula et al，1995）。很多研究表明，当动物受到热应激侵害时，机体内的过氧化氢酶（CAT）、谷胱甘肽过氧化物酶（GSH-Px）、超氧化物歧化酶（SOD）的活性受到影响，影响机体的抗氧化系统，从而改变自由基的含量，这表明热应激可以引起机体氧化应激（Yang et al，2010；Zeng et al，2014）。氧化应激是指体内氧化和抗氧化系统失衡，产生过多的活性氧和活性氮，造成机体组织细胞及蛋白质和核酸等生物大分子损伤（Halliwell and Whiteman，2004）。所有生物，包括简单的生命形式，如真菌和细菌，都具有复杂的抗氧化系统来平衡体内不断产生的氧化物质。机体内存在着两个抗氧化系统，即抗氧化酶系统和抗氧化非酶系统。抗氧化酶系统包括 SOD、CAT 和 GSH-Px，抗氧化非酶系统有维生素 E、维生素 C、谷胱甘肽（glutathione，GSH）、类胡萝卜素及微量元素铜、锌、硒、锰等，这些非酶物质参与机体内的生物转化。图 1-7 为抗氧化酶 GSH-Px、CAT 和 SOD 消除自由基的总结示意图。

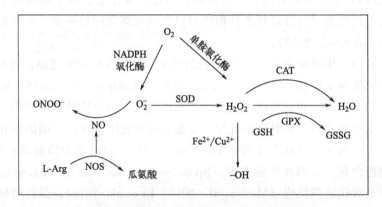

图 1-7　抗氧化酶消除自由基的总结示意图

研究发现畜禽在高温环境下自由基的数量增加（Mujahid et al，2005），自由基可与糖和脂质反应，也可与蛋白质直接反应，还能使一些氨基酸残基发生突变（Gao et al，2003）。李大齐（2009）和王祖新（2009）研究发现奶牛机体内的 SOD、GSH-Px 和 CAT 的活性在夏季高温条件下明显降低，而丙二醛（malondialdehyde，MDA）的含量明显增加。此外，Yatoo 等（2014）研究发现在冬季低温条件下泌乳及非泌乳奶牛的 SOD、GSH-Px、CAT 和脂质过氧化物活性均显著升高。以上研究表明，奶牛机体的抗氧化能力受外界环境温湿度变化的影响。

总抗氧化能力（total antioxidant capacity，T-AOC）可以反映机体的抗氧化能力，而目前广泛用来检测机体过氧化程度的指标是 MDA，MDA 为机体过氧化反应的终产物，其含量可以表征机体过氧化的水平（Castillo et al，2006）。奶牛血液中 SOD、GSH-Px 和

CAT 的活力及 MDA 的含量与外界环境的变化有着密切关系（曹杰，2010；白丹丹等，2017）。张轶凤（2019）通过饲养试验研究发现奶牛血清 T-AOC 在春季最高，冬季最低，夏季明显低于春季；SOD 活性夏季最低；MDA 含量与春季相比，夏季和冬季明显升高，这与前人研究结果一致（王祖新等，2009；Yatoo et al，2014）。该结果表明夏季高温高湿环境奶牛机体的抗氧化能力降低，虽然传统上认为奶牛耐寒怕热，但是在冬季低温高湿的环境下奶牛机体的抗氧化能力也受到了明显的影响。

三、冷热应激对奶牛消化道的影响及营养调控理论与技术

（一）冷热应激对奶牛消化道微生物的影响

近年来，很多研究表明，肠道微生物对宿主的健康、新陈代谢和免疫力等方面起着重要的作用（Ridaura et al，2013；Amato et al，2014；Trompette et al，2014）。奶牛瘤胃拥有可将不可消化的日粮成分转化为能量的共生微生物群，转化的能量可以用于合成牛奶的营养素，对奶牛产奶至关重要（Mao et al，2015），因此瘤胃被称为"自然界中最巧妙和高度进化的纤维消化系统"（Weimer et al，2009）。奶牛作为草食类动物自身不能降解难以消化的纤维类物质，只能依赖胃肠道内定植的大量微生物，因此胃肠道又被称为"第二发酵区"。刚出生的小牛胃肠道内并没有微生物的存在，但随着日粮的采食等各种活动的进行，大量的微生物开始定植，最终形成复杂且庞大的微生物群（Fanaro et al，2003）。

与单胃动物不同，奶牛胃肠道内有一个复杂而多样的微生物菌群，在这个复杂的微生物群中，95％的微生物是细菌（Brulc et al，2009），其次是真菌、原虫、古菌及病毒等。研究发现，细菌发酵日粮可以产生挥发性脂肪酸和微生物蛋白，为奶牛提供超过70％所需能量和60％的非氨氮（France and Dijkstra，2005；Clark et al，1992）。真菌属于真核生物，目前已发现的真菌有 15 万种，据报道有待探索的真菌还有 100 万～150 万种（Worrall and James，1999）。有研究认为瘤胃内真菌在纤维素降解特别是木质素的降解方面起着重要作用（Akin et al，1988；Akin et al，1989；Lee et al，2000）。与细菌和真菌相比，胃肠道内的古菌的数量相对较少（Ziemer et al，2000），产甲烷菌是古菌中数量最多的一种菌。产甲烷菌可以利用氢气发酵来满足自身的需求，还可以通过氧化 CO_2 来产生离子和甲基基团反应生成甲烷，在瘤胃发酵和营养物质的消化吸收上起着重要的作用（Hungate，1967）。

奶牛胃肠道微生物的组成受饮食、年龄、地理位置、季节和日粮组成等的影响（Jami and Mizrahi，2012；Paz et al，2016），其中环境变化对其影响很大。Tajima 等（2007）研究发现，当牛舍环境湿度保持不变，温度从 20℃升至 33℃后，奶牛瘤胃中的黄化瘤胃球菌和产琥珀酸丝状杆菌含量下降，普雷沃菌含量增多，原因是高温打破了奶牛瘤胃中的微生物平衡。此外，也有研究发现，冬季低温环境下瘤胃细菌种群的丰富度明显降低，春季和夏季瘤胃细菌区系组成相似性高于90％，而秋季和冬季相似性低于70％（淡瑞芳等，2009）。同时还发现绵羊在冬季饲养时瘤胃产甲烷的量低于秋季，这说明冬季低温影响了产甲烷菌的活力从而引起甲烷量的减少（淡瑞芳等，2013），但是瘤胃古菌并未随着季节的改变而发生改变（淡瑞芳等，2012）。

瘤胃内微生物在饲料的利用方面起着重要作用，反刍动物有着很强的利用饲料纤维的能力，可能是由于瘤胃内微生物的多样性使饲料得到充分的分解利用。张轶凤（2019）在试验中为避免奶牛应激，选用不同季节 32 头奶牛的粪样利用 Illumina Miseq 测序技术对微生物进行测序，通过粪样微生物的变化来反映奶牛对饲料的消化利用程度。不同 THI 对奶牛粪样微生物的丰富度及多样性有着明显的影响，通过 Shannon 指数分析发现，夏季 THI 高达 85.09 时微生物的多样性显著降低，而 THI 为 42.97 时并未对其产生显著影响。此外，PCoA 分析结果也显示 THI 为 85.09 时的粪样微生物菌群结构与其他低 THI 的差异较大。微生物的多样性和丰富度与其定植能力有关，夏季高温高湿条件下奶牛的采食量降低（Tajima et al，2007），日粮摄入的减少可能会导致瘤胃乳头宽度、周长以及表面积减少，长链脂肪酸减少（Pederzolli et al，2018；Zhang et al，2013），同时瘤胃氧化还原电位升高，间接反映了瘤胃中氧气含量升高（Ahmad et al，2017），而瘤胃形态及内环境的变化可能是微生物定植能力降低的原因。

厚壁菌门（Firmicutes）和拟杆菌门（Bacteroidetes）为泌乳奶牛粪样微生物优势菌门，这与 Mao（2015）和 Noel 等（2017）的研究结果一致。拟杆菌门可参与碳水化合物发酵、多糖代谢、类固醇和胆汁酸等养分代谢（Evans et al，2011），而厚壁菌门与拟杆菌门的数量比值与肥胖症有关，其比值越大，肥胖指数越高（Turnbaugh et al，2006）。本试验研究发现，THI 在 85.09 和 42.97 时拟杆菌门数量较 THI 为 61.74 时显著降低，厚壁菌门数量显著升高，这也解释了奶牛在夏季高温下采食量及营养物质消化率的降低。此外，张轶凤（2019）还发现不同 THI 下奶牛粪样微生物菌群的组成和结构在属水平上也存在着明显的变化。瘤胃球菌属被认为在降解饲料养分中有着重要的作用，其中白色瘤胃球菌和黄色瘤胃球菌是瘤胃中最主要的两种纤维降解菌，能够产生大量的纤维素酶和半纤维素酶（Wood et al，1982；Doerner and White，1990）。本试验研究发现在奶牛粪样中瘤胃球菌属相对丰度小于 2%，且夏季高温高湿和冬季低温高湿条件下的相对丰度显著低于春季，表明在奶牛后肠消化中碳水化合物的发酵不活跃。此外还发现，夏季高温高湿环境下奶牛粪便中的理研菌属相对丰度显著升高，普雷沃菌属相对丰度在夏季和冬季显著降低。有研究表明，理研菌属相对丰度与日粮中淀粉的消化代谢率成负相关（Zened et al，2013），而普雷沃菌属是与牛奶产量呈最高正相关性的细菌（Lima et al，2015），这可能是奶牛在高温和低温下产奶量降低的原因。

奶牛胃肠道微生物菌群平衡与奶牛的生理健康有着密切关系。张轶凤（2019）在试验中利用 KEGG 群落功能预测推断粪样微生物菌群的潜在功能，发现复制修复、膜转运、碳水化合物代谢和氨基酸代谢是最活跃的代谢途径，这些是微生物存活所必需的基本代谢功能（如碳水化合物、蛋白质和氨基酸代谢）（Erickson et al，2012；Lamendella et al，2011）。试验结果揭示了夏季高温高湿环境下奶牛采食量降低，为了满足机体需求，微生物分解饲料的速率加快，营养物质的吸收速率也明显提高，并可能从发酵过程中获得需要的能量（Malmuthuge et al，2012）。

反刍动物对饲粮的消化依赖于瘤胃内复杂的微生物区系，瘤胃内不同类型的共生厌氧微生物包括古菌、细菌、真菌、原虫、噬菌体等（Hristov et al，2012），不同微生物类群可分泌不同的降解酶，对维持奶牛消化和代谢功能至关重要。轻度热应激时奶牛可通过自身调节抵御影响，当热应激程度加深，超出自身调控限度时，机体热调节能力下降，从而破坏宿主和瘤胃菌群间动态的微生态平衡。Tajima 等（2007）研究发现，将牛舍温度从 20℃升至 33℃（环境相对湿度保持 60％不变），奶牛瘤胃中产琥珀酸丝状杆菌、黄化瘤胃球菌的数量下降，普雷沃菌的数量上升。Uyeno 等（2010）设置与 Tajima 等（2007）相同的环境条件，利用相对先进的 RNA-based 微生物测序技术发现，环境温度从 20℃升至 33℃（相对湿度均为 60％）后菌群的结构及多样性均发生了很大变化，其中链球菌属（Streptococcus）的丰度增加 10 倍，纤维杆菌属（Fibrobacter）的丰度降低 80％，颤螺旋菌属（Oscillospira）的丰度也显著降低，颤螺旋菌属被认为是与肠道屏障完整性及渗透性密切相关的菌属（Lam et al，2012）。另有研究表明，夏季高温高湿环境下，泌乳奶牛粪便中梭菌孢子的数量增多（Calamari et al，2018），作为条件性致病菌，梭菌属可增加胃肠道上皮屏障及血管通透性，从而诱导炎症反应发生（Huang et al，2019）。由此可见，高温高湿环境可能不利于纤维的降解，奶牛偏好利用淀粉等易消化的碳水化合物来减少机体产热，而致病菌的定植增加表明胃肠道的免疫功能可能受到热应激的影响。

有研究表明，热应激状态下的奶牛，其瘤胃纤维分解菌含量下降，淀粉分解菌含量上升（Stewart et al，1997；Tajima et al，2001）。Tajima 等（2007）研究发现，在饲养荷斯坦小母牛时，将牛舍温度从 20℃升高至 33℃（环境湿度保持 60％不变），奶牛瘤胃中产琥珀酸丝状杆菌和黄化瘤胃球菌含量下降，普雷沃菌含量上升。同时，也有研究表明，当外界环境温度升高时，荷斯坦奶牛瘤胃中链球菌含量显著增加，纤维分解菌含量显著降低，菌群的结构及多样性均发生了很大变化（Barcenilla et al，2000；Dehority，2003）。此外，Burkholder 等（2008）报道，热应激还会影响肉鸡肠道微生物区系的组成及多样性，破坏肠道形态结构的完整性。夏季高温高湿环境下，在奶牛日粮中添加微生态制剂乳酸菌、芽孢杆菌和酵母菌复合物能减少奶牛产奶量的下降（岳寿松等，2002）。同时还有研究表明，夏季热应激会增加病原菌在畜禽肠道的定植概率，进而导致粪便排泄物中病原微生物数量增加（Bailey，1988）。Sengupta 等（1993）还发现，热应激能够改变肠道黏膜结构，进而影响微生物在肠道中的定植能力。

定植于动物消化道内的多种微生物群落共同构成了机体的消化道菌群。动物肠道定植菌群中 95％都是专性厌氧菌，余下 5％为需氧菌及兼性厌氧菌。健康、稳定的肠道菌群能促进胃肠蠕动，协助营养物质的消化吸收，增强机体免疫力和清除有害物质等，同时，其代谢产生的有机酸、酶类、蛋白质等，对维持宿主生理代谢、增强免疫力及促进生长发育等均有重要作用（赵传超，2014）。肠道微生物菌群的多样性与丰富度因动物品种（赵乐乐，2013）、日龄（许宇静，2015）、饮食结构（谷莉，2014）、添加剂含量（王丽凤，2014）和环境（魏华，2008）等因素的不同而存在差异。对于幼龄动物，其肠道微生物主要受日龄影响，发育成熟后，日粮和环境则成为影响肠道菌群的主要原因（尹业师等，2012）。

李蓉（2019）应用 16SrDNA 基因片段克隆测序技术研究春季与夏季及采用喷淋＋风扇降温措施的奶牛的粪样微生物菌群结构及多样性并比较差异。结果显示春季组奶牛粪样中有 898 个种下单元（OTU），夏季高温高湿组有 874 个 OTU，夏季喷淋组有 929 个 OTU，可以看出春季组和夏季喷淋组奶牛粪样菌群的多样性比夏季热应激组丰富。因此可以得知，奶牛消化道微生物的多样性由于高温高湿热应激环境而降低，通过采用喷淋＋风扇缓解热应激，可以使热应激条件下消化道菌群物种多样性恢复甚至高于春季正常水平，进而抵御热应激所造成的肠道损伤。

同时，李蓉（2019）在研究中还检测出三组间具有显著差异的几种优势菌属，分别为消化链球菌属、类梭菌属、梭状芽孢杆菌属、气杆菌属、瘤胃球菌属 UCG-005、理研菌属、克里斯滕森氏菌 R-7 群、瘤胃球菌属 UCG-010、瘤胃球菌属 UCG-013、土壤杆菌属及拟杆菌属。夏季高温高湿热应激会导致奶牛粪样中消化链球菌科、类梭菌属、狭义梭菌 1、苏黎世杆菌属及土源芽孢杆菌属含量显著增加；瘤胃球菌科 UCG-005 群、理研菌科 RC9 肠道菌群、克里斯滕森氏菌 R-7 群、普雷沃氏菌科 UCG-003 群、瘤胃球菌科 UCG-010 群、瘤胃球菌科 UCG-013 群及拟杆菌属含量显著降低，表明夏季高温高湿带来的热应激对奶牛消化道内大部分优势菌属有抑制作用。消化链球菌属是人类口腔、上呼吸道、肠道及女性生殖道内的正常菌群，可引起人体各部组织和器官感染。李蓉（2019）试验发现高温高湿组消化链球菌属数量显著增加，说明高温高湿可能导致奶牛机体的炎症反应，但具体相关性还需进一步研究。Bailey 等（2011）的研究结果显示，SDR（social disruption）应激会降低拟杆菌属的相对丰度，同时增加梭菌属的相对丰度，本试验研究结果与其一致。

（二）冷热应激对奶牛消化道内环境的影响

对于反刍动物奶牛而言，其前胃黏膜内无消化腺，不分泌消化液，皱胃（俗称牛百叶）内分布有消化腺，机能相当于一般单胃。肠道是奶牛营养物质代谢过程中最关键的部分。奶牛肠道内微生物在营养物质的消化吸收、能量的转化以及物质传递过程中扮演着重要角色，因此肠道也被称为"第二发酵区"。奶牛肠道的菌群组成是一个动态的变化过程（Fanaro et al，2003），奶牛在出生前消化道处于无菌状态，随着奶牛出生后与外界环境及饲料的接触，各种微生物开始在奶牛体内定植，与宿主互利共生，逐渐形成相对稳定且复杂的胃肠道菌群。

肠道作为微生物的自然栖息地，包含了古菌、细菌、真菌、病毒等大量微生物群落。研究表明，成年哺乳动物肠道内定植了 500～1000 种不同的细菌（Noverr and Huffnagle，2004），数量高达 10^{14}（Pickard et al，2004），肠道微生物也就成为肠道屏障的主要组成部分（Mizrahi，2013）。肠道是奶牛最大的物质能量代谢场所，宿主消化道的成熟和发育、免疫屏障功能及新陈代谢活动与肠道内定植的微生物密切相关。Wostmann（1996）在对无菌动物消化道形态结构的研究中发现，无菌动物单位长度肠组织重量降低、肠黏膜萎缩、肠绒毛变短、隐窝深度变浅，最终导致肠绒毛与隐窝深度比值增大。此外，肠道微生物能把有机物作为碳源和氮源转化为自身结构，或代谢一些不能被宿主降解的饲料成分（Nicholson et al，2012）。肠道作为机体内最重要的免疫器官，其中与宿主互利共生的肠道微生物对宿主的免疫和保护有非常重要的作用（Hooper et al，2001）。

瘤胃正常组织形态和内环境稳态是保证瘤胃微生物发挥正常功能的前提条件，热应激可能通过损伤瘤胃上皮黏膜、改变瘤胃温度及瘤胃液 pH 等影响微生物的定植和繁殖能力，使得物质代谢和能量流动产生障碍，这是导致奶牛生产性能降低的重要原因（李晗等，2019）。瘤胃上皮形态方面，热应激可通过破坏瘤胃黏膜上皮细胞的紧密连接，使瘤胃黏膜绒毛萎缩脱落，增加瘤胃黏膜屏障通透性（马燕芬等，2013）。屏障通透性增高致使细菌及其代谢产物移位，导致瘤胃内菌群结构发生变化。高温高湿环境下，奶牛采食量减少，进入瘤胃的发酵底物减少，从而导致瘤胃乳头宽度、周长以及表面积减少（Pederzolli et al，2018）。Yazdi 等（2016）发现，与舒适环境（20.7℃，THI＝65.2）相比，热应激状态（29.9～41.0℃，THI≥85.0）的荷斯坦犊牛瘤胃乳头高度增加了51％，乳头顶部宽度降低了40％，饲料利用效率降低，该状态不利于瘤胃发酵和维持内环境的稳定。瘤胃温度方面，瘤胃温度通常比直肠温度高1～2℃，当其稳定在38～42℃时可维持瘤胃微生物生存的正常环境（Lees et al，2019）。Scharf 等（2012）对比环境控制舱和自然环境热应激条件下的奶牛体温调节反应相似度发现，环境温度每上升1℃，2种试验条件下的奶牛瘤胃温度分别随之上升0.04℃和0.03℃。瘤胃 pH 和渗透压方面，瘤胃液正常 pH 在6.2～6.8之间，高于或低于正常范围都会改变菌群结构（Nasrollahi et al，2017）。研究表明，当环境温度及相对湿度分别从23.6℃、50.3％上升至33.2℃、63.0％时，热应激会使瘤胃液乳酸含量增加，pH 呈现降低趋势（Salles et al，2010）。当 THI 达到82时，瘤胃内容物的 pH 和渗透压均显著降低（Bernabucci et al，2009）。热应激状态下，THI 每上升1个单位，奶牛饮水量增加0.96～1.80L（Ammer et al，2018），导致瘤胃液被稀释，而且流经瘤胃上皮的血液量减少，酸碱平衡被打破，唾液分泌量以及其中的碳酸氢根离子（HCO_3^-）含量减少，从而引起瘤胃内环境尤其是 pH 和渗透压的改变（Kadzere et al，2002）。

四、冷热应激对奶牛乳腺的影响及营养调控理论与技术

（一）冷热应激对奶牛乳腺健康的影响

乳腺健康是实现奶牛高产量高品质生产的前提条件。热应激直接使乳腺组织发生病理改变，增加乳腺炎的发病率。Vitali 等（2016）统计了2年内1100头荷斯坦奶牛的乳腺炎发病率，发现炎热夏季（THI＝78.1）与春季（THI＝65.2）相比，乳腺炎发病率增加了11.31％。体外研究发现，热处理增加了乳腺上皮细胞凋亡率，降低了乳腺上皮细胞总数和活力（Hu et al，2016）。研究人员利用多组学联合分析发现，热应激改变了泌乳奶牛乳腺组织中泌乳反应和免疫反应等相关蛋白和基因的表达（Li et al，2017；Li et al，2018），从而使得乳脂及乳蛋白含量改变，乳中氧化应激代谢物（活性氧和脂质过氧化物等）含量增加（邓发清和黄健华，2008）。MPO 和 LDH 为早期乳腺炎症诊断的两个典型标志物，其中 MPO 是嗜中性粒细胞储存的溶菌体酶，通常用来反映乳腺组织中巨噬细胞和中性粒细胞浸润情况，LDH 是乳腺上皮细胞质内所含酶之一，通常作为乳腺炎症损伤程度和屏障功能的重要指标（Gross et al，2020）。患乳腺炎奶牛的乳中 MPO 和 LDH 浓度都显著增加（Gao et al，2020）。

热应激通过降低采食量、改变奶牛代谢状态和乳腺对营养物质的摄取效率，间接影响乳腺功能。Tao 等（2020）研究发现热应激导致的奶牛产奶量下降，有50％归因于采食量降低。这说明热应激引起的采食量降低是导致产奶量下降的主要因素，但还存在其他因素影响乳汁合成。热应激会改变奶牛代谢状态和血中代谢物浓度，与施加了喷淋措施的奶牛相比，热应激奶牛血浆中甘油三酯、游离脂肪酸和葡萄糖的含量显著降低，这可能与采食量降低和营养物质消化代谢障碍有关（Marins et al，2017）。另外热应激条件下，奶牛

为了减少热增耗，偏向于利用碳水化合物获取能量，而非脂肪分解（Baumgard and Rhoads，2012）。由于全身代谢状态的改变，用于乳汁合成的营养物质来源减少。乳腺中丰富的毛细血管能为泌乳提供所需营养成分，高产奶牛乳腺的血流速度为 20L/min，每生产 1L 乳，流经乳腺的血液需 500L（Cai et al，2018）。泌乳山羊在热应激条件下暴露 4d后，乳腺摄取葡萄糖的效率降低，部分原因是流经乳腺的血流量减少（Sano et al，1985）。

奶牛临床乳腺炎是由多种因素引发的，生产水平、胎次、牛群管理和气候等都是影响因素。当动物的散热能力超出了动物的承受能力，体温超出了热中性区（thermoneutral zone，TNZ）就会发生热应激。成熟牛的 TNZ 一般在 $-15\sim25℃$ 之间，相对于较高的温度奶牛更能适应较低的温度。几项研究表明在热环境中的奶牛临床乳腺炎发生率更高或体细胞数（SCC）更高。Roth 和 Wolfenson（2016）研究发现严重的热应激可能会影响初产奶牛的健康状况，THI>79 的环境与初产奶牛临床乳腺炎发病率有较高的相关性，夏季是临床乳腺炎发病率最高的季节，其中 7 月发病率最高。Vitali 等（2020）通过研究意大利一奶牛场 2014 年和 2015 年的数据发现，热应激对传染性病原体引起的临床乳腺炎的发生率有显著影响，产奶量较高、处于泌乳中后期和胎次较大的奶牛在热应激条件下患临床乳腺炎的风险较大。这些结果都证实了热应激对奶牛乳腺健康的负面影响。Zeinhom 等（2016）在 1 年内研究了极端的 THI 条件下某一农场 SCC 和产奶量之间的关系，在 $72<$ THI<78 的范围内，随着 THI 的升高，牛奶中的乳脂和乳蛋白含量下降，牛奶中 SCC 升高。病原菌数量随着 THI 的升高而增加，金黄色葡萄球菌和大肠杆菌的分离率随着 THI 的升高而增加。Nasr 和 El-Tarabany（2017）研究了在亚热带环境中不同 THI 值下奶牛的测试记录，当 THI 升高时 SCC 也随之增加，此外产奶量与 THI 呈负相关，当 THI 升高时总乳量、乳脂率和乳蛋白率会随之降低。虽然关于热应激对奶牛乳腺炎的直接影响数据有限，但很多研究表明乳腺感染与季节有关，通常认为夏季的炎热环境更有利于病原体的增长，因此更容易诱发奶牛乳腺炎。热应激可能会引起奶牛乳腺炎病原体从感染乳区脱落，增加其他健康乳区感染风险。Hamel 等（2021）研究了各种引起奶牛乳腺炎病原体与其在热应激条件下的脱落特征，发现 THI 的改变对病原菌脱落有显著影响，热应激会对奶牛乳房健康造成不利影响。

夏季环境温度高、相对湿度大，奶牛通过物理、化学和生物途径的改变来中和热应激，导致生产性能和免疫能力下降，乳房内感染发生率增加，SCC 增加。体外对牛多形核白细胞（PMN）的研究表明，热应激降低 PMN 的吞噬能力和氧化能力，改变凋亡基因和 miRNA 的表达，并对免疫系统产生负面影响，这可能是乳房内易感性增加的原因（Rakib et al，2020）。热应激诱导奶牛发生生理反应，从而导致血浆蛋白质组学的改变，这些变化如何启动和调节的相关研究还很少，了解蛋白质的差异表达有助于奶牛热应激反应机制的研究。Min 等（2016）研究发现热应激导致奶牛血浆中Ⅱ型细胞骨架的表达降低，急性应激蛋白甲型肝炎病毒细胞受体 1N 端区蛋白和转甲状腺素表达下调，这种现象可能是热应激奶牛的一种适应调节，其中转甲状腺素被认为是检验长期热应激炎症反应的标志物。此外研究还发现长期热应激可使血浆中促炎因子 TNF-α 和 IL-6 的含量显著升高。Lundberg 等（2016）对瑞典 13 个牛群进行了为期 12 个月的调查，以确定奶牛泌乳早期感染的病原体、季节和胎次之间的关系，结果发现所有研究的牛群乳房健康状况都较差，乳腺炎的发生在夏季比凉爽月份更普遍，乳链球菌在夏季末感染率最高，此时奶牛处于热应激状态。Gao 等（2017）评估了中国 161 个大型奶牛群在 18 个月时间里乳腺炎病原体的流行情况，并确定了影响这些病原体引起临床乳腺炎的季节性因素。临床乳腺炎在夏季流行有所增加，与大肠杆菌和克雷伯氏菌的高流行率有关；相反在冬季分离到的链球菌较多。不同季节占据优势的病原体种类不同，进一步表明炎热天气是乳腺炎发生的重要因素。尽管热应激对乳腺炎影响的研究数量有限，但现有证据表明夏季乳腺炎发病率较高并不是由病原体数量增加的单一因素导致，热应激对泌乳牛和干奶牛的生理影响都会导致其免疫能力下降很长一段时间，抑制机体抵抗病原体的能力，加剧病原体入侵，导致更为严重的乳腺炎。

（二）奶牛血乳屏障与热应激诱导的乳腺炎症

组织屏障对组织微环境稳态具有重要调控作用。血乳屏障由乳腺上皮细胞及其之间的连接复合结构组成，主要负责控制血液和乳汁的物质交换（Capuco and Choudhary，2020）。如果血乳屏障被破坏，血液和腺泡内乳成分相互扩散，会影响乳腺健康和乳品质量。当挤奶频率增加或者发生乳腺炎时，奶牛产奶量降低，乳腺上皮完整性被破坏（Wellnitz et al，2016；Herve et al，2017）。因此，完整的血乳屏障是维持奶牛最佳生产性能的前提，也是评价乳腺健康和功能的重要指标（Tao et al，2018）。

乳腺上皮细胞通过紧密连接、黏附连接和桥粒等连接形成紧密复合结构（Stelwagen and Singh，2014）。紧密连接作为相邻乳腺上皮细胞的主要连接方式，位于上皮细胞膜最顶端区域，其顶膜和基底外侧膜的极性、蛋白质和脂质组成不同，可以有效控制水分子、离子和微生物的细胞旁交换，是保证屏障完整性的关键结构（Capuco and Choudhary，2020）。在哺乳动物乳腺组织中，血乳屏障通透性和紧密连接功能在围产期、泌乳期和干奶期会不断发生变化。研究表明，在动物分娩前，血乳屏障和紧密连接功能减弱，从而允许可溶性免疫因子、抗体和血细胞等大分子通过主动转运机制进入初乳（Stelwagen and Singh，2014）。在分娩后和泌乳期，受糖皮质激素和催产素（oxytocin）等激素的影响，乳腺上皮细胞紧密连接功能增强，屏障通透性降低，以保证乳汁合成和分泌最佳功能的发挥（Kessler et al，2019）。

紧密连接结构主要由闭锁蛋白（occludin）、密封蛋白（claudin）、ZO 蛋白以及连接黏附分子等组成。occludin 和 claudin 相互连接共同构成紧密连接的主要结构，ZO-1 作为关键支架蛋白，可以与跨膜紧密连接蛋白和肌动蛋白细胞骨架相连，从而构成稳定的紧密连接复合体。occludin 被破坏时，可启动激活细胞死亡信号转导（Beeman et al，2012）。claudins 的主要功能则是维系紧密连接屏障结构。小鼠乳腺中表达量最丰富的 claudin 家族蛋白是 claudin-1、claudin-3、claudin-4、claudin-7 和 claudin-8，但它们的表达量和在细胞中的定位与乳腺的生理状态有关。在泌乳期小鼠的乳腺中，claudin-3 和 claudin-8 表达量丰富，在维持血乳屏障功能完整性方面发挥关键作用，在乳腺退化时，claudin-1、claudin-3 和 claudin-4 的表达显著上调，此时 claudin-3 仍与紧密连接分子共定位，同时在上皮细胞质中分散表达（Baumgartner et al，2017）。

乳腺炎症状态下，紧密连接蛋白的表达和分布发生改变，可能会增加血乳屏障通透性，影响血液和乳汁间的物质交换，使得细菌易位和致病菌定植概率增加，最终导致乳腺炎症（Wall et al，2016a）。在乳腺炎奶牛的乳样中，体细胞数、LDH 活性、血清白蛋白

(serum albumin，SA）和免疫球蛋白含量，以及血浆中乳清蛋白含量均显著增加（Wall et al，2016a）。在对小鼠的研究中发现，LPS 处理后乳腺组织出现炎性细胞浸润，乳腺组织内 MPO 活性，炎症因子 IL-1β、TNF-α 和 IL-6 含量增加，同时 ZO-1、claudin-3 和 occludin 的水平显著下调（Guo et al，2019）。这表明乳腺屏障受损与乳腺炎症紧密相关。

在哺乳动物细胞中，热应激容易诱导蛋白质变性和降解（Ríus，2019）。热应激可直接破坏奶牛（Koch et al，2019）、猪（Liu et al，2016）和家禽（Cheng et al，2019）肠上皮的完整性。目前从乳腺屏障功能角度来探讨热应激与乳腺健康的研究还不够深入。Weng 等（2018）对泌乳奶牛进行活体乳腺组织取样，发现与施加了喷淋措施的奶牛相比，热应激奶牛血浆乳糖浓度有增加趋势，乳腺组织中血乳屏障相关蛋白（occludin、claudin-1、ZO-1、ZO-2 和钙黏蛋白）的基因表达出现不同程度的改变。体外研究发现与 37℃处理相比，39℃高温处理可增强奶牛乳腺上皮细胞泌乳能力和紧密连接屏障功能，而 41℃处理则降低了细胞活力和屏障功能（Kobayashi et al，2018）。这些研究结果表明，热应激有可能通过破坏奶牛乳腺血乳屏障完整性影响乳腺功能。在高温高湿容易诱导奶牛热应激，增加乳腺炎发病率的生产问题背景下，有必要进一步从乳腺上皮完整性角度探讨热应激与乳腺健康的关系。

肌球蛋白轻链激酶（myosin light chain kinase，MLCK）是 Ca^{2+}/钙调蛋白依赖性的丝氨酸/苏氨酸激酶，通过磷酸化肌球蛋白轻链（myosin light chain，MLC）诱导肌球蛋白和肌动蛋白收缩，牵动紧密连接蛋白使其位置发生改变，破坏细胞间连接复合结构，导致组织屏障功能障碍（Yang et al，2007）。肠道相关研究发现，MLCK 蛋白表达水平增加，MLC 被激活后小肠上皮细胞通透性增加，ZO-1 蛋白表达水平显著下降（Wang et al，2018）。而当 MLCK 蛋白表达水平下降，MLC 磷酸化被抑制时，细胞骨架结构更稳定，ZO-1、claudin-1 和 occludin 蛋白表达量增加（Huang et al，2020）。目前 MLCK-MLC 通路在乳腺组织上的研究多集中在乳腺发育和乳腺癌上，该通路有助于乳腺导管发育、维持正常的乳腺上皮细胞收缩/舒张周期以及泌乳反应（Raymond et al，2011）。抑制 MLCK 可增加乳腺上皮紧密连接蛋白的表达，减缓乳腺肿瘤的生长（Bhat et al，2019）。

ERK1/2 是 MLCK 上游的重要调节元件之一。ERK1/2 是促分裂原活化蛋白激酶家族的主要成员，在细胞增殖、分化和应激反应的信号转导中发挥重要作用（Tanimura and Takeda，2017）。当细胞受到外界刺激后，ERK 激酶活化使 ERK1/2 磷酸化，磷酸化的 ERK1/2 可直接激活 MLCK，随后使 MLC 磷酸化，促进细胞骨架收缩。研究表明，ERK1/2 调控的 MLCK-MLC 通路与小肠屏障功能（Yang et al，2007）、肺组织紧密连接蛋白表达（Liu et al，2020）和血管内皮通透性（Wang et al，2019）密切相关。最近研究发现，ERK1/2-MLCK 介导了 IL-1β 导致的奶牛乳腺上皮细胞血乳屏障损伤（Xu et al，2018）。但在热应激条件下，ERK1/2-MLCK 通路的变化情况及其与血乳屏障完整性的关系还有待进一步探索。

李晗（2019）在热应激对奶牛乳腺和肠道屏障完整性的影响试验中发现，乳腺上皮完整性标志物包括血浆血清素（serotonin）、催产素（oxytocin）、皮质醇（cortisol）和乳糖（lactose），以及乳中 SA、Na^+ 和 K^+ 含量。serotonin 对奶牛乳腺上皮细胞的通透性的影响呈浓度和时间依赖关系（Hernandez et al，2011），同时参与了泌乳晚期乳腺的退化过程（Collier et al，2012）。超生理剂量的 oxytocin 会降低奶牛血乳屏障完整性，并促进血中免疫球蛋白及其他血液成分向乳汁中转移（Wall et al，2016b）。cortisol 是调节紧密连接蛋白的关键因子，其含量增加可促进血乳屏障功能的恢复。在妊娠期到泌乳期阶段，cortisol 可诱导紧密连接的闭合，有利于乳汁对血液成分的选择性吸收和泌乳反应的正常进行（Nguyen et al，2001）。lactose 只能由乳腺上皮细胞合成，当乳腺紧密连接被破坏，lactose 可以通过细胞旁途径从乳汁转移到血液中（Herve et al，2017），SA 作为血浆中浓度最高的水溶性蛋白质，也会从血液转移到乳腺上皮细胞中（Gross et al，2020）。泌乳期奶牛乳中 Na^+/K^+ 浓度比值与乳腺上皮完整性呈负相关关系，被用作隐形乳腺炎的诊断指标（Haron et al，2014）。乳汁的离子平衡主要依靠乳腺上皮细胞选择性地吸收血浆内矿物质，正常情况下，乳中 K^+ 和 Na^+ 浓度分别高于和低于血浆，乳糖作为血液和乳汁物质交换的渗透压调节剂，热应激条件下其合成减少，为了维持渗透压平衡，乳汁内 Na^+ 浓度增加，K^+ 可透过被损伤的乳腺上皮进入上皮细胞之间的体液中，从而导致乳中 Na^+/K^+ 浓度比值增加（邢慧敏等，2007）。在试验中，热应激使奶牛血浆 serotonin、cortisol 和 lactose 含量显著增加，以及乳中 SA 含量和 Na^+/K^+ 浓度比值增加。结合上述研究，说明热应激使泌乳奶牛乳腺上皮屏障完整性受损。

二胺氧化酶（DAO）是由肠上皮细胞分泌的胞内酶，D-LA 是一种细菌代谢产物，主要分布在肠黏膜中，内毒素（endotoxin）是革兰氏阴性菌的细胞壁组成成分，完整的肠黏膜屏障可有效阻止 DAO、D-LA 和 endotoxin 进入血液（Cheng et al，2019）。所以血浆 DAO、D-LA 和 endotoxin 常被用作衡量肠道屏障功能的指标。在该试验中，热应激使肠道屏障完整性被破坏，表现为夏季热应激组 DAO、D-LA 和 endotoxin 含量显著增加。这与 Koch 等（2019）的研究结果相似，该研究利用环控舱建立奶牛热应激模型（THI＝76），发现热应激可直接改变奶牛肠道紧密连接蛋白表达，同时激活 LPS 相关免疫反应，从而造成肠道屏障损伤和炎症反应。热应激条件下，肠道屏障功能受损，使肠道中有害物质以及细菌代谢产物向血液中转移，可能因此损害乳腺的生理健康。

五、冷热应激对奶牛繁殖性能的影响及营养调控理论与技术

环境温湿度属于应激源的一种，能激活奶牛体内神经内分泌轴，改变体内激素合成及分泌状况。有学者研究发现，应激会使机体交感神经-肾上腺髓质系统活动增强，使得血液中肾上腺素水平升高（Vanecek，1998）。吕晓伟（2006）研究报道，对奶牛在应激中起主要调节作用的肾上腺素，其水平在热应激状态下有显著提高。此外，应激还会激活 HPA 轴，导致糖皮质激素（皮质醇、皮质酮、皮质素）的分泌量增加。皮质醇是肾上腺皮质合成分泌的一种类固醇类糖皮质激素，参与机体多种代谢调节活动。动物在应激状态下，内源性分泌的皮质醇会猛增，有助于机体对抗应激刺激，特别是乳腺炎、肢蹄病、子宫内膜炎等炎症刺激（Velez and Donkin，2004）。因此，动物血清皮质醇含量是一个鉴别机体是否受到应激刺激或推断应激强度的客观指标。研究显示，热应激状态下奶牛血液中皮质醇浓度的变化与奶牛所处热应激状态有关，慢性热应激时皮质醇分泌量减少，而急性热应激时则升高（李建国等，1998；穆玉云等，1993）。下丘脑-垂体-甲状腺（HPT）轴在被应激刺激激活之后，甲状腺素分泌量增加，包括四碘甲状腺原氨酸（T4）和三碘甲状腺原氨酸（T3）。一般认为，在夏季高温高湿条件下，奶牛处于热应激状态时，其甲状

腺机能会减弱，代谢降低，产热减少，这是动物在热应激条件下减少散热负担的一种保护性代谢机制，以尽量维持机体产热量与散热量的平衡，故 T4 和 T3 的合成及分泌量减少（汪水平等，2011；宋小珍等，2012）。

环境温湿指数与家畜的性成熟、卵子形成、精液质量、胚胎发育等繁殖机能密切相关。温湿指数和季节对奶牛繁殖性能有一定的影响（Jordan，2003），热应激可引起母牛内分泌失调和代谢紊乱，进一步导致胚胎的早期死亡或繁殖疾病的发生。研究显示，种母牛出现热应激反应时，其受胎率会下降，胚胎早期流产率增加（李建国，1998）。热应激还能通过改变奶牛血清促黄体素（LH）、雌二醇（E2）、孕酮（P4）等孕激素的浓度影响奶牛发情周期（Sakatani et al，2012）、卵子质量（Gendelman et al，2010）、胚胎发育（Ealy et al，1998）以及妊娠率，给奶牛繁殖健康带来严重危害。追根溯源，一方面是高温导致奶牛热应激，血液激素水平紊乱，如繁殖相关激素 E2 含量下降，造成发情行为减少和发情时间缩短；另一方面是 P4 分泌极显著增加（李建国等，1998），限制发情期 LH 含量的波动，显著降低 LH 含量，抑制 LH 释放的同时限制排卵，这是热应激造成母牛受胎率降低的主要原因。但亦有不同的结果，Wise（1988）的研究表明，母牛热应激时机体皮质醇含量上升，P4 和 E2 水平维持不变，LH 含量有减少趋势。

动物的主要生殖激素是睾酮和 LH。当动物机体处于正常状态时，下丘脑分泌促性腺激素释放激素，控制腺垂体 LH 的分泌。LH 的增多一方面刺激睾丸间质细胞发育，另一方面刺激睾酮的分泌。Jordan 等（2002）的研究表明，牛舍环境日均气温由 33℃升至 41.7℃时，奶牛的受胎率急剧下降30.5%。还有研究发现在夏季荷斯坦奶牛的空怀期明显延长，进而其繁殖性能受到影响（Oseni et al，2003）。同时，李俊杰等（2004）研究发现，在冬季低温暴露条件下与秋季相比，公牛血清中的 LH 和睾酮含量明显降低，这与 Sanford 等（1977）和 Sundby 等（1978）对公牛的研究结果相一致。以上研究结果表明，夏季高温或冬季低温都可以抑制下丘脑-垂体-性腺轴的调控，使 LH 和睾酮的分泌减少，最终降低动物的繁殖性能。

热应激期间，奶牛激素浓度变化明显，但热应激对牛血液激素水平影响的试验结果不尽相同。有研究发现，当温度由 4℃逐步升高到 28℃时，奶牛血清 P4 含量大幅增加，增幅达 73.33%；皮质醇浓度升高，而血清中 LH、孕激素和 E2 含量显著降低（李建国，1998）。但也有研究认为热应激时，奶牛血清中皮质醇水平升高，P4 和 E2 含量无变化，LH 水平有下降趋势。还有报道，热应激使牛血清中 LH 水平升高（Wise，1988）。Cross（1973）研究发现，皮质醇是一种由肾上腺皮质产生的类固醇类糖皮质激素，参与机体的热调节，急性热应激时奶牛血清中皮质醇浓度升高，慢性热应激时降低。催乳素（PRL）是腺垂体前叶分泌的一种生乳激素，对奶牛泌乳的启动和维持具有重要作用（杜海霞，2010）。范春玲（2010）的研究结果表明，在免疫反应过程中，血清 PRL 浓度显著下降。

杨洪明（2018）探究不同温湿指数对围产期奶牛影响的试验数据表明，与春季组相比，夏季组围产期奶牛血清皮质醇含量与 PRL 显著降低，这与 Lee（1993）提出的观点相符。一般情况下，奶牛在产后血清 LH 浓度会逐渐下降，但本试验中，夏季组围产期奶牛血清 LH 浓度在产后 7d 显著高于春季组，产前 7d 则相反，且夏季组奶牛在产后血清 LH 浓度反而逐渐上升，这可能是由于高温高湿影响了奶牛 LH 的正常分泌。杨洪明（2018）的试验表明：夏季组围产期奶牛血清 P4 在产后 24h 和产后 7d 极显著高于春季组，在产前

7d 差异不显著，这与李建国（1998）的研究结果基本一致。而夏季组奶牛血清 PRL 浓度在整个试验期都显著低于春季组，说明高温高湿对奶牛的泌乳调控产生了影响。此外，夏季组围产期奶牛血清 E2 浓度在产后 24h 显著低于春季组，产前 7d 和产后 7d 差异不显著，这可能和高温高湿导致的围产期激素调控紊乱有关。本试验结果发现，春季组犊牛初生重显著高于夏季组，这与 Tao（2013a）的研究一致，说明高温高湿对犊牛初生重有一定影响。

2014 年有研究发现，与舒适环境相比，高温高湿环境下犊牛的出生重和 60 日龄体重也偏低，但 60 日龄犊牛的总增重和体型增长并没有明显变化，这说明热应激会造成犊牛出生重偏低和早期生长迟缓（Monteiro，2014；Tao，2012）。应激引起犊牛出生重低也许是由高温高湿环境使奶牛怀孕周期缩短，子宫血液流速减慢，胎儿营养物质供应不足，胎盘重量下降导致（Stott，1976）。Tao（2012）报道，热应激不仅会影响围产期奶牛，还会对犊牛造成损害。热应激会使犊牛免疫功能下降，降低犊牛血清总蛋白含量，引起红细胞压积下降，进而破坏犊牛的免疫系统，影响犊牛被动免疫的获取（Tao，2013b）。

参考文献

白丹丹，敖日格乐，王纯洁，等，2017. 慢性冷热应激对三河牛血液生化指标及相关基因表达的影响. 中国农业大学学报，22：50-56.

白琳，栾冬梅，2015. 冷应激对奶牛生理机能和生产性能的影响. 黑龙江畜牧兽医：46-47.

蔡明成，2014. 热应激对肉牛生理生化指标及外周血 microRNA 表达水平的影响. 重庆：西南大学.

曹华斌，郭剑英，苏荣胜，等，2007. 细胞因子的兽医临床应用. 中国畜牧业，14：92-93.

曹杰，2010. 日粮中添加二氢吡啶对奶牛生产性能、抗氧化和抗热应激能力的影响. 武汉：华中农业大学.

淡瑞芳，龙瑞军，张海涛，等，2009. 藏系绵羊瘤胃细菌区系的季节动态分析. 动物营养学报，21：798-802.

淡瑞芳，张海涛，丁学智，等，2012. 藏系绵羊瘤胃古菌季节动态分析. 甘肃农业大学学报，47：12-16.

淡瑞芳，张海涛，龙瑞军，等，2013. 季节变化对放牧藏系绵羊瘤胃发酵特性及产甲烷菌的影响. 西北农业学报，22：1-6.

邓发清，黄建华，2008. 热应激对牛奶中生化指标的影响. 畜牧与兽医，40：76-78.

杜海霞，李文海，郭红霞，2010. 奶牛乳房炎的有效防治. 今日畜牧兽医，(6)：55-56.

范春玲，郭婷，齐欣，2010. 奶牛乳腺局部免疫的调节机制-奶牛乳腺肥大细胞 5-羟色胺的表达. 免疫学杂志，(11)：1014-1016.

高民，杜瑞平，温雅丽，2011. 热应激对奶牛生产的影响及应对策略. 畜牧与饲料科学，32：59-62.

谷莉，2014. 不同鼠种的肠道菌群在不同饮食结构干预中的组成改变. 长沙：中南大学.

何钦，2012. 热应激对不同泌乳阶段奶牛生产性能及其营养代谢的影响. 重庆：西南大学.

黄蜂，陆庆，颜育良，等，2007. 季节对奶牛日粮采食量的影响. 广东奶业，3：5-7.

李大齐，2009. 高温季节奶牛生理生化指标及产奶量变化与微卫星标记相关性研究. 南京：南京农业大学.

李德军，2010. 奶牛隐性和临床型子宫内膜炎病理机制的研究. 武汉：华中农业大学.

李晗，王宇，高景，等，2019. 热应激对瘤胃微生物的影响及其与奶牛生产性能的关系. 动物营养学报，31：4458-4463.

李建国，安永福，1998. 热应激对母牛内分泌及繁殖机能的影响. 中国奶牛，3：31-32.

李建国，桑润滋，张正珊，等，1998. 热应激对奶牛血液生化指标及生产性能的影响. 中国奶牛，6：19-21.

李俊杰，桑润滋，田树军，等，2004. 季节因素对种公牛血清维生素与生殖激素的影响. 黑龙江畜牧兽医：17-18.

李蓉，2018. 高温高湿对泌乳奶牛生产性能和粪样菌群的影响及喷淋效果研究. 武汉：华中农业大学.

吕晓伟，2006. 慢性冷热应激对荷斯坦奶牛血清酶活力、内分泌激素水平及维持行为的影响. 内蒙古：内蒙古农业大学.

马燕芬，陈志伟，2007. 热应激牛初乳对新生犊牛血清免疫指标的影响研究. 饲料工业，28：26-28.

马燕芬，陈琦，杜瑞平，等，2013. 热应激对奶山羊瘤胃上皮细胞屏障通透性的影响. 中国农业科学，46：4478-4485.

穆玉云，李如治，黄昌澍，1993. 乳牛耐热性指标的检测. 安徽农业大学学报：66-71.

宋小珍，付戴波，瞿明仁，等，2012. 热应激对肉牛血清内分泌激素含量、抗氧化酶活性及生理生化指标的影响. 动物营养学报，24：2485-2490.

汪水平，王文娟，左福元，等，2011. 中药复方对夏季肉牛的影响：Ⅱ. 血气指标、血清代谢产物浓度及免疫和抗氧化功能参数. 畜牧兽医学报，5：734-741.

王丽凤，2014. 益生菌 L. plantarum P-8 对肉鸡肠道菌群、肠道免疫和生长性能影响的研究. 内蒙古：内蒙古农业大学.

王祖新，王之盛，王立志，等，2009. 不同季节温湿度指数对奶牛生产性能和生理生化指标的影响. 中国畜牧杂志，45：60-63.

魏华，2008. 不同外源扰动因素对肠道菌群组成结构影响的研究. 上海：上海交通大学.

邢慧敏，云振宇，李妍，等，2007. 牛乳体细胞数与乳中离子含量相关性的研究. 食品科学，28：53-56.

许宇静，2015. 断奶幼兔盲肠微生物多样性研究及两种添加剂组合对肉兔肠道健康的影响. 杨陵：西北农林科技大学.

薛白，王之盛，李胜利，等，2010. 温湿度指数与奶牛生产性能的关系. 中国畜牧兽医，37：153-157.

尹业师，王欣，2012. 影响实验小鼠肠道菌群的多因素比较研究. 实验动物科学，29：12-18.

岳寿松，王世荣，2002. 微生态制剂对奶牛夏季产奶量的影响. 中国微生态学杂志，14：270-271.

曾银，贺鸣，曹志军，等，2010. 全混合日粮中粗饲料长度对奶牛咀嚼行为和瘤胃发酵的影响. 动物营养学报，22：1571-1578.

詹纯列，肖育华，李建军，等，2004. 性别、年龄、微生物因素对 Wistar 大鼠血常规值的影响. 中国比较医学杂志，14：148-150.

张韦，2015. 子宫内膜 MMP-2 和 TIMP-2 表达的变化奶牛慢性子宫内膜炎的影响. 武汉：华中农业大学.

张轶凤，齐智利，2017. 热应激条件下机体发生氧化应激的机制. 动物营养学报，29：3051-3058.

赵传超，2014. 酵母铬和二氢吡啶缓解奶牛热应激的作用效果研究. 武汉：华中农业大学.

赵乐乐，2013. 鸡双向选择家系肠道微生物宏基因组学研究. 上海：上海交通大学.

Ahmad G，Agarwal A，Esteves S C，et al，2017. Ascorbic acid reduces redox potential in human spermatozoa subjected to heat-induced oxidative stress. Andrologia，49：1-8.

Akin D，Borneman W，Windham W，1988. Rumen fungi：morphological types from Georgia cattle and the attack on forage cell walls. Biosystems，21：385-391.

Akin D，Lyon C，Windham W，et al，1989. Physical degradation of lignified stem tissues by ruminal fungi. Appl Environ Microb，55：611-616.

Ames D R，1979. Effect of environmental stress on nutritional physiology. In digestive physiology and nutrition of ruminants，2：383-399.

Ammer S，Lambertz C，Von Soosten D，et al，2018. Impact of diet composition and temperature-humidity index on water and dry matter intake of high-yielding dairy cows. J Anim Physiol Anim Nutr，102：103-113.

Angrecka S，Herbut P，2015. Conditions for cold stress development in dairy cattle kept in free stall barn during severe frosts. Czech J Anim Sci，60：81-87.

Bagath M，Krishnan G，Devaraj C，et al，2019. The impact of heat stress on the immune system in dairy cattle：a review. Res Vet Sci，126：94-102.

Bagri D，Pandey R，Bagri G，et al，2018. Effect of subclinical mastitis on milk composition in lactating cows. Journal of Entomology and Zoology Studies，6：231.

Bai H，Li T，Yu Y，et al，2021. Cytoprotective effects of taurine on heat-induced bovine mammary epithelial cells in vitro. Cells，10：258.

Bailey J S，1988. Integrated colonization control of Salmonella in poultry. Poultry Science，67：928-932.

Bailey M T，Dowd S E，Galley J D，et al，2011. Exposure to a social stressor alters the structure of the intestinal microbiota：implications for stressor-induced immunomodulation. Brain Behavior & Immunity，25：397.

Barcenilla A，Pryde S E，Martin J C，et al，2000. Phylogenetic relationships of butyrate-producing bacteria from the human gut. Applied & Environmental Microbiology，66：1654.

Baumgard L，Rhoads R，2012. Ruminant nutrition symposium：ruminant production and metabolic responses to heat stress. J Anim Sci，90：1855-1865.

Baumgartner H K，Rudolph M C，Ramanathan P，et al，2017. Developmental expression of claudins in the mammary gland. J Mammary Gland Biol Neoplasia，22：141-157.

Beeman N，Webb P，Baumgartner H，2012. Occludin is required for apoptosis when claudin-claudin interactions are disrupted. Cell Death Dis，3：e273.

Belay T，Wiernusz C J，Teeter R G，1992. Mineral balance and urinary and fecal mineral excretion profile of broilers housed in thermoneutral and heat-distressed environments. Poultry Sci，71：1043-1047.

Bernabucci U，Lacetera N，Danieli P P，et al，2009. Influence of different periods of exposure to hot environment on rumen function and diet digestibility in sheep. Int J Biometeorol，53：387-395.

Bhat A A，Uppada S，Achkar I W，et al，2019. Tight junction proteins and signaling pathways in cancer and inflammation：a functional crosstalk. Front Physiol，9：1942.

Broderick G A，2003. Effects of varying dietary protein and energy levels on the production of lactating dairy cows. J Dairy Sci，86：1370-1381.

Broucek J，Kovalcik K，Brestensky V，et al，1987. Mliecna uzitkovost krav chovanych v nezateplenom objekte s vol' nym ustajnenim. Zivocisna Vyroba，32：1065-1074.

Brulc J M，Antonopoulos D A，Miller M E，et al，2009. Gene-centric metagenomics of the fiber- adherent bovine rumen microbiome reveals forage specific glycoside hydrolases. Proceedings of the National Academy of Sciences of the United States of America，106：1948-1953.

Burkholder K M，Thompson K L，Einstein M E，et al，2008. Influence of stressors on normal intestinal microbiota，intestinal morphology，and susceptibility to salmonella enteritidis colonization in broilers. Poultry Science，87：1734-1741.

Cai J，Wang D，Liu J，2018. Regulation of fluid flow through the mammary gland of dairy cows and its effect on milk production：a systematic review. J Sci Food Agric，98：1261-1270.

Calamari L，Morera P，Bani P，et al，2018. Effect of hot season on blood parameters，fecal fermentative parameters，and occurrence of clostridium tyrobutyricum spores in feces of lactating dairy cows. J Dairy Sci，101：4437-4447.

Capuco A V，Choudhary R K，2020. Symposium review：Determinants of milk production：understanding population dynamics in the bovine mammary epithelium. J Dairy Sci，103：2928-2940.

Castillo C，Hernández J，Valverde I，et al，2006. Plasma malondialdehyde（MDA）and total antioxidant status（TAS）during lactation in dairy cows. Res Vet Sci，80：133-139.

Cheng J，Min L，Zheng N，et al，2018. Strong，sudden cooling alleviates the inflammatory responses in heat-stressed dairy cows based on iTRAQ proteomic analysis. Int J Biometeorol，62：177-182.

Cheng Y，Chen Y，Chen R，et al，2019. Dietary mannan oligosaccharide ameliorates cyclic heat stress-induced damages on intestinal oxidative status and barrier integrity of broilers. Poult Sci，98：4767-4776.

Christonpherson R J，Kennedy P M，1983. Effect of the thermal environment on digestion in ruminants. Canadian J Anim Sci，63：477-496.

Clark J，Klusmeyer T，Cameron M，1992. Microbial protein synthesis and flows of nitrogen fractions to the duodenum of dairy cows. J Dairy Sci，75：2304-2323.

Collier R J，Beede D K，Thatcher W W，et al，1982. Influences of environment and its modification on dairy animal health and production. J Dairy Sci，65：2213-2227.

Collier R J，Hernandez L，Horseman N，2012. Serotonin as a homeostatic regulator of lactation. Domest Anim Endocrinol，43：161-170.

Dantzer R，Kelley K W，2007. Twenty years of research on cytokine-induced sickness behavior. Brain Behavior & Immunity，21：153-160.

Dehority B A，2003. Cellulose digesting rumen bacteria. Nottingham：Nottingham University Press：177-208.

Delamaire E，Guinard-Flament J，2006. Longer milking intervals alter mammary epithelial permeability and the udder's ability to extract nutrients. J Dairy Sci，89：2007-2016.

Doerner K C，White B A，1990. Assessment of the en-do-1，4-beta-glucanase components of Ruminococcus flavefaciens FD-1. Appl Environ Microb，56：1844-1850.

Ealy A D，Drost M，Hansen P J，1993. Developmental changes in embryonic resistance to adverse effects of maternal heat stress in cows. Journal of Dairy Science，76：2899-2905.

Erickson A R，Cantarel B L，Lamendella R，et al，2012. Integrated metagenomics/metaproteomics reveals human host-microbiota signatures of crohn's disease. Plos One，7：1-14.

Esposito G，Irons P C，Webb E C，et al，2014. Interactions between negative energy balance，metabolic diseases，uterine health and immune response in transition dairy cows. Anim Reprod Sci，144：60-71.

Evans N J，Brown J M，Murray R D，et al，2011. Characterization of novel bovine gastrointestinal tract treponema isolates and comparison with bovine digital dermatitis treponemes. Appl Environ Microbiol，77：138-147.

Fanaro S，Chierici R，Guerrini P，et al，2003. Intestinal microflora in early infancy：composition and development. Acta Paediatrica，92：48-55.

France J，Dijkstra J，2005. Quantitative aspects of ruminant digestion and metabolism. 2nd ed. London：CABI Publishing：157-175.

Gao H B，Tong M H，Hu Y Q，et al，2003. Mechanisms of glucocorticoid-induced leydig cell apoptosis. Mol Cell Endocrinol，199：153-163.

Gao J，Barkema H W，Zhang L，et al，2017. Incidence of clinical mastitis and distribution of pathogens on large Chinese dairy farms. Journal of Dairy Science，100：4797-4806.

Gao J，Liu Y，Wang Y，et al，2020. Impact of yeast and lactic acid bacteria on mastitis and milk microbiota composition of dairy cows. AMB Express，10：22.

Garcia A B，Angeli N，Machado L，et al，2015. Relationships between heat stress and metabolic and milk parameters in dairy cows in southern Brazil. Tropical animal health and production，47：889-894.

Gendelman M，Aroyo A，Yavin S，et al，2010. Seasonal effects on gene expression，cleavage timing，and developmental competence of bovine preimplantation embryos. Reproduction the Official Journal of the Society for the Study of Fertility，140：73-82.

Grant R，2007. Taking advantage of natural behavior improves dairy cow performance//Proc. Western Dairy Management Conf. ，Reno，NV. 225-236.

Gross J J，Grossen-Rösti L，Wall S，et al，2020. Metabolic status is associated with the recovery of milk somatic cell count and milk secretion after lipopolysaccharide-induced mastitis in dairy cows. J Dairy Sci，103：5604-5615.

Guo W，Liu B，Hu G，et al，2019. Vanillin protects the blood-milk barrier and inhibits the inflammatory response in LPS-induced mastitis in mice. Toxicol Appl Pharmacol，365：9-18.

Halliwell B，Whiteman M，2004. Measuring reactive species and oxidative damage in vivo and in cell culture：how should you do it and what do the results mean? Brit J Pharmacol，142：231-255.

Hamel J，Zhang Y，Wente N，et al，2021. Heat stress and cow factors affect bacteria shedding pattern from naturally infected mammary gland quarters in dairy cattle. Journal of Dairy Science，104：786-794.

Haron A W，Abdullah F F J，Tijjani A，et al，2014. The use of Na^+ and K^+ ion concentrations as potential diagnostic indicators of subclinical mastitis in dairy cows. Vet World，7：966-969.

Hernandez L，Collier J，Vomachka A，et al，2011. Suppression of lactation and acceleration of involution in the bovine mammary gland by a selective serotonin reuptake inhibitor. J Endocrinol，209：45-54.

Herve L，Quesnel H，Lollivier V，et al，2017. Mammary epithelium disruption and mammary epithelial cell exfoliation during milking in dairy cows. J Dairy Sci，100：9824-9834.

Hooper L V，Gordon J I，2001. Commensal host-bacterial relationship. Science，292：1115-1118.

Horst R，2009. Effects of chronic environmental cold on growth，health and select metabolic and immunologic responses of preruminant calves. J Dairy Sci，92：6134-6143.

Hristov A N，Callaway T，Lee C，et al，2012. Rumen bacterial，archaeal，and fungal diversity of dairy cows in response to ingestion of lauric or myristic acid. J Anim Sci，90：4449-4457.

Hu H，Wang J，Gao H，et al，2016. Heat-induced apoptosis and gene expression in bovine mammary epithelial cells. Anim Prod Sci，56：918-926.

Huang J，Kelly C P，Bakirtzi K，et al，2019. *Clostridium difficile* toxins induce VEGF-A and vascular permeability to promote disease pathogenesis. Nat Microbiol，4：269-279.

Huang S，Fu Y，Xu B，et al，2020. Wogonoside alleviates colitis by improving intestinal epithelial barrier function via the MLCK/pMLC2 pathway. Phytomedicine, 68: 153-179.

Hungate R, 1967. Hydrogen as an intermediate in the rumen fermentation. Archiv Far Mikrobiologie, 59: 158-164.

Igono M O, Bjotvedt G, Sanford-Crane H T, 1992. Environmental profile and critical temperature effects on milk production of Holstein cows in desert climate. Int J Biometeorol, 36: 77-87.

Jami E, Mizrahi I, 2012. Composition and similarity of bovine rumen microbiota across individual animals. Plos one, 7: 1-8.

Jordan E R, Schouten M J, Quast J W, et al, 2002. Comparison of two timed artificial insemination (TAI) protocols for management of first insemination postpartum. J Dairy Sci, 85: 1002-1008.

Kadzere C T, Murphy M, Silanikove N, et al, 2002. Heat stress in lactating dairy cows: a review. Livest Prod Sci, 77: 59-91.

Kennedy P M, Milligan L P, 1978. Effect of cold exposure on digestion, microbial synthesis and nitrogen transformations in sheep. Br J Nutr, 39: 105-117.

Kessler E C, Wall S, Hernandez L, et al, 2019. Mammary gland tight junction permeability after parturition is greater in dairy cows with elevated circulating serotonin concentrations. J Dairy Sci, 102: 1768-1774.

Kim J W, Kim C, 2005. Inhibition of LPS-induced NO production by taurine chloramine in macrophages is mediated though Ras-ERK-NF-κB. Biochem Pharmacol, 70: 1352-1360.

Kinnula V L, Crapo J D, Raivio K O, 1995. Generation and disposal of reactive oxygen metabolites in the lung. Laboratory investigation: a journal of technical methods and pathology, 73: 3-19.

Kobayashi K, Tsugami Y, Matsunaga K, et al, 2018. Moderate high temperature condition induces the lactation capacity of mammary epithelial cells through control of STAT3 and STAT5 signaling. J Mammary Gland Biol Neoplasia, 23: 75-88.

Koch F, Thom U, Albrecht E, et al, 2019. Heat stress directly impairs gut integrity and recruits distinct immune cell populations into the bovine intestine. Proc Natl Acad Sci U S A, 116: 10333-10338.

Kontny E, Maśliński W, Marcinkiewicz J, 2003. Anti-inflammatory activities of taurine chloramine: implication for immunoregulation and pathogenesis of rheumatoid arthritis. Advances in Experimental Medicine and Biology: 329-340.

Lambert I, Kristensen D, Holm J, et al, 2015. Physiological role of taurine——from organism to organelle. Acta Physiol, 213: 191-212.

Lambert I H, Hansen D B, 2011. Regulation of taurine transport systems by protein kinase CK2 in mammalian cells. Cell Physiol Biochem, 28: 1099-1110.

Lamendella R, Domingo J W S, Ghosh S, et al, 2011. Comparative fecal metagenomics unveils unique functional capacity of the swine gut. Bmc Microbiol, 11: 103-119.

Lee S, Ha J, Cheng K J, 2000. Relative contributions of bacteria, protozoa, and fungi to in vitro degradation of orchard grass cell walls and their interactions. Appl Environ Microb, 66: 3807-3813.

Lees A M, Sejian V, Lees J, et al, 2019. Evaluating rumen temperature as an estimate of core body temperature in Angus feedlot cattle during summer. Int J Biometeorol, 63: 939-947.

Li L, Wang Y, Li C, et al, 2017. Proteomic analysis to unravel the effect of heat stress on gene expression and milk synthesis in bovine mammary epithelial cells. Anim Sci J, 88: 2090-2099.

Li M, Xi P, Xu Y, et al, 2019. Taurine attenuates Streptococcus uberis-induced bovine mammary epithelial cells inflammation via phosphoinositides/Ca^{2+} signaling. Front Immunol, 10: 1825.

Li Q, Yang C, Du J, et al, 2018. Characterization of miRNA profiles in the mammary tissue of dairy cattle in response to heat stress. BMC Genom, 19: 975.

Lima F S, Oikonomou G, Lima S F, et al, 2015. Prepartum and postpartum rumen fluid microbiomes: characterization and correlation with production traits in dairy cows. Appl Environ Microbiol, 81: 1327-1337.

Liu F, Cottrell J J, Furness J B, et al, 2016. Selenium and vitamin E together improve intestinal epithelial barrier function and alleviate oxidative stress in heat-stressed pigs. Exp Physiol, 101: 801-810.

Lundberg Å, Nyman A, Aspán A, et al, 2016. Udder infections with staphylococcus aureus, streptococcus dysgalactiae, and Streptococcus uberis at calving in dairy herds with suboptimal udder health. Journal of dairy science, 99: 2102-2117.

Malmuthuge N, Li M, Chen Y, et al, 2012. Distinct commensal bacteria associated with ingesta and mucosal epithelium in the gastrointestinal tracts of calves and chickens. Fems Microbiol Ecol, 79: 337-347.

Mao S, Zhang M, Liu J, et al, 2015. Characterising the bacterial microbiota across the gastrointestinal tracts of dairy cattle: membership and potential function. Sci Rep, 3: 1-14.

Marins T, Orellana R, Weng X, et al, 2017. Effect of heat stress, dietary zinc sources and intramammary lipopolysaccharide challenge on metabolic responses of lactating Holstein cows. J Dairy Sci, 100: 156.

Miao J, Zhang J, Zheng L, et al, 2012. Taurine attenuates streptococcus uberis-induced mastitis in rats by increasing T regulatory cells. Amino Acids, 42: 2417-2428.

Min L, Zheng N, Zhao S, et al, 2016. Long-term heat stress induces the inflammatory response in dairy cows revealed by plasma proteome analysis. Biochemical and biophysical research communications, 471: 296-302.

Mizrahi I, 2013. Rumen symbioses. Berlin: Springer Berlin Heidelberg.

Monteiro A P A, Tao S, Thompson I M, 2014. Effect of heat stress during late gestation on immune function and growth performance of calves: isolation of altered colostral and calf factors. Journal of Dairy Science, 97 (10): 6426-6439.

Mujahid A, Yoshiki Y, Akiba Y, et al, 2005. Superoxide radical production in chicken skeletal muscle induced by acute heat stress. Poult Sci, 84: 307-314.

Nasr M A, El-Tarabany M S, 2017. Impact of three THI levels on somatic cell count, milk yield and composition of multiparous Holstein cows in a subtropical region. Journal of thermal biology, 64: 73-77.

Nasrollahi S, Zali A, Ghorbani G, et al, 2017. Variability in susceptibility to acidosis among high producing mid-lactation dairy cows is associated with rumen pH, fermentation, feed intake, sorting activity, and milk fat percentage. Anim Feed Sci Technol, 228: 72-82.

Nguyen D, Parlow A, Neville M, 2001. Hormonal regulation of tight junction closure in the mouse mammary epithelium during the transition from pregnancy to lactation. J Endocrinol, 170: 347-356.

Nicholson J K, Holmes E, Kinross J, et al, 2012. Host-gut microbiota metabolic interactions. Science, 336: 1262-1267.

Nishigawa T, Nagamachi S, Chowdhury V S, et al, 2018. Taurine and β-alanine intraperitoneal injection in lactating mice modifies the growth and behavior of offspring. Biochem Biophys Res Commun, 495: 2024-2029.

Noel S J, Attwood G T, Rakonjac J, et al, 2017. Seasonal changes in the digesta-adherent rumen bacterial communities of dairy cattle grazing pasture. Plos One, 12: 1-18.

Noverr M C, Huffnagle G B, 2004. Does the microbiota regulate immune responses outside the gut? Trends in Microbiology, 12: 562-568.

NRC, 1981. Effect of environment on nutrient requirements of domestic animals. Natlenal Academy Press: 55.

Oseni S, Misztal I, Tsuruta S, et al, 2003. Seasonality of days open in US Holsteins. J Dairy Sci, 86: 3718-3725.

Paz H A, Anderson C L, Muller M J, et al, 2016. Rumen bacterial community composition in Holstein and Jersey cows is different under same dietary condition and is not affected by sampling method. Front Microbiol, 7: 1-9.

Pederzolli R L A, Kessel A G V, Campbell J, et al, 2018. Effect of ruminal acidosis and short-term low feed intake on indicators of gastrointestinal barrier function in Holstein steers. J Anim Sci, 96: 108-125.

Pickard K M, Bremner A R, Gordon J N, et al, 2004. Immune responses. Best Practice & Research Clinical Gastroenterology, 18: 271-285.

Pragna P, Archana P, Aleena J, et al, 2017. Heat stress and dairy cow: impact on both milk yield and composition. International Journal of Dairy Science, 12 (1): 1-11.

Qaradakhi T, Gadanec L K, McSweeney K R, et al, 2020. The anti-inflammatory effect of taurine on cardiovascular disease. Nutrients, 12: 2847.

Quinteiro-filho W M, Ribeiro A, Ferrazdepaula V, et al, 2010. Heat stress impairs performance parameters, induces intestinal injury, and decreases macrophage activity in broiler chickens. Poultry Science, 89: 1905.

Rakib M R H, Zhou M, Xu S, et al, 2020. Effect of heat stress on udder health of dairy cows. Journal of Dairy Research, 87: 315-321.

Ravagnolo O, Misztal I, Hoogenboom G, 2000. Genetic component of heat stress in dairy cattle, development of heat index function. J Dairy Sci，83：2120-2125.

Raymond K，Cagnet S，Kreft M，et al，2011. Control of mammary myoepithelial cell contractile function by α3β1 integrin signalling. EMBO J，30：1896-1906.

Rejeb M，Najar T，M' rad M B，2012. The effect of heat stress on dairy cow's performance and animal behaviour. Anim & Environ Sci，2：29-34.

Rensis F D，Marconi P，Capelli T，2002. Fertility in postpartum dairy cows in winter or summer following estrus synchronization and fixed time AI after the induction of an LH surge with GnRH or hCG. Theriogenology，58 (9)：1675-1687.

Rhoads M，Rhoads R，VanBaale M，et al，2009. Effects of heat stress and plane of nutrition on lactating Holstein cows：I. production，metabolism，and aspects of circulating somatotropin. Journal of dairy science，92：1986-1997.

Ridaura V K，Faith J J，Rey F E，et al，2013. Gut microbiota from twins discordant for obesitymodulate metabolism in mice. Science，341：1078-1789.

Ríus A，2019. Invited review：adaptations of protein and amino acid metabolism to heat stress in dairy cows and other livestock species. Appl Anim Sci，35：39-48.

Roth Z，Wolfenson D，2016. Comparing the effects of heat stress and mastitis on ovarian function in lactating cows：basic and applied aspects. Domestic animal endocrinology，56：218-227.

Rulquin H，Caudal J P，1992. Effect de la position debout ou couchee sur le debit sanguine mammaire et le rythme cardiaque chez la vache. Annales De Zootechnie.

Sakatani M，Balboula A Z，Yamanaka K，et al，2012. Effect of summer heat environment on body temperature，estrous cycles and blood antioxidant levels in Japanese Black cow. Animal Science Journal，83：394-402.

Saker K E，Fike J H，Veit H，et al，2004. Brown seaweed-（Tasco TM）treated conserved forage enhances antioxidant status and immune function in heat-stressed wether lambs. J Anim Physiol A Anim Nutr，88：122-130.

Salles M S V，Zanetti M A，Salles F A，et al，2010. Changes in ruminal fermentation and mineral serum level in animals kept in high temperature environments. Rev Bras Zootec，39：883-890.

Sanchez W K，Mcguire M A，Beede D K，1994. Macromineral nutrition by heat stress interactions in dairy cattle：review and original research. J Dairy Sci，77：2051-2079.

Sanford L M，Paimer W M，Howiand B E，1977. Changes in the profiles of serum LH，FSH and testosterone，and in mating performance and ejaculate voiume in the ram during the ovine breeding season. Canada J Anim Sci，57：1382-1391.

Sano H，Ambo K，Tsuda T，1985. Blood glucose kinetics in whole body and mammary gland of lactating goats exposed to heat. J Dairy Sci，68：2557-2564.

Scharf B，Johnson J，Weaber R，et al，2012. Utilizing laboratory and field studies to determine physiological responses of cattle to multiple environmental stressors. J Therm Biol，37：330-338.

Schnier C，Hielm S，Saloniemi H S，2003. Comparison of milk production of dairy cows kept in cold and warm loose-housing systems. Prev Vet Med，61：295-307.

Seidel U，Huebbe P，Rimbach G，2019. Taurine：a regulator of cellular redox homeostasis and skeletal muscle function. Mol Nutr Food Res，63：1800569.

Sengupta A，Sharma R K，1993. Acute heat stress in growing rats：effect on small intestinal morphometry and in vivo，absorption. Journal of Thermal Biology，18：145-151.

Sordillo L M，Raphael W，2013. Significance of metabolic stress，lipid mobilization，and inflammation on transition cow disorders. Veterinary Clinics of North America Food Animal Practice，29：267-278.

Souza M C，Oliveira A S，Araújo C V，et al，2014. EHBK，Moura DC. Short communication：Prediction of intake in dairy cows under tropical conditions. J Dairy Sci，97：3845-3854.

Stelwagen K，Singh K，2014. The role of tight junctions in mammary gland function. J Mammary Gland Biol Neoplasia，19：131-138.

Stewart C S，Flint H J，Bryant M P，1997. The rumen bacteria，in Hobson PN (ed)，The rumen microbial ecosystem，10-72 .

Stott G H，Wiersma F，Menefee B E，1976. Influence of environment on passive immunity in calves. Journal of Dairy Sci-ence，59 (7)：1306-1311.

Sundby A, Toiiman R, 1978. Piasma testosterone in buiis: seasonal variation. Veterinary Scand, 263-278.

Tajima K, Aminov R I, Nagamine T, et al, 2001. Diet-dependent shifts in the bacterial population of the rumen revealed with real-time PCR. Applied & Environmental Microbiology, 67: 2766.

Tajima K, Nonaka I, Higuchi K, et al, 2007. Influence of high temperature and humidity on rumen bacterial diversity in Holstein heifers. Anaerobe, 13: 57-64.

Tanimura S, Takeda K, 2017. ERK signalling as a regulator of cell motility. J Biochem, 162: 145-154.

Tao S, Connor E E, Bubolz J W, 2013a. Short communication: effect of heat stress during the dry period on gene expression in mammary tissue and peripheral blood mononuclear cells. Journal of Dairy Science, 96 (1): 378-383.

Tao S, Dahl G E, 2013b. Invited review: heat stress effects during late gestation on dry cows and their calves. Journal of Dairy Science, 96: 4079-4093.

Tao S, Orellana R, Weng X, et al, 2018. Symposium review: the influences of heat stress on bovine mammary gland function. J Dairy Sci, 101: 5642-5654.

Tao S, Rivas R M O, Marins T N, et al, 2020. Impact of heat stress on lactational performance of dairy cows. Theriogenology, 150: 437-444.

Tao S, Monteiro P, Thompson I M, 2012. Effects of late-gestation maternal heat stress on growth and immune function of dairy calves. Journal of Dairy Science, 95 (12): 7128-7136.

Trompette A, Gollwitzer E S, Yadava K, et al, 2014. Gut microbiota metabolism of dietary fiber influences allergic airway disease and hematopoiesis. Nat Mede, 20: 159-166.

Turnbaugh P J, Ley R E, Mahowald M A, et al, 2006. An obesity-associated gut microbiome with increased capacity for energy harvest. Nature, 444: 1027-1031.

Ueki I, Stipanuk M H, 2007. Enzymes of the taurine biosynthetic pathway are expressed in rat mammary gland. J Nutr, 137: 1887-1894.

Uyeno Y, Sekiguchi Y, Tajima K, et al, 2010. An rRNA-based analysis for evaluating the effect of heat stress on the rumen microbial composition of Holstein heifers. Anaerobe, 16: 27-33.

Vanecek J, 1998. Cellular mechanisms of melatonin action. Physiological Reviews, 78: 687.

Velez J C, Donkin S S, 2004. Bovine somatotropin increases hepatic phosphoenolpyruvate carboxykinase mRNA in lactating dairy cows. Journal of Dairy Science, 87: 1325-1335.

Velez J C, Donkin S S, 2005. Feed restriction induces pyruvate carboxylase but not phosphoenolpyruvate carboxykinase in dairy cows. J Dairy Sci, 88: 2938-2948.

Vitali A, Bernabucci U, Nardone A, et al, 2016. Effect of season, month and temperature humidity index on the occurrence of clinical mastitis in dairy heifers. Adv Ani Biosci, 7: 250-252.

Vitali A, Felici A, Lees A, et al, 2020. Heat load increases the risk of clinical mastitis in dairy cattle. Journal of Dairy Science, 103: 8378-8387.

Wall S K, Hernández-Castellano L E, Ahmadpour A, et al, 2016a. Differential glucocorticoid-induced closure of the blood-milk barrier during lipopolysaccharide-and lipoteichoic acid-induced mastitis in dairy cows. J Dairy Sci, 99: 7544-7553.

Wall S K, Wellnitz O, Hernández-Castellano L E, et al, 2016b. Supraphysiological oxytocin increases the transfer of immunoglobulins and other blood components to milk during lipopolysaccharide-and lipoteichoic acid-induced mastitis in dairy cows. J Dairy Sci, 99: 9165-9173.

Wang G, Sun G, Wang Y, et al, 2019. Glabridin attenuates endothelial dysfunction and permeability, possibly via the MLCK/p-MLC signaling pathway. Exp Ther Med, 17: 107-114.

Wang H, Zhai N, Chen Y, et al, 2018. OTA induces intestinal epithelial barrier dysfunction and tight junction disruption in IPEC-J2 cells through ROS/Ca^{2+}-mediated MLCK activation. Environ Pollut, 242: 106-112.

Webster A J, 1983. Environmental stress and the physiology, performance and health of ruminants. Journal of Animal Science, 57: 1584-1593.

Weimer P J, Russell B, Muck R E. Lessons from the cow: what the ruminant animal can teach US about consolidated bioprocessing of cellulosic biomass. Bioresource Technology, 100: 5323-5331.

Wellnitz O, Zbinden C, Huang X, et al, 2016. Differential loss of bovine mammary epithelial barrier integrity in response to lipopolysaccharide and lipoteichoic acid. J Dairy Sci, 99: 4851-4856.

Weng X，Monteiro A，Guo J，et al，2018. Effects of heat stress and dietary zinc source on performance and mammary epithelial integrity of lactating dairy cows. J Dairy Sci，101：2617-2630.

West J W，2003. Effects of heat-stress on production in dairy cattle. J Dairy Sci，86：2131-2144.

Wood T M，Wilson C A，Stewart C S，1982. Preparation of the cellulase from the cellulolytic anaerobic rumen bacterium Ruminococcus albus and its release from the bacterial cell wall. Biochem J，205：129-137.

Worrall，James J，1999. Structure and dynamics of fungal populations. Amsterdam：Springer Netherlands.

Wostmann B S，1996. Germfree and gnotobiotic animal models：background and applications. Informa Healthcare.

Wu G，2020. Important roles of dietary taurine，creatine，carnosine，anserine and 4-hydroxyproline in human nutrition and health. Amino Acids，52：329-360.

Xu T，Dong Z，Wang X，et al，2018. IL-1β induces increased tight junction permeability in bovine mammary epithelial cells via the IL-1β-ERK1/2-MLCK axis upon blood-milk barrier damage. J Cell Biochem，119：9028-9041.

Yamashita T，Kato T，Tunekawa M，et al，2017. Effect of radiation on the expression of taurine transporter in the intestine of mouse. Advances in Experimental Medicine and Biology：729-740.

Yang L，Tan G Y，Fu Y Q，et al，2010. Effects of acute heat stress and subsequent stress removal on function of hepatic mitochondrial respiration，ros production and lipid peroxidation in broiler chickens. Comparative Biochemistry and Physiology Part C Toxicology and Pharmacology，151：204-208.

Yang P C，He S H，Zheng P Y，2007. Investigation into the signal transduction pathway via which heat stress impairs intestinal epithelial barrier function. J Gastroenterol Hepatol，22：1823-1831.

Yang Y L，YE B K，Liu H Y，2010. Occurrence，danger，prevention and treatment of heat stress in dairy cattle. China Cattle Sci，36：63-66.

Yatoo M I，Dimri U，Sharma M C，2014. Seasonal changes in certain blood antioxidants in cattle and buffaloes. Indian J Anim Sci，84：173-176.

Yazdi M H，Mirzaei-Alamouti H，Amanlou H，et al，2016. Effects of heat stress on metabolism，digestibility，and rumen epithelial characteristics in growing Holstein calves. J Anim Sci，94：77-89.

Yu M，Wang Y，Wang Z，et al，2019. Taurine promotes milk synthesis via the GPR87-PI3K-SETD1A signaling in BMECs. J Agric Food Chem，67：1927-1936.

Zeinhom M M，Aziz R L A，Mohammed A N，et al，2016. Impact of seasonal conditions on quality and pathogens content of milk in Friesian cows. Asian-Australasian journal of animal sciences，29：1207.

Zened A，Combes S，Cauquil L，et al，2013. Microbial ecology of the rumen evaluated by 454 GS FLX pyrosequencing is affected by starch and oil supplementation of diets. Fems Microbiol Ecol，83：504-514.

Zeng T，Li J J，Wang D Q，et al，2014. Effects of heat stress on antioxidant defense system，inflammatory injury，and heat shock proteins of muscovy and pekin ducks：evidence for differential thermal sensitivities. Cell Stress Chaperon，19：895-901.

Zhang S，Aschenbach J R，Barreda D R，et al，2013. Recovery of absorptive function of the reticulo-rumen and total tract barrier function in beef cattle after short-term feed restriction. J Anim Sci，91：1696-1706.

Ziemer C J，Sharp R，Stern M D，et al，2000. Comparison of microbial populations in model and natural rumens using 16S ribosomal RNA—targeted probes. Environ Microb，2：632-643.

第三节　环境应激条件下猪的营养调控理论与技术

在现代养猪业中，猪经常暴露于高温环境中，热应激对猪的健康、生长性能和生产效率有显著影响。因此，研究如何在环境应激条件下优化猪的营养调控变得尤为重要。本节将详细讨论热应激对猪的生理和营养需求的影响，并介绍相应的营养调控理论与技术。

一、热应激对猪生长性能的影响

(一) 采食量

减少食物摄取量是热应激动物的一种适应性保护机制。当环境温度超过猪生长的适宜温度时，其采食量显著下降（Fernandez et al，2014）。这一现象可以通过多种生理机制来解释。首先，动物的食欲控制中心位于下丘脑，高温环境会激活下丘脑弓状核 POMC 神经元中的辣椒素受体 1（TRPV1）样受体，从而导致食物摄入量急剧减少（Jeong et al，2018）。此外，热应激还会延长动物胃排空时间，并减弱肠道蠕动，从而降低消化道的机械消化功能，导致食糜积聚，进一步抑制食欲（He et al，2018）。在化学消化方面，热应激通过降低消化酶的活性，如淀粉酶、麦芽糖酶、脂肪酶、胰蛋白酶和胰糜蛋白酶，从而降低碳水化合物、脂质和蛋白质的消化率。这些消化酶的活性下降会直接影响营养物质的消化和吸收，进一步导致采食量减少（Al-Zghoul et al，2019）。另外，研究表明，热应激还会导致肠道微生物群的变化，进一步影响消化和吸收功能（Wen et al，2021）。综上所述，热应激通过多种机制影响猪的采食量和消化功能，包括调节食欲控制中心、延长胃排空时间、减弱肠道蠕动以及降低消化酶的活性，最终导致猪的生长性能下降。

(二) 平均日增重

当猪面临热应激时，其平均日增重（ADG）常常受到显著负面影响。ADG 是衡量猪在特定时间段内平均每日体重增加的重要指标。研究表明，在高温环境下饲养的猪，其 ADG 明显下降，在 20～30℃的环境温度范围内，每提高 1℃，猪的 ADG 会减少 40～80g（杨培歌，2014a），主要原因包括热应激导致的采食量减少和代谢率的变化（Quiniou et al，2001）。Renaudeau 等（2012）进一步指出，热应激会增加猪体内维持能量的需求，从而减少用于生长的能量，导致其体重增长速度减缓。猪通常通过调节采食量来应对环境温度变化，以维持正常的体温（Collin et al，2001）。随着环境温度的升高，猪通过增加热量损失和减少产热来实现这一目标。具体而言，猪会减少采食量及其相关的饲喂热效应（Quiniou et al，2001），并调整身体活动水平以及降低基础代谢率来应对高温环境的挑战（Collin et al，2001）。

热应激对不同物种的影响表现出一定的保守性。在猪身上，采食量随着环境温度升高而呈现曲线下降的趋势，这种反应受到基因型、饮食成分、体重和具体环境条件的共同影响。类似地，热应激也会导致猪的 ADG 呈现曲线反应，且其受到猪体重的显著影响，即体重较重的猪相较于体重较轻的猪更容易受到影响（Renaudeau et al，2012）。

总体而言，热应激使猪采食量减少和能量代谢改变，显著降低了猪的 ADG。这一现象强调了在高温环境下实施有效的管理和营养策略的重要性，以减轻热应激对猪生长性能的不利影响。

(三) 饲料转化率

饲料转化率是指每单位体重增加所需的饲料量。研究表明，热应激会导致猪的饲料转化率降低，即猪需要更多的饲料来增加相同的体重，从而降低饲料效率（Renaudeau et al，2012；St-Pierre et al，2003）。热应激对饲料效率的影响取决于温度水平和猪的体重。在轻度热应激条件下，由于饲料限制影响了体重增加的组成，猪的饲料效率有时会提高，即瘦肉增多而脂肪减少。然而，当环境温度超过30℃时，育肥猪的饲料效率显著下降，主要因为采食量大幅减少，从而降低了可用于组织生长的能量摄入比例（Mayorga et al，2019）。

二、热应激对猪消化系统的影响

小肠黏膜和转运蛋白在营养物质的吸收中起着关键作用。小肠绒毛高度的增加扩大了营养物质与肠道的接触面积，从而提高吸收效率。隐窝深度较浅或肠上皮细胞增殖较快，有助于增强肠道的吸收功能（Chen et al，2021）。热应激会显著降低肠绒毛高度（V），增加隐窝深度（C），导致V/C值显著降低，对肠道结构造成严重损害。这些损伤表现为绒毛上皮细胞破裂、水肿、脱落等（Huo et al，2019）。当猪暴露在高温下时，体内血流重新分配以保证大脑、心脏和皮肤的血液供应，从而限制了小肠的血流量，导致绒毛上皮细胞损伤和过度凋亡（Liu et al，2009；Gao et al，2013）。热应激通过增加细胞色素c和溶酶体膜通透性，引发凋亡相关基因和酶类的上调，最终导致肠上皮细胞凋亡（Yi et al，2017）。蛋白质组学研究表明，热应激激活丝裂原活化蛋白激酶（mitogen-activated protein kinase，MAPK）和核因子-κB（NF-κB）信号通路，导致肠上皮损伤和炎症反应（He et al，2015）。热应激不仅损害了猪的肠道结构，还显著降低了小肠内关键酶（如淀粉酶和胰蛋白酶）的活性，从而影响了碳水化合物、蛋白质和脂肪在肠道中的消化吸收（杨培歌等，2014b）。此外，研究表明，热应激还改变了肠道内源性蛋白的氨基酸组成，导致内源性肠道蛋白质和氨基酸的损失增加及功能受损（Morales et al，2016）。综上所述，热应激通过多种机制破坏了肠绒毛结构，降低了营养转运蛋白的表达，从而减少了营养物质的吸收。这不仅影响了猪的生长速度和饲料利用效率，还对其整体健康和生产性能造成了显著负面影响。

三、热应激对母猪繁殖性能的影响

热应激显著降低母猪的繁殖性能，包括发情率、排卵次数、受孕率和泌乳能力，同时增加不发情、流产和死胎的风险，以及产下虚弱后代的概率。热应激通过激活HPA轴，增加促肾上腺皮质激素（ACTH）和糖皮质激素水平，进而影响下丘脑-垂体-性腺（HPG）轴，减少促性腺激素释放激素（GnRH）、促卵泡激素（FSH）、LH、E2和P4的分泌，从而影响卵泡发育、卵母细胞成熟、发情、排卵和妊娠（Ross et al，2017）。热应激可导致高胰岛素血症，通过激活磷脂酰肌醇3激酶（PI3K）信号通路诱导卵母细胞凋亡，并增加子宫内前列腺素分泌，引发流产（Feng et al，2015）。

卵巢颗粒细胞可合成多种生长因子和激素，在卵泡细胞和卵母细胞的生长、分化和成熟过程中发挥重要作用。Li等研究发现，慢性热应激增加了卵巢窦卵泡闭锁率和颗粒细胞凋亡，说明热应激引起的生殖性能下降与卵巢卵泡发育和颗粒细胞功能的改变有关。进一步研究表明，热应激可抑制小鼠颗粒细胞中芳香化酶的表达，进而下调E2的表达，最终导致窦卵泡闭锁率升高（Li et al，2016）。

热应激通过线粒体途径诱导颗粒细胞凋亡，减少 E2 和 P4 的分泌，增加颗粒细胞凋亡率和卵巢损伤 (Luo et al，2016)。颗粒细胞的凋亡与 Bcl-2 和 caspase-3 活性有关 (Li et al，2016)。热应激还降低了环磷酸腺苷 (cAMP) 和卵泡刺激素受体 (FSHR) 水平，表明 FSH/cAMP/PKA 通路可能在颗粒细胞凋亡中起重要作用 (Luo et al，2016)。此外，热应激降低了母猪卵母细胞的成熟率，增加了母猪卵母细胞和颗粒细胞的空泡化率。自噬标志物 BCL2L1、ATG5 和 ATG12 增加，表明自噬可能缓解热应激对母猪卵巢细胞的影响 (Hale et al，2017)。

四、热应激对猪免疫性能的影响

热应激对猪的免疫性能有显著的负面影响。研究表明，热应激通过多种机制抑制猪的免疫功能。首先，热应激通过激活 HPA 轴，增加糖皮质激素的分泌，糖皮质激素具有免疫抑制作用，导致免疫细胞数量和功能的下降 (Li et al，2019)。此外，持续的热应激会诱发机体氧化应激 (吴正可等，2023)，导致脂质过氧化，并使体内产生大量高活性分子 (如活性氧和活性氮) 自由基。过量的氧自由基会攻击生物大分子，如蛋白质、脂肪酸、磷脂和核酸，改变其生物学功能，扰乱机体的正常代谢。当氧化速度超过抗氧化物质的清除能力时，宿主的氧化系统和抗氧化系统失衡，进而引发组织损伤，严重影响猪的生长和免疫功能。热应激还会导致猪外周血中白细胞总数减少以及淋巴细胞、单核细胞和中性粒细胞的减少 (Renaudeau et al，2012)，这表明猪的先天免疫和适应性免疫均受到抑制。此外，热应激降低了猪血清中免疫球蛋白 (IgG、IgA 和 IgM) 的水平 (Lee et al，2016)，这些免疫球蛋白在体液免疫中起重要作用，其减少意味着猪的抗体介导的免疫反应受到抑制。在细胞免疫方面，有研究表明，在高温环境下的第 14 天，猪群的血液中 CD4＋ T 淋巴细胞数量减少，而整个时期内 CD8＋ T 淋巴细胞数量变化不大，导致 CD4＋/CD8＋ 比值降低，引起 T 细胞亚群失衡，意味着细胞免疫功能处于紊乱状态 (刘胜军等，2010)。这表明热应激对细胞介导的免疫反应有显著的抑制作用。此外，热应激还导致猪的肠道屏障功能受损，使致病菌更容易入侵，从而引发肠道炎症和感染。

总之，热应激通过多种机制削弱了猪的免疫系统，使其更易受到感染和疾病的侵袭。这一现象不仅影响猪的健康和生产性能，还对养猪业的经济效益造成不利影响。因此，采取有效的措施来缓解热应激对猪免疫性能的影响，对于提高猪的健康水平和生产效率至关重要。

五、热应激对猪肉品质的影响

热应激对猪肉品质的影响主要体现在肉色、持水性、嫩度以及风味等方面。热应激会增加糖皮质激素的分泌，导致屠宰后糖原迅速分解产生大量乳酸，使肌肉 pH 值急剧下降，持水性和嫩度降低，同时营养物质成分发生变化，粗蛋白含量增加但脂肪含量降低 (杨培歌，2014a)。屠宰前的急性热应激会加速肌肉糖原分解，增加乳酸浓度，并在屠宰后早期使肌肉 pH 值快速下降 (Owens et al，2009)，此时胴体仍很热，导致肉质苍白、柔软、渗出 (PSE)，持水能力较低，这在禽肉和猪肉中很常见 (Santos et al，1997；Adzitey and Nurul，2011)。PSE 肉不仅在外观上不受消费者欢迎，其加工性能和口感也显著下降。

此外，热应激引起的氧化应激会导致肌肉中脂质和蛋白质的氧化，损害肌肉细胞膜，进一步降低肉的持水性和嫩度。这种氧化损伤还会导致肉质变得干燥、口感差，使猪肉的风味和营养价值受到影响。氧化应激产生的活性氧（ROS）可以直接攻击脂肪和蛋白质分子，导致脂肪氧化和蛋白质变性，进而引发一系列品质问题。因此，为了提高热应激条件下猪的肉品质，采取科学的饲养管理和营养调控措施显得尤为重要。

六、日粮补充微量营养源缓解猪热应激的营养调控理论与技术

热应激对猪的生长性能、健康状况和生产效率产生了显著的负面影响。为了缓解热应激对猪的影响，研究人员和养殖者已经探索了多种营养调控策略，其中在日粮中补充微量营养源是一种有效的方法。这些微量营养源包括维生素、矿物质、氨基酸和植物提取物等，它们在增强猪的抗氧化能力、免疫功能和促进整体健康方面发挥了重要作用。

（一）提高日粮脂肪含量

能量是猪日粮中占比最高的成分，在热应激状态下，猪的采食量显著降低，这导致其实际能量摄入不足。能量在猪体内的代谢过程中会产生一定的损耗，称为热增耗。热增耗在冬季温度较低时可用于猪体温的维持，而在温度较高的夏季则成为导致热应激的不利因素。此外，高热条件下，猪体内的热增耗增加也是导致猪群采食量降低的原因之一。根据热力学原理，在高温条件下，热增耗较多会导致采食量降低。脂肪的热增耗较低，而纤维素热增耗较大，因此，在夏季猪的日粮中，应降低纤维素的含量，而添加脂肪。研究表明，以 1∶1.5 的动植物油脂按 2%～3% 的比例添加效果最佳。这种调整的效果在生长育肥猪和哺乳母猪中已经得到实验证实（李广京和张继东，2007）。

在能量供应方面，与日粮中的碳水化合物和蛋白质相比，脂肪能值较大且在动物体内的热增耗较低。因此，在炎热季节的日粮配方中，为提高能量水平可用热增耗较低的油脂代替部分淀粉，这样可以使猪获得较高的生产净能，提高采食量，弥补能量摄入的不足，并降低体内热增耗，从而达到缓解热应激的目的。具体来说，脂肪作为高能量密度的营养成分，其在体内代谢产生的热量较少，不会像碳水化合物那样显著增加体内的热增耗。在日粮中适量增加脂肪含量，猪在摄入相同质量的饲料时就可以获得更多的能量，而不会产生过多的额外热量。这种调整不仅能提高猪的生产性能，还能有效减轻高温环境对其生理和代谢造成的压力，从而提升猪的健康水平和生产效率（吴正可等，2023）。

不过，需要注意的是，当为生长育肥猪提供脂肪时，应考虑日粮的能蛋比，以避免猪只长得过于肥胖，从而降低其抗热性。因此，合理的日粮配方应在提高能量供应的同时，平衡蛋白质和其他营养成分，确保猪只健康生长和维持其对高温的适应能力（李广京和张继东，2007）。

（二）日粮添加蛋白质和氨基酸

蛋白质和氨基酸是猪饲料中的关键营养成分，对维持猪的生理功能和生产性能至关重要，增加日粮中蛋白质和氨基酸的供给对于缓解热应激对猪只的不利影响具有显著作用。

热应激会导致猪只食欲减退，进而引起其体内蛋白质和氨基酸的摄入不足，特别是赖氨酸和苏氨酸等必需氨基酸流失加剧，这些营养素的缺乏会影响猪只的生长性能和免疫功能，此时，可以通过提高饲料中蛋白质的质量、保证氨基酸的平衡性，以及增加饲料的适口性来提高猪的采食量。

研究表明，热应激条件下补充高水平的蛋白质和赖氨酸能够提高猪只的日增重和饲料转化效率。赖氨酸作为一种必需氨基酸，不仅在蛋白质合成中起关键作用，还通过参与抗氧化酶的合成，帮助减轻氧化应激，从而提升猪只的抗热应激能力（Renaudeau et al，2012）。在日粮中补充支链氨基酸（如亮氨酸、异亮氨酸和缬氨酸）对提高猪只在热应激条件下的生产性能和免疫功能有显著效果。支链氨基酸不仅能提供必需的营养，还能通过调节神经递质的合成减少应激反应（Noblet et al，2001）。此外，蛋氨酸和赖氨酸作为限制性氨基酸，其适当补充可以改善猪只的蛋白质代谢，增强抗氧化能力（Yang et al，2020），减轻热应激带来的负面影响。此外，适当增加苏氨酸的摄入有助于维持猪只肠道屏障功能和免疫系统的稳定，改善其健康状况和生长表现。因此，通过合理调整日粮中的蛋白质和氨基酸水平，特别是增加赖氨酸和苏氨酸的含量，可以有效缓解热应激对猪只生长性能和免疫功能的负面影响。这为养猪业在高温环境下提供了一种切实可行的营养调控策略。

（三）日粮添加维生素和矿物质

维生素和矿物质对于维持猪的免疫功能和抗氧化能力至关重要。应激时，应增加维生素 E、维生素 C、硒等的供给，以增强猪的抗氧化能力和免疫力。维生素 A、维生素 B_{12} 和生物素能够促进猪的合成代谢；在热应激环境中，给猪添加高剂量维生素 C 和维生素 E 可以维持热应激期间皮质酮的稳定分泌，加快代谢产物清除速度，保护细胞膜的完整性和通透性，进而调节细胞内外电解质的平衡（张连波和徐青云，2019）。炎热天气下，在每 150kg 饲料中添加 100g 应激激素，能够减少热应激对公猪精子和母猪体内受精卵的不良影响，调节猪体内代谢过程，提高免疫力，缓解应激反应，减少猪在运输、热应激等多种应激条件下的不良反应，最终改善育肥猪的生产性能，并可缓解维生素 E 缺乏引起的腹泻问题（高鹏飞，2023）。添加铬元素，调节猪的内分泌，增强生产性能；添加铜元素，与抗菌剂合用起到抗微生物作用；添加砷制剂，增重，避免猪腹泻；添加硒元素，促进 GSH-Px 的合成，GSH-Px 能将过氧化物转变为无害醇类，避免细胞质膜不饱和脂肪酸受过氧化物的侵害（张鹏，2021）。

（四）水分和电解质的平衡

环境应激时，猪可能会出现水分和电解质失衡。在热应激等情况下，猪只会通过汗液分泌和呼吸失去大量电解质，如钾、钠和氯。应确保充足清洁的饮水供应，并可适当添加电解质，帮助猪维持体内的电解质平衡，减少应激反应。

（五）日粮添加植物提取物

近年来，研究发现某些植物提取物含有天然的抗热应激成分，可以显著提高猪只的免疫力和抗应激能力。这些植物提取物富含多种活性成分，包括皂苷类、黄酮类和多糖类等，它们在缓解热应激方面具有独特的优势。

黄芪（*Radix astragali*）是一种传统的中草药，其提取物中含有多糖和黄酮类化合物，这些成分具有显著的抗应激和免疫调节作用。研究表明，饲粮中添加黄芪多糖可以改善断奶仔猪的生长性能、肝功能和肠绒毛形态，其可能通过激活 Toll 样受体（toll-like receptor，TLR）-4（TLR4）介导的 MyD88 依赖性信号通路来调节宿主的免疫功能（李广京和张继东，2007）。黄芪多糖能够通过激活巨噬细胞、T 淋巴细胞和 B 淋巴细胞，增强机体的免疫反应（Noblet et al，2001）。此外，研究发现，黄芪提取物可以提高猪的血清抗氧化能力（Yang et al，2020），从而减少热应激对猪体健康的负面影响。

甘草（*Radix glycyrrhizae*）提取物中含有甘草酸和黄酮类化合物，具有显著的抗炎、抗氧化和免疫调节作用。甘草酸通过抑制炎症介质的释放，减轻炎症反应，保护组织细胞免受损伤。此外，甘草酸还能增强抗氧化酶的活性，清除体内自由基，减少氧化应激对细胞的损害（李广京和张继东，2007）。因此，甘草提取物有助于提高猪的免疫功能和抗应激能力，可有效缓解热应激对猪的负面影响。

茶多酚（tea polyphenol，TP）是从茶叶中提取的天然化合物，具有抗氧化、抗炎、免疫调节、抗癌、抗心血管疾病、抗菌、抗高血糖和抗肥胖等作用（Tang et al，2019）。TP 可能通过减少 ROS 的产生、提高 SOD 活力，抑制细胞色素 c 释放所激活的线粒体凋亡通路，改善睾酮合成与分泌功能来缓解高温对猪睾丸间质细胞的损伤，其能够抑制高温下睾丸的氧化损伤和凋亡，并可能对睾酮合成有促进作用（何芝凤，2023）。

柴胡（*Radix bupleuri*）性微寒，味苦、微辛，能透表退热、疏肝解郁。使用柴胡提取物添加饲料喂生长育肥猪，可以有效减缓育肥猪的呼吸频率，缓解热应激对育肥猪呼吸系统的影响，提高其温热环境的适应能力（王亚芳等，2014）。

薄荷（*Herba menthae*）属于辛凉性发汗解热的传统中药，多用于感冒、目赤、头疼、身热等症状。薄荷提取物可以改善热应激条件下断奶仔猪生长性能，提高血清抗氧化能力和免疫功能，对炎症和热应激相关基因表达量具有显著影响（费枫和刘锐，2023）。此外，它能够显著降低猪在高温环境下的体温，尤其是在添加 100mg/kg 剂量薄荷提取物的组别中，猪的平均体温比对照组低了 0.17～0.28℃。这表明植物提取物可以通过降低体温来缓解热应激。此外，其能够稳定猪在高温环境下的血清生化指标，如降低血清中的丙氨酸氨基转移酶（ALT）和天冬氨酸氨基转移酶（AST）含量。这些指标的稳定有助于维持猪体内的代谢平衡（丁升艳，2006）。

人工甜味剂和辣椒素可以通过增加肠道胰高血糖素样肽-2（GLP-2）的产生来改善胃肠功能从而提高饲料效率，通过减少炎症反应来保护猪的免疫系统，通过调节猪的内分泌系统以使其适应高温环境（Biggs et al，2020）。在饲料中添加山楂、苍术和黄芩等中草药可帮助缓解种公猪的高危热应激反应，提高种公猪的采食量，降低种公猪患病的风险（姚丽娟和宋晓贵，2024）。在日粮中添加广藿香、黄柏和苍术等中草药植物复合剂可缓解 60 日龄猪热应激反应，提高养分消化率，改善猪生长性能（Song et al，2010）。在种公猪日粮中加入复合中草药制剂在一定程度上可以缓解热应激对种公猪精液质量的影响，从而有效提高种公猪精液量和精子活力，改善精液品质，提升猪场生产效益（翟雍良等，2023）。由此可见，在饲料中添加中草药有助于调节机体生理功能，提高机体抗炎、抗氧化能力及免疫功能，改善动物生产性能，缓解夏季热应激等。

总的来说，这些植物提取物通过多种途径缓解热应激对猪只的负面影响，显著提高其免疫力和抗应激能力。在实际生产中，将这些天然植物提取物添加到猪的日粮中，可以作为一种有效的营养调控策略，以帮助猪更好地应对环境应激，提高其整体健康水平和生产性能。

（六）日粮添加益生菌

在日粮中添加益生菌能够缓解肠道热应激造成的菌群失衡，改善肠道微生物的组成，增强肠黏膜屏障功能，减少腹泻等疾病的发生（邱芝韵等，2023）。益生菌能够通过增加 IL-6 的产生发挥抗炎和保护作用。IL-6 是一种重要的炎症介质，其在肠道黏膜和肠上皮细胞中的产生对于维持肠道健康至关重要。在高温环境下，动物体内的炎症反应可能会加剧，益生菌增加 IL-6 的产生，可能有助于减轻由高温引起的炎症反应，从而保护肠道健康。此外，益生菌能够增加热休克蛋白（如 hsp70 和 hsp27）的表达。热休克蛋白是一类在细胞应对高温压力时高度表达的蛋白质，它们参与维持蛋白质的正确折叠、防止蛋白质聚集和降解，并且参与细胞的修复和再生过程。因此，益生菌增加热休克蛋白的表达，可能帮助宿主动物更好地应对高温环境，减少高温引起的细胞损伤（Reilly et al，2007）。

Bacillus subtilis DSM 32540 菌株的补充也被证实能够改善热应激猪只的生长性能、体温和肠道组织学特征（González et al，2023）。这进一步证明了益生菌在调节猪只热应激中的应用价值。此外，对富硒益生菌的研究显示，其能显著提高高温条件下仔猪的生长性能，降低腹泻率，并增强抗氧化能力（吕晨辉，2013）。这说明富硒益生菌不仅改善了猪只的生长性能，还提高了其对热应激的抵抗力。

研究表明，将复合益生菌以一定比例添加到基础日粮中，可以显著提高断奶仔猪的日增重，并降低料重比。此外，这种添加方式还能显著增加肠道中的乳酸杆菌数量，同时减少大肠杆菌数并降低腹泻率（蒋加进，2013）。这说明益生菌能够改善肠道健康，从而间接帮助猪只更好地应对高温环境下的热应激。

参考文献

丁升艳，2006. 薄荷提取物对温热环境中肥育猪生理生化指标和生产性能的影响. 杭州：浙江大学.

费枫，刘锐，2023. 薄荷提取物对热应激断奶仔猪生长性能、血清抗氧化能力及炎症因子的影响. 饲料研究，46（4）：25-30.

高鹏飞，2023. 猪生产应激的科学防控. 中国动物保健，25（04）：75-76.

何芝凤，2023. 茶多酚对高温诱导猪睾丸间质细胞损伤的保护作用研究. 南宁：广西大学.

蒋加进，甘芳，胡志华，等，2013. 复合益生菌对高热环境中仔猪生长性能、肠道菌群和热休克蛋白表达的影响. 江苏农业学报，29（05）：1070-1074.

李广京，张继东，2007. 猪应激的环境与营养调控. 江西畜牧兽医杂志（2）：20-22.

刘胜军，卢庆萍，张宏福，等，2010. 高温高湿环境对生长猪生长性能，血浆皮质醇浓度和免疫功能的影响. 动物营养学报，（5）：1214-1219.

吕晨辉，2013. 富硒益生菌对高温条件下仔猪生产性能、抗氧化能力和肠道菌群的影响. 南京：南京农业大学.

邱芝韵，刘煜萱，张琳，等，2023. 热应激对养猪业的危害及其防控措施. 猪业科学，40（09）：106-108.

王亚芳，任鹏飞，吕慧源，等，2014. 柴胡提取物对温热环境中生长育肥猪热应激及生产性能的影响. 中国畜牧杂志，50（6）：65-68.

吴正可，赵小刚，李全丰，等，2023. 热应激对猪生长和繁殖性能的影响及其营养调控研究进展. 饲料工业，44（03）：66-73.

杨培歌，2014a. 热应激对肥育猪肌肉品质及其代谢物的影响. 北京：中国农业科学院.

杨培歌，冯跃进，郝月，等，2014b. 持续高温应激对肥育猪生产性能，胴体性状，背最长肌营养物质含量及肌纤维特性的影响. 动物营养学报，26（9）：2503-2512.

姚丽娟，宋晓贵，2024. 夏季种公猪繁殖性能下降原因及综合防治措施. 吉林畜牧兽医，45（03）：31-33.

翟雍良，陶荣辉，蔡剑彪，2023. 一种复合中草药对种公猪精液质量影响的探索与分析. 广西畜牧兽医，39（05）：202-203.

张连波，徐青云，2019. 浅谈夏季母猪饲养管理技术要点. 山东畜牧兽医，40（8）：22-23.

张鹏，2021. 预防生猪应激反应的方法措施. 吉林畜牧兽医，42（08）：16，8.

Adzitey F，Nurul H，2011. Pale soft exudative (PSE) and dark firm dry (DFD) meats：causes and measures to reduce these incidences-a mini review. International Food Research Journal，18（1）：11-20.

Al-Zghoul M B，Saleh K M M，Jaradat Z W，et al，2019. Expression of digestive enzyme and intestinal transporter genes during chronic heat stress in the thermally manipulated broiler chicken. Poultry Science，98（9）：4113-4122.

Biggs M E，Kroscher K A，Zhao L D，et al，2020. Dietary supplementation of artificial sweetener and capsicum oleoresin as a strategy to mitigate the negative consequences of heat stress on pig performance. Journal of animal science，98（5）：131.

Chen S，Yong Y，Ju X，2021. Effect of heat stress on growth and production performance of livestock and poultry：mechanism to prevention. Journal of Thermal Biology，99：103019.

Collin A，Van Milgen J，Dubois S，et al，2001. Effect of high temperature on feeding behaviour and heat production in group-housed young pigs. British Journal of Nutrition，86（1）：63-70.

Feng X L，Sun Y C，Zhang M，et al，2015. Insulin regulates primordial-follicle assembly *in vitro* by affecting germ-cell apoptosis and elevating oestrogen. Reproduction，fertility，and development，27（8）：1197-1204.

Fernandez M S，Pearce S，Gabler N，et al，2014. Effects of supplemental zinc amino acid complex on gut integrity in heat-stressed growing pigs. Animal，8（1）：43-50.

Gao Z，Liu F，Yin P，et al，2013. Inhibition of heat-induced apoptosis in rat small intestine and IEC-6 cells through the AKT signaling pathway. BMC veterinary research，9：1-8.

González F，Morales A，Valle A，et al，2023. 230 effect of supplementing a *Bacillus* spp-based probiotic on performance，body temperature，and intestinal histology of heat stressed pigs. Journal of Animal Science，101：137-138.

Hale B J，Hager C L，Seibert J T，2017，et al. Heat stress induces autophagy in pig ovaries during follicular development. Biology of reproduction，97（3）：426-437.

He S，Hou X，Xu X，et al，2015. Quantitative proteomic analysis reveals heat stress-induced injury in rat small intestine via activation of the MAPK and NF-κB signaling pathways. Molecular bioSystems，11（3）：826-834.

He X，Lu Z，Ma B，et al，2018. Effects of chronic heat exposure on growth performance，intestinal epithelial histology，appetite-related hormones and genes expression in broilers. Journal of the science of food and agriculture，98（12）：4471-4478.

Huo C，Xiao C，She R，et al，2019. Chronic heat stress negatively affects the immune functions of both spleens and intestinal mucosal system in pigs through the inhibition of apoptosis. Microbial Pathogenesis，136：103672.

Jeong J H，Lee D K，Liu S-M，et al，2018. Activation of temperature-sensitive TRPV1-like receptors in ARC POMC neurons reduces food intake. Plos Biology，16（4）：e2004399.

Lee I K，Kye Y C，Kim G，et al，2016. Stress，nutrition，and intestinal immune responses in pigs—a review. Asian-Australasian Journal of Animal Sciences，29（8）：1075.

Li J Y，Yong Y H，Gong D L，et al，2019. Proteomic analysis of the response of porcine adrenal gland to heat stress. Research in Veterinary Science，122：102-110.

Li J，Gao H，Tian Z，et al，2016. Effects of chronic heat stress on granulosa cell apoptosis and follicular atresia in mouse ovary. Journal of animal science and biotechnology，7（1）：57.

Liu F，Yin J，Du M，et al，2009. Heat-stress-induced damage to porcine small intestinal epithelium associated with downregulation of epithelial growth factor signaling. Journal of animal science，87（6）：1941-1949.

Luo M, Li L, Xiao C, et al, 2016. Heat stress impairs mice granulosa cell function by diminishing steroids produc tion and inducing apoptosis. Molecular and cellular biochemistry, 412: 81-90.

Mayorga E J, Renaudeau D, Ramirez B C, et al, 2019. Heat stress adaptations in pigs. Animal frontiers : the review magazine of animal agriculture, 9 (1): 54-61.

Morales A, Hernández L, Buenabad L, et al, 2016. Effect of heat stress on the endogenous intestinal loss of amino acids in growing pigs. Journal of animal science, 94 (1): 165-172.

Noblet J, Le Bellego L, Van Milgen J, et al, 2001. Effects of reduced dietary protein level and fat addition on heat production and nitrogen and energy balance in growing pigs. Animal Science, 50 (3): 227-238.

Owens C, Alvarado C, Sams A J P S, 2009. Research developments in pale, soft, and exudative turkey meat in North America. Poultry Science, 88 (7): 1513-1517.

Quiniou N, Noblet J, Van Milgen J, et al, 2001. Modelling heat production and energy balance in group-housed growing pigs exposed to low or high ambient temperatures. Br J Nutr, 85 (1): 97-106.

Reilly N, Poylin V, Menconi M, et al, 2007. Probiotics potentiate IL-6 production in IL-1β-treated Caco-2 cells through a heat shock-dependent mechanism. American Journal of Physiology, 293 (3): 1169-1179.

Renaudeau D, Collin A, Yahav S, et al, 2012. Adaptation to hot climate and strategies to alleviate heat stress in livestock production. Animal, 6 (5): 707-728.

Ross J W, Hale B J, Seibert J T, et al, 2017. Physiological mechanisms through which heat stress compromises reproduction in pigs. Molecular reproduction and development, 84 (9): 934-945.

Santos C, Almeida J, Matias E, et al, 1997. Influence of lairage environmental conditions and resting time on meat quality in pigs. Meat Science, 45 (2): 253-262.

Song X, Xu J, Wang T, et al, 2010. Traditional Chinese medicine decoction enhances growth performance and intestinal glucose absorption in heat stressed pigs by up-regulating the expressions of SGLT1 and GLUT2 mRNA. Livestock Science, 128 (1): 75-81.

St-Pierre N R, Cobanov B, Schnitkey G, 2003. Economic losses from heat stress by US livestock industries. Journal of Dairy Science, 86: 52-77.

Tang G Y, Meng X, Gan R Y, et al, 2019. Health functions and related molecular mechanisms of tea components: an update review. International Journal of Molecular Sciences, 20 (24): 6196.

Wen C, Li S, Wang J, et al, 2021. Heat stress alters the intestinal microbiota and metabolomic profiles in mice. Frontiers in Microbiology, 12: 706772.

Yang Z, Htoo J K, Liao S F, et al, 2020. Methionine nutrition in swine and related monogastric animals: beyond protein biosynthesis. Animal Feed Science and Technology, 268: 114608.

Yi G, Li L, Luo M, et al, 2017. Heat stress induces intestinal injury through lysosome-and mitochondria-dependent pathway *in vivo* and *in vitro*. Oncotarget, 8 (25): 40741.

第四节　环境应激条件下家禽营养调控理论与技术

一、"热应激"的由来

1936 年，加拿大德利尔大学病理学家 Hans Selve 首次提出应激这一概念，应激是机体因外界或内部各种异常压力而产生的非特异性应答反应的总和。动物应激时通常表现为三个阶段：首先，身体对外界应激的识别被称为警觉状态；其次，应激诱导活细胞中的免疫机制，如果应激持续存在，机体会试图克服存在的种种阻力去适应新的环境；最后，如果机体最终无法应对这种压力，会进入力竭阶段（陈洁波，2014）。Sterling 在 1988 年提出被后来更多数人所接受的"稳态应变"，即机体通过变化积极维持稳态的适应过程，从原先的平衡状态达到新的平衡状态（Korte et al，2005）。家禽热应激是指机体在受到超过自身体温调节能力的温度刺激后而引起的非特异性防御反应及特异性障碍的全身适应综合征（杜永振，2022；Bernabucci et al，2010）。热应激可导致家禽机体产生氧化应激、细胞损伤、内分泌紊乱、免疫抑制、炎症增加、微生物生态改变及肠道疾病发作概率增加等一系列问题（Oladokun and Adewole，2022）。

二、热应激对家禽生长性能的影响

热应激降低家禽生长性能。研究表明，周期性热应激显著降低肉鸡生长性能，主要表现在 ADG 和采食量下降，料重比提高（Yuan et al，2023）。循环热应激显著降低肉鸡的 ADG、体重和饲料转化率（Li et al，2020；Moustafa et al，2021）。此外，热应激对家禽繁殖和产蛋性能产生负面影响。张晓辉（2016）研究发现，热应激条件下种用公鸡和母鸡的性成熟均推迟。这可能是因为热应激影响精子和卵子发生以及阻碍生殖器官发育（Chen et al，2021）。研究表明，热应激可显著降低蛋鸡产蛋率、蛋重和蛋料比（Zhu et al，2015；Rubio et al，2021）。Xin 等（2024）探讨了热应激对金定鸭产蛋性能的影响，发现热应激降低了金定鸭的采食量、产蛋率、蛋重，并且提高了死亡率和料蛋比。有学者认为，热应激通过损伤蛋禽卵泡颗粒细胞和阻碍类固醇激素的生成降低产蛋性能（Yan et al，2022）。此外，热应激还导致家禽营养缺乏，使精液质量、受精率、孵化率等下降（Chen et al，2021；Kumar et al，2021）。综上，热应激降低家禽的生长、繁殖和产蛋等性能。

三、热应激对家禽生理的影响

热应激对家禽造成巨大负面影响，引起如食欲减退、喘气和呼吸频率增加等行为变化，同时高温会破坏家禽的体内平衡，迫使机体释放激素去改变自身的代谢活动以维持正常的生理功能（Uyanga et al，2022）。家禽的体温和新陈代谢活动受甲状腺激素、T3 和 T4 的浓度影响（Elnagar et al，2010）。高温会引起家禽血液中 T3 浓度、T3/T4 浓度比值下降，而 T4 浓度变化则在一些研究中表现出不同结果（Lin et al，2006；Sohail et al，2010）。HPA 轴和下丘脑-垂体-甲状腺轴是包括家禽在内的恒温动物的两种主要体温调节机制，体温调节中枢位于下丘脑-前视区（Sejian et al，2018；Cramer et al，2019；Vesic et al，2021）。

家禽热应激时 IIPA 轴被激活，下丘脑室旁核分泌促肾上腺皮质释放激素（corticotropin-releasing hormone，CRH）刺激腺垂体合成和释放 ACTH（Cockrem，2007），ACTH 进而刺激肾上腺，促进其释放糖皮质激素和盐皮质激素，皮质醇和皮质酮浓度升高。当皮质醇浓度过高时会抑制下丘脑释放促甲状腺激素释放激素（thyrotropin-releasing hormone，TRH），从而抑制垂体前叶产生促甲状腺激素（thyrotropin，TSH），TSH 具有刺激甲状腺产生甲状腺激素的作用。糖皮质激素可通过以上途径减少 TSH 和 T4 的合成、释放以及 T4 向 T3 的转化（Ortiga-Carvalho et al，2016）。糖皮质激素可促进葡萄糖合成，动物在应激条件下通过提高糖皮质激素水平以提高存活率，血液中糖皮质激素浓度受 HPA 轴调节（Chiamolera and Wondisford，2009）。研究发现，热应激通过激活 HPA 轴增加家禽血清中皮质醇生成，其过程涉及甲状腺激素与温度的负反馈机制（Mack et al，2013；Xiaofang et al，2019）。此外，热应激还可使皮质酮、儿茶酚胺和皮质醇等激素与粒细胞、淋巴细胞和单核细胞或巨噬细胞上的受体结合，进而调控细胞因子分泌、细胞增殖、抗体生成和运输以及细胞溶解来调节免疫反应（Webster and Glaser，2008；Madkour et al，2022）。热应激除引起机体激素水平异常外，还会破坏机体 ROS 和抗氧化系统之间的平衡，并引起 ROS 增加（Yang et al，2010）。ROS 浓度过高可能会造成核酸、蛋白质和脂质等生物大分子氧化，从而导致细胞和组织功能障碍（Akbarian et al，2016；Song et al，2018）。

四、热应激对家禽适应性免疫的影响

越来越多研究发现，T 细胞有着更多种类和特征（Maecker et al，2012）。T 细胞起源于骨髓中造血干细胞，造血干细胞生成多能祖细胞，多能祖细胞分化为共同淋巴祖细胞（Schwarz and Bhandoola，2006），经过 T 细胞受体（T cell receptor，TCR）介导逐渐发育成为表达 CD3 的成熟初始 T 细胞。共同淋巴祖细胞进入胸腺皮质通过 TCR 和 α、β 链重排形成 αβT 细胞，αβT 细胞成为表面低水平表达 CD3＋的前体 T 细胞。前体 T 细胞经过快速转变先获得 CD8 的表达，而后获得 CD4 的表达，形成 CD4＋CD8＋双阳性的细胞。CD4＋CD8＋细胞分别通过与胸腺上皮细胞表达的 MHCⅠ肽类复合物和 MHCⅡ肽类复合物的相互作用进行选择，促使 CD8＋和 CD4＋的单一表达，单一表达后的 αβT 细胞从胸腺皮层再迁移到髓质通过负克隆选择去除对自身抗原具有高亲和力相互作用的 T 细胞，最后成熟的单阳性 CD4＋和 CD8＋细胞释放进入血液中（Lind et al，2001；Mousset et al，2019）。T 细胞识别同源抗原-MHC 复合物需要通过共刺激和抑制受体产生的"第二信号"来调节 T 细胞激活程度（Dai et al，2019）。机体通过调节 CD4＋T 细胞和 CD8＋T 细胞来维持免疫功能，CD4＋T 细胞识别 MHCⅡ呈递的抗原，参与辅助作用和迟发型超敏反应。CD8＋T 细胞通过识别 MHCⅠ呈递的抗原肽，直接杀伤特定靶细胞，在抵御外界病原入侵中发挥重要作用（Wang et al，2020）。CD4＋和 CD8＋细胞能够产生细胞因子激活嗜异性细胞，从而提高其吞噬和杀菌的活性（Matur et al，2016）。

动物体液 B 细胞可以转化为浆细胞，浆细胞能产生 IgG、IgM 和 IgA 三种不同类型的免疫球蛋白抗体，从而有效地包裹或杀死特定的微生物。Honda 等（2015）研究发现，热应激前期 IgM 和 IgG 浓度显著升高，CD3＋、CD4＋、CD8＋T 细胞扩增，而后期 IgG 浓度显著降低，CD3＋、CD4＋、CD8＋T 细胞恢复正常水平。Xu 等（2014）研究报道，热应激通过增加中性粒细胞数量、减少抗体产生来影响免疫功能。高温会增加血液中嗜异性细胞和减少淋巴细胞，从而增加嗜异性细胞和淋巴细胞比例（Oladokun and Adewole，2022）。家禽的胸腺皮质和法氏囊以及脾脏的生发中心，这些免疫组织对 T 细胞和 B 细胞的生长发育有重要作用（Walker，2022），热应激通过损伤这些免疫器官组织，进而影响肉鸡淋巴组织中 T 细胞和 B 细胞的发育和功能，导致多种免疫异常（Hirakawa et al，2020）。

五、热应激对家禽肠道健康的影响

(一) 热应激对家禽肠道屏障的影响

研究表明,夏季热应激造成集约化养殖条件下肉鸡肠道疾病发生率尤其是坏死性肠炎发生率显著上升,据统计,早在 2015 年肉鸡坏死性肠炎造成的全球经济损失就已高达 60 亿美元 (Tsiouris et al, 2018)。Shah 等 (2020) 研究发现,在热应激条件下,肉鸡小肠绒毛高与隐窝深度的比值以及绒毛表面积显著降低。Lan 等 (2020) 研究了热应激对肉鸡肠道形态和通透性的影响,发现热应激显著降低了小肠的相对长度和质量、绒毛高以及绒隐比,并且显著增加了血清中 DAO 的活性,该指标变化表明肠道通透性增加。Peng 等 (2023) 的研究结果显示,热应激损伤肉鸡小肠组织结构,并且显著提高了血浆中 D-乳酸的浓度和 DAO 的活性,表明热应激破坏肠道形态,提高肠道通透性。

Tabler 等 (2020) 比较了急性热应激对慢速肉鸡 (20 世纪 50 年代的肉鸡,ACRB)、中速肉鸡 (20 世纪 90 年代的肉鸡,95RAN)、快速肉鸡 (现代肉鸡,MRB) 以及野生原鸡 (JF) 的肠道完整性的影响,结果显示,热应激提高了 MRB 肉鸡血清的异硫氰酸荧光素-葡聚糖 (FITC-DT) 水平,并且下调了空肠和回肠 occludin 及 ZO-1 的基因表达,说明现代肉鸡肠道对热应激最为敏感。Wang 等 (2022) 对 1 日龄雏鸡进行急性热应激处理后发现,其回肠 occludin、claudin-1 和 ZO-1 蛋白表达水平显著降低。综上所述,热应激可损伤肠道物理屏障。

肠道化学屏障由胃肠道分泌的消化液 (胃酸)、消化酶 (胰蛋白酶、溶菌酶等)、胆汁以及肠腔内共生菌群所产生的抑菌物质组成。Al-Zghoul 等 (2019) 研究发现,慢性热应激导致肉鸡空肠黏膜葡萄糖转运蛋白 (GLUT2 和 SGLT1)、脂肪酸转运蛋白 (FABP1) 以及胰蛋白酶的表达显著降低。Chen 等 (2014) 的研究表明,热应激处理造成文昌鸡小肠黏膜蔗糖酶、碱性磷酸酶 (ALP) 和麦芽糖酶等消化酶活性显著下降,肠黏膜对营养物质的吸收能力降低。由此可见,热应激降低肠道紧密连接蛋白的表达,破坏家禽肠道屏障完整性,增加肠道通透性,并且通过降低肠道消化酶活性影响肠道的消化吸收能力。

(二) 热应激对家禽肠道免疫功能的影响

研究表明,热应激对家禽免疫系统产生负面影响,表现在使胸腺、脾脏和法氏囊等免疫器官发育受阻 (Haruhiko et al, 2015;Hirakawa et al, 2020)。肠道作为家禽机体最大且最重要的免疫器官,在吸收营养物质和抵御病原体入侵等方面发挥重要作用。肠道黏膜和固有层的免疫细胞共同作用维持家禽肠道的免疫功能。家禽的免疫系统包括先天免疫系统和适应性免疫系统,在细胞层次主要有巨噬细胞、中性粒细胞、自然杀伤细胞和树突状细胞 (dendritic cell,DC),这类非特异性免疫细胞与细胞免疫的 T 细胞和体液免疫的 B 细胞等特异性免疫细胞相互作用,紧密配合 (Yang et al,2020)。适应性免疫应答依赖于将 CD4+T 细胞分化为具有不同效应功能的亚群,以最适的类型帮助宿主抵御病原体入侵 (Torchinsky et al,2009)。众所周知,CD4+T 细胞分化成 Th1 细胞和 Th2 细胞,Th1 细胞和 Th2 细胞能分别介导炎症和组织损伤、病原体杀伤 (Couper et al,2008),从而产生不同的细胞因子去调节自身的免疫反应。Butts 和 Sternberg（2008）研究发现，糖皮质激素受体可介导糖皮质激素诱导 T 淋巴细胞凋亡，并将细胞因子反应从 Th1 细胞向 Th2 细胞极化，从而减少炎症反应。Th1 细胞因子包括 IFN-γ、IL-2 和 TNF-α，Th2 细胞因子包括 IL-4、IL-5、IL-9、IL-10 和 TNF-α（Mousset et al，2019）。高温会导致家禽脾脏的 TNF-α、IL-4 水平升高，IFN-γ、IL-2 水平降低（Xu et al，2014）。Th1 细胞分泌的 IL-2、IFN-γ 能够刺激细胞免疫，促进炎症，预防病毒、病原菌感染和肿瘤发生；Th2 细胞分泌的 IL-4 能增强体液免疫，抵抗炎症，预防胃肠道寄生虫感染（Korte et al，2005）。而 Dai 等（2019）研究发现，Th2 细胞分泌的 IL-4 使体液反应过强，可能会引起机体过敏，同时 Th1 细胞产生的 IFN-γ 和 Th17 细胞产生的 IL-17 可参与自身免疫。除此之外，Demangel 等（2002）研究发现，DC 作为免疫反应的关键调节因子在清除病毒感染方面发挥着重要作用，在免疫应答早期产生 IL-12 是 CD4＋T 淋巴细胞向 Th1 细胞极化的关键。

IFN-γ 是由活化的 αβT 细胞和 γδT 细胞分泌的关键细胞因子，被定义为具有直接抗病毒活性的药物。IFN-γ 具有刺激吞噬细胞增强其杀菌活性、通过 MHC I 和 MHC II 刺激抗原呈递、影响细胞增殖和凋亡等多方面调节免疫反应的功能，且 IFN-γ 反应与 TNF-α 和 IL-4 反应相互作用并发挥调节功能（Boehm et al，1997；Naghizadeh et al，2022）。IFN-γ 可以通过上调 MLCK 和磷酸化 MLC 破坏紧密连接形态和屏障功能，从而引发肠上皮对 TNF-α 做出反应。同时 MLCK 是一种 TNF-α 的诱导蛋白（Wang et al，2005），Graham 等（2019）研究发现，MLCK 是屏障功能障碍的关键效应物和潜在的治疗靶点，MLCK 剪接变体 MLCK1 中独特结合结构域的小分子可以阻断急性 TNF-α 诱导的 MLC 磷酸化、屏障丧失和腹泻。Camilleri 等（2012）报道称，TNF-α 能使上皮细胞脱落增加，并增强肠道通透性，可能与 TLRs、核苷酸结合寡聚结构域（nucleotide-binding oligomerization domain，NOD）和 NOD 样受体（NOD-like receptor，NLR）蛋白质有关，并发现 TLR-4 可以直接增加细胞旁通透性。TLR-2 信号的保护作用相反，激活 TLR-2 可以防止 TLR-4 诱导的上皮通透性增加。据报道，热应激造成肉鸡小肠黏膜中 IL-1β、IL-6 和 TNF-α 等促炎因子的基因表达水平显著上升（Tang et al，2021；Liu et al，2022）。Wang 等（2022）研究发现热应激可显著提高鸡回肠 IL-6 mRNA 表达，抑制抗炎细胞因子 IL-10 分泌。综上所述，热应激对家禽免疫功能的不利影响主要体现在阻碍免疫器官的发育以及抑制肠道抗炎因子的生成等方面。

（三）热应激对家禽肠道微生物的影响

家禽胃肠道是一个庞大且复杂的微生态系统，其中定植的微生物多种多样，这些微生物对营养物质进行消化吸收，共同维持肠道稳态。热应激破坏家禽胃肠道微生态平衡。在高温条件下，家禽水分摄入量增加，但采食量下降，肠道蠕动增强，不利于肠腔内微生物吸收营养物质（Thompson 和 Applegate，2006；Xing et al，2019）。研究表明，热应激环境下肉鸡肠道乳酸杆菌（*Lactobacillus*）的定植概率下降，但梭状芽孢杆菌（*Clostridium*）和沙门氏菌（*Salmonella*）等致病菌的定植概率上升（Burkholder et al，2008；Abdelqader 和 Al-Fataftah，2016）。Yuan 等（2023）研究发现，循环热应激显著提高了肉鸡盲肠雷氏菌（*Serratia*）等致病菌的相对丰度，而显著降低了丁酸梭菌（*Clostridium butyricum*）等益生菌的相对丰度。Wang 等（2022）发现，热应激显著降低了肉鸡盲肠瘤胃球菌（*Ruminococcus*）和粪杆菌（*Faecalibacterium*）等有益菌的相对丰度。由此可见，热应激增加家禽肠道通透性并提高了病原菌的肠道定植概率，从而造成病原菌进入肠道，引发肠道炎症，临床上称之为"肠漏"（Quigley，2016），严重者可出现全身性炎症（Obrenovich，2018）。

六、缓解热应激的营养调控措施

（一）苏氨酸对家禽的影响

1. 苏氨酸对家禽生产性能的影响

调整日粮苏氨酸（Thr）水平是提高家禽生产性能的有效途径。Abo Ghanima 等（2023）研究了限饲期间日粮中 Thr 水平对 Ross 308 肉鸡生长性能的影响，结果显示，Thr 含量为推荐量的 120% 和 130% 的日粮可显著提高肉鸡体重、ADG 和饲料转化率。研究发现，在开食期日粮中添加 0.68% L-Thr 最有利于提高土鸡生长性能（Lisnahan and Nahak，2020）。Omary 等（2024）发现日粮可消化 Thr 水平为 0.58% 时，日本鹌鹑种鸡的饲料效率、产蛋率和蛋品质等生产性能指标显著升高。Azzam 等（2023）的研究表明，日粮补充 0.7g/kg 剂量的 Thr 可显著提高龙岩山麻鸭的产蛋量和孵化重量。Jiang 等（2020）研究了日粮 Thr 水平对北京鸭肉品质的影响，发现 0.71% Thr 日粮可增加瘦肉型鸭的生长性能，降低肝脏胆固醇和甘油三酯含量，提高肉品质。综上，日粮中添加适宜水平的 Thr 可显著提高家禽的生长性能、产蛋量和肉蛋品质等。

Emadinia 等（2020）的研究表明，在饲料 Thr 充足的前提下，降低饲料中粗蛋白含量不会影响肉鹌鹑的生长，该研究结果为低蛋白日粮的发展提供了新的启示。Star 等（2012）就亚临床梭状芽孢杆菌感染期间肉鸡对 Thr 的需求展开研究，发现 Thr 和赖氨酸（Lys）比率为 0.67 时，肉鸡的采食量和体重最高，受梭状芽孢杆菌感染的影响最小，这表明适宜 Thr 水平的日粮可弥补其他饲养条件的不足，提高家禽生产性能。随着现代化肉鸡品系的选育，NRC(1994) 标准规定的各种营养需要量已达不到实际生产的要求（刘升国，2018），为了更直观了解 Thr 需要量的变化情况，表 1-5 汇总了部分肉鸡 Thr 需要量的相关研究。综合来看，2007—2023 年快大型白羽肉鸡的 Thr 需要量在 NRC(1994) 标准推荐量的 100%～125% 之间，地方品种肉鸡的 Thr 需要量也有升高的趋向。

表 1-5　肉鸡 Thr 需要量

品种及性别	参考标准	周龄	Thr 需要量/%	参考文献
Ross×Hubbard 肉鸡（公）	NRC(1994)	3～6	0.70(0.74)	Webel et al,1996
		6～8	0.60(0.68)	
Arbor Acre 肉鸡（公）	NRC(1994)	0～3	0.64(0.80)	王红梅,2006
		4～6	0.65(0.74)	
Ross 308 肉鸡（公）	NRC(1994)	3～6	0.74(0.74)	Ayasan et al,2009

品种及性别	参考标准	周龄	Thr 需要量/%	参考文献
Cobb 500 肉鸡 （公母混合）	NRC(1994)	2～4	0.81(0.80)	Mehri et al,2014
Arbor Acres 肉鸡 （公母混合）	NRC(1994)	0～6	0.93(0.74)	刘升国,2018
银香麻鸡 （公母混合）	《鸡饲养标准》 （NY/T 33—2004）	0～5	0.77(0.72)	宁淑芳,2007
		6～10	0.73(0.68)	
		11～15	0.67(0.68)	
黄羽肉鸡(公)	《黄羽肉鸡营养需要量》 （NY/T 3645—2020）	3～6	0.81(0.81)	林厦菁等,2023
黄羽肉鸡(母)			0.83(0.81)	

注：括号外为各文献推荐的 Thr 需要量，括号内为不同饲养标准推荐的 Thr 需要量。

2. 苏氨酸对家禽肠道健康的影响

(1) 苏氨酸对家禽肠道屏障的影响

Thr 在维持肠道屏障完整性方面起着关键作用。Chen 等（2017）通过研究发现，在 AA 肉鸡基础日粮中添加 1g/kg 剂量的 Thr 显著增加了小肠绒毛高度。Saadatmand 等（2019）的研究表明，日粮 Thr 水平为推荐量的 110% 可改善 Ross 308 肉鸡的空肠形态结构。日粮中添加 0.36%Thr(总 Thr 含量 0.74%) 显著上调了黄羽肉鸡十二指肠 ZO-1 的基因表达（Jiang et al，2019）。研究发现，在《鸡饲养标准》（NY/T 33—2004）推荐的日粮基础上额外添加 0.24% 和 0.45%Thr 显著增加了 AA 肉鸡空肠的绒毛高度（伏春燕等，2022）。上述研究表明，在满足 Thr 推荐量的基础上额外补充 Thr 有利于改善肉鸡肠道形态结构。Kadam 等（2008）研究了卵子内注射不同剂量 Thr 对肉鸡肠道消化酶活性的影响，发现 Thr 注射剂量为 10mg、20mg、40mg 的肉鸡出雏 7 d 后食物转化率有所提高，但肠道胰蛋白酶、淀粉酶和胃蛋白酶活性无明显变化。Kermanshahi 等（2015）以日本鹌鹑为研究对象探究卵子内注射 Thr 对肠道消化酶活性的影响，发现卵子内注射 Thr 对肠道淀粉酶和蛋白酶活性均没有影响。综上所述，肠道早期发育阶段 Thr 的供给对家禽肠道功能具有积极作用，但对消化酶活性无直接影响，后期 Thr 的供给可提高肠道紧密连接蛋白的表达，促进肠道屏障功能的完善。

(2) 苏氨酸对家禽肠道免疫功能的影响

Chen 等（2017）通过研究发现，饲喂 1g/kg Thr 日粮的肉鸡脾脏相对重量显著增加，而饲喂 3g/kg Thr 日粮显著增加了胸腺的相对重量，表明 Thr 促进家禽免疫器官发育。家禽肠道是重要的免疫器官，其免疫功能主要包括先天免疫和获得性免疫两个方面，先天免疫主要依靠肠上皮细胞和单核细胞等固有免疫细胞发挥作用，而获得性免疫主要依赖于免疫球蛋白的产生。研究表明，饲喂 3g/kg Thr 日粮显著下调了肉鸡回肠 IFN-γ 和 IL-1β 等促炎细胞因子的 mRNA 表达（Chen et al，2017），而 IFN-γ 和 IL-1β 分别由 γδT 细胞和单核细胞等先天免疫细胞分泌（Duan et al，2021；Wilburn et al，2024），该研究反映 Thr 在调控肠道先天免疫上起重要作用。此外，黏蛋白 2(MUC2) 也是肠道先天免疫系统的重要组成部分，Thr 参与肠道黏蛋白尤其是 MUC2 的合成。已有研究发现，高水平 Thr

日粮上调肉鸡空肠和回肠中 MUC2 的基因表达（Ji et al, 2019）。在家禽中，MUC2 是小肠和大肠黏液的主要成分，由杯状细胞分泌（Duangnumsawang et al, 2019）。谭子旋（2022）的研究结果显示，在肉鸡日粮中提高 Thr 水平可以逆转灌服 LPS 引起的十二指肠杯状细胞数量下降，该结果提示 Thr 调控杯状细胞分化成熟。多聚免疫球蛋白受体（PIGR）是连接先天性和获得性黏膜免疫系统的关键组成部分（Kaetzel, 2005），PIGR 存在于肠上皮的基底层，负责通过肠上皮细胞将 IgA 转运至肠腔诱发免疫应答。Thr 参与合成包括 IgA 在内的免疫球蛋白，IgA 类的分泌型抗体构成针对吸入、摄入和性传播的病原体和黏膜表面抗原的第一道防线，开启抗原特异性免疫保护（Tang et al, 2021）。Dong 等（2017）关于蛋鸡的一项研究发现，小肠分泌型免疫球蛋白 A(sIgA) 和 MUC2 含量随日粮 Thr 水平升高而增加。综上，Thr 对家禽肠道免疫功能的影响主要体现在合成免疫球蛋白和黏蛋白、调节肠道炎性细胞因子的表达等方面。

（3）苏氨酸对家禽肠道微生物的影响

Thr 和肠道微生物共同调节家禽肠道健康。Cheled-Shoval 等（2014）通过研究发现，与正常鸡相比，无菌鸡的肠道细菌缺乏导致小肠杯状细胞数量和 MUC2 mRNA 表达减少，表明肠道微生物对杯状细胞发育和黏蛋白分泌起着重要作用。Chen 等（2017）通过研究发现，日粮添加 3g/kg 剂量的 Thr 提高了肉鸡盲肠益生菌乳酸杆菌（Lactobacillus）的相对丰度，并降低了大肠杆菌（Escherichia coli）和沙门氏菌（Salmonella）等致病菌的相对丰度。Dong 等（2017）在蛋鸡研究中发现，低蛋白日粮降低了盲肠菌群多样性，而在低蛋白日粮中添加 Thr 恢复了盲肠菌群的多样性，并增加了盲肠有益菌（如拟杆菌和粪杆菌等）的相对丰度。以上研究均表明，Thr 可改善肠道微生态，肠道微生物可利用 Thr 维持肠道稳态。

（二）色氨酸对家禽的影响

1. 色氨酸对家禽生产性能的影响

色氨酸（Trp）是畜禽的必需氨基酸，主要参与机体蛋白质和生物活性分子的合成。研究发现，在热应激条件下对 7 日龄雏鸡腹膜内注射 Trp 可提高雏鸡采食量，降低热应激期间雏鸡的直肠温度和血清皮质酮水平，缓解热应激引起的生长性能下降（Badakhshan et al, 2021）。而另一项研究发现，饲粮中添加 0.5% Trp 可显著增加 7～21 日龄肉鸡的体增重和饲料转化率（Mund et al, 2020）。由此可见，不论是注射还是口服，Trp 对肉鸡的生长都有一定的促进作用。Ma 等（2022）的研究表明，在荷斯坦奶牛饲粮中添加 Trp 可提高产奶量和乳蛋白含量。而 Liu 等（2017）在对猪的研究中发现，饲粮中添加 Trp 提高了生长肥育猪的饲料利用率。以上研究结果表明，Trp 可不同程度缓解畜禽热应激，提高畜禽生产性能。

2. 色氨酸对畜禽肠道屏障及免疫功能的调控

动物机体中的 Trp 可被宿主细胞或肠道微生物代谢，产生不同类型的代谢物，进而参与炎症反应、免疫应答和共生菌群调节等生理功能（Becker et al, 2023）。犬尿氨酸（kynurenine, Kyn）、犬尿酸（kynurenic acid, Kyna）和吲哚是 Trp 的代谢物，并可作为芳烃受体（aryl hydrocarbon receptor, AhR）信号的激动剂调节宿主免疫反应（Sun et al, 2020）。Kyn 代谢途径、5-羟色胺（5-hydroxytryptamine, 5-HT）代谢途径和微生物代谢途径是动物肠道中负责 Trp 代谢的 3 条主要途径，其中 Kyn 代谢途径和 5-HT 代谢途径属于宿主代谢途径。Trp 代谢的 3 条主要途径的具体代谢过程如图 1-8 所示。

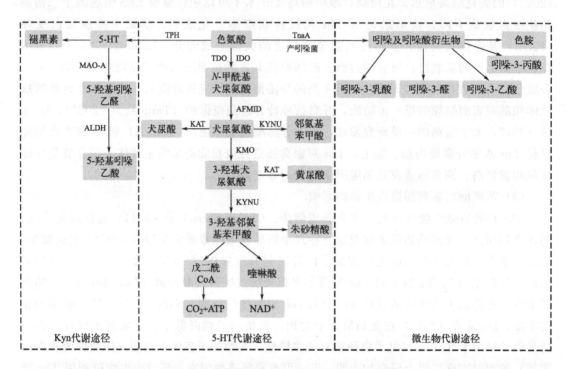

图 1-8　畜禽肠道中 Trp 的 3 条主要代谢途径

TDO—色氨酸-2,3-双加氧酶 (tryptophan-2,3-dioxygenase)；IDO—吲哚胺-2,3-双加氧酶 (indoleamine-2,3-dioxygenase)；AFMID—犬尿氨酸甲酰胺酶 (kynurenine formamidase)；KAT—犬尿氨酸转氨酶 (kynurenine transaminase)；KYNU—2-氨基-4-(3-羟基苯基)-4-羟基丁酸 [2-amino-4-(3-hydroxyphenyl)-4-hydroxybutyric acid]；KMO—犬尿氨酸 3-单加氧酶 (kynurenine 3-monooxygenase)；NAD$^+$—烟酰胺腺嘌呤二核苷酸 (nicotinamide adenine dinucleotide)；5-HT—5-羟色胺 (5-hydroxytryptamine)；Kyn—犬尿氨酸 (kynurenine)；MAO-A—单胺氧化酶-A (monoamine oxidase-A)；ALDH—乙醛脱氢酶 (acetaldehyde dehydrogenase)；TPH—色氨酸羟化酶 (tryptophan hydroxylase)；TnaA—色氨酸酶 (tryptophanase)

（1）Kyn 代谢途径对畜禽肠道屏障及免疫功能的调控

机体摄入的 Trp 只有不到 1% 的部分用于合成蛋白质，其余被动物细胞代谢 (Bender et al，2020)，其中超过 90% 的 Trp 通过 Kyn 代谢途径代谢，该途径主要发生在肝脏，其次是大脑和小肠，代谢限速酶主要为 TDO 和 IDO(Kennedy et al，2017)。IDO 广泛存在于女性胎盘上皮细胞和肺内皮细胞等各种细胞中，而 TDO 主要存在于肝细胞中 (Salter et al，1995)。Trp 被 TDO 或 IDO 催化产生 3-羟基犬尿氨酸、喹啉酸、黄尿酸等多种代谢产物，经系列生化反应后最终分解为 CO_2 和 NAD^+，这些代谢产物可参与调节动物肠道屏障和免疫功能 (杨刚等，2021)。Kyn 以 NAD^+ 的形式为细胞提供能量，从而满足细胞免疫反应过程中的能量需求，因此 Kyn 是免疫系统的关键调节因子 (Savitz et al，2020)。NAD^+ 是一种参与 DNA 损伤修复、细胞生长和新陈代谢的基本辅酶，在肠道黏膜免疫和慢性炎症中也起着关键作用。研究表明，NAD^+ 可提高衰老和存在炎症的机体中巨噬细胞的免疫功能，降低炎症易感性（Minhas et al，2019）。Kuc 等（2008）研究发现，大肠杆菌能通过 Kyn 代谢途径产生 Kyna，而 Kyna 可以改善胃肠道功能，维持肠道屏障完整性。Deng 等（2021）在慢性束缚应激（chronic restraint stress，CRS）小鼠模型中的研究表明，拟杆菌属可抑制 Kyn 代谢途径，而其他微生物产生的 IDO1 则可激活肠道免疫细胞和上皮细胞中的 Kyn 代谢途径。综上所述，Trp 经 Kyn 代谢途径代谢产生的 Kyna 可维持肠道屏障完整性，Kyn 代谢途径的终产物 NAD^+ 为免疫细胞供能，而 Kyn 代谢途径虽然是宿主代谢途径，但受到肠道微生物的影响。

（2）5-HT 代谢途径对畜禽肠道屏障及免疫功能的调控

5-HT 是重要的胃肠道信号分子，5-HT 代谢途径的限速酶为 TPH。有 1%～2% 的膳食 Trp 通过 5-HT 代谢途径转化为 5-HT，5-HT 可进一步代谢形成褪黑素，或被 MAO-A 氧化脱氨基，产生 5-羟基吲哚乙醛，并被 ALDH 进一步代谢，生成 5-羟基吲哚乙酸，主要通过尿液排泄。5-HT 主要存在于人和动物的胃肠道、血小板和中枢神经系统，而体内大约 95% 的 5-HT 存在于胃肠道的肠嗜铬细胞（enterochromaffin cell，EC）中（Liu et al，2021）。5-HT 在调节肠道炎症中发挥着重要作用，Margolis 等（2014）在对小鼠肠道的研究中发现，用外周 TPH 抑制剂抑制肠道黏膜 5-HT 过量产生有利于缓解三硝基苯磺酸（trinitrobenzene sulfonic acid，TNBS）诱导的结肠炎。Shi 等（2008）研究发现，TPH 抑制剂可以治愈由 5-HT 代谢途径失调引起的胃肠道疾病。因此，胃肠道中适宜的 5-HT 浓度对维持肠道健康至关重要。此外，5-HT 可通过 5-羟色胺受体（5-HT receptors，5-HTR）激活 T 细胞、树突状细胞和巨噬细胞等免疫细胞，诱导免疫应答（Koopman et al，2021）。Yano 等（2015）报道，来自小鼠和人类肠道的本地孢子形成细菌促进结肠嗜铬细胞内 5-HT 的合成，改善胃肠道运动。此外，Reigstad 等（2015）研究发现，肠道微生物代谢产物短链脂肪酸（short-chain fatty acids，SCFAs）能刺激结肠中 5-HT 的产生并促进肠道蠕动。5-HT 进一步代谢生成褪黑素，且在肠道中产生的褪黑素远多于松果体中，褪黑素对缓解肠黏膜损伤引起的肠黏膜通透性增加起着重要作用（Gao et al，2020）。已有研究表明，褪黑素可抑制小鼠氧化应激，减轻睡眠剥夺引起的小肠黏膜损伤。由此可见，5-HT 通过激活免疫细胞触发机体免疫应答，其代谢产生的褪黑素可以保护肠道机械屏障，特定的肠道微生物及其代谢产物促进 5-HT 的生物合成。

（3）微生物代谢途径对畜禽肠道屏障及免疫功能的调控

膳食中 5% 的 Trp 通过肠道微生物代谢为吲哚及吲哚酸衍生物。大肠杆菌、霍乱弧菌等众多细菌通过 TnaA 代谢 Trp 生成吲哚。研究发现，吲哚可促进人小肠和大肠交界处肠上皮细胞中 claudin 和 ZO-1 的表达，进而维持肠道黏膜屏障的完整性（Bansal et al，2010）。此外，吲哚是一种重要的天然免疫调节剂，可促进吲哚并［3,2-b］咔唑（indolo［3,2-b］carbazole，ICZ）的产生。ICZ 是一种葡糖芸苔素衍生的化合物，与 AhR 具有较强的亲和力（Harada et al，2022）。AhR 呈螺旋-环-螺旋形状，是一种可结合配体的转录调控因子，在肠道上皮细胞和免疫细胞中广泛表达。因此，吲哚在微生物与宿主免疫系统之间信号传递中发挥着重要作用。研究发现，吲哚-3-乳酸（indole-3-lactic acid，ILA）可由罗伊氏乳杆菌代谢 Trp 生成，并可作为 AhR 配体诱导 CD4＋T 淋巴细胞分化为 CD4＋CD8αα＋TCRαβT 细胞［称为双阳性上皮内淋巴细胞（double positive intraepithelial lymphocytes，DPIEL)](Cervantes-Barragan et al，2017)。研究表明，肠上皮由于血流不畅氧饱和度较低，而 DPIEL 可通过调节缺氧诱导因子快速适应转基因小鼠肠道组织的缺氧环境，维持肠道健康（Wikoff et al，2009)。吲哚-3-丙酸（indole-3-propanoic acid，IPA）可由梭状芽孢杆菌代谢 Trp 合成，Li 等（2021）采用 Caco-2/HT29 细胞共培养模型评价了 IPA 对肠道屏障的影响，发现 IPA 不仅增加了跨上皮电阻，降低了细胞旁通透性，而且降低了脂多糖 LPS 诱导炎症因子的表达。此外，吲哚-3-醛（indole-3-aldehyde，IAld）通过激活 AhR 分泌 IL-22 发挥抗炎活性（Zelante et al，2013)。综上可知，Trp 微生物代谢物通过促进肠上皮细胞中紧密连接蛋白的基因表达维持肠道黏膜屏障的完整性，并通过激活 AhR 调节免疫细胞的分化和下游细胞因子的分泌，进一步调控肠道免疫功能。除以上吲哚酸衍生物之外，近年来的研究还发现吲哚-3-乙酸、色胺等也在维持肠道稳态和改善肠道免疫健康方面发挥作用，但具体机制还有待深入探究。

3. Trp 及其代谢产物调控热应激条件下畜禽肠道屏障及免疫功能的作用机制

（1）Trp 调控热应激条件下畜禽肠道屏障的作用机制

相邻肠上皮细胞通过蛋白质间互作连接在一起形成肠黏膜，其中紧密连接蛋白和黏附连接蛋白是参与维持细胞极性的关键蛋白。Liu 等（2021）的研究结果表明，Trp 能增加猪肠上皮细胞（intestinal epithelial cell，IEC）关键紧密连接蛋白 ZO-1、occludin 以及 claudin 的含量，降低 IL-8 和 TNF-α 的含量，维持肠道屏障的完整性。同时，在 LPS 诱导的 Caco-2 细胞单层模型中发现，Trp 可通过抑制 NF-κB/MLCK 信号通路的转导减轻 LPS 诱导的紧密连接蛋白损伤，从而保护肠道屏障（Chen et al，2023)。刘延祥等（2022）研究发现，热应激引起鸡肠道内乳酸杆菌、双歧杆菌等有益菌相对丰度减少，而有害菌相对丰度增加，破坏肠道菌群稳态。而 Liang 等通过研究发现，在断奶仔猪饲粮中补充 Trp 可降低仔猪小肠病原菌（如梭菌）的相对丰度，并提高 Trp 代谢细菌（如乳酸杆菌）的相对丰度；该研究还发现补充 0.2%～0.4%Trp 可提高仔猪空肠中 sIgA 的含量，提高 β 防御素 2 和 3 的 mRNA 表达水平。sIgA 和 β 防御素可有效抵抗病原微生物的入侵，表明 Trp 可改善肠道微环境，提高肠黏膜免疫力。以上研究表明，Trp 可能通过调节肠道紧密连接蛋白含量和肠道菌群组成缓解热应激引起的畜禽肠道黏膜通透性增加，进而影响肠道免疫防御功能。

（2）Trp 代谢产物调控热应激条件下畜禽肠道免疫功能的作用机制

热应激破坏畜禽肠上皮屏障的完整性，降低肠道免疫防御功能。而宿主代谢 Trp 生成的 5-HT 和 Kyn 可通过诱导免疫细胞分泌下游细胞因子调节免疫功能。5-HT 可结合先天免疫细胞上的 5-HTR，继而影响细胞因子的分泌。Mahé 等（2005）研究发现，5-HT 可通过激活人小胶质细胞上的 5-HTR7 分泌 IL-6 调节神经炎症反应。Idzko 等（2004）研究了人树突状细胞上 5-HTR 的表达情况，发现 5-HT 能通过激活 5-HTR 家族中的 5-HTR4 和 5-HTR7，促进成熟树突状细胞释放细胞因子 IL-1β 和 IL-8，同时减少 IL-12 和 TNF-α 的分泌，这表明 5-HT 可通过调控树突状细胞中不同的信号通路调节先天免疫。Zhang 等（2021）的研究表明，Kyn 通过促进 AhR 核转位增加调节性 T 细胞（regulatory T cells，Tregs）标志物叉头状转录因子 Foxp3 的转录，其中 Tregs 是抑制细胞免疫的一种 T 细胞功能亚群，在免疫耐受中发挥重要作用，而 Foxp3 在调节机体免疫稳态中起关键作用。此外，Campesato 等（2020）发现，Kyn 可激活 AhR，上调 CD8＋T 细胞中程序性死亡受体-1

(programmed death-1，PD-1) 的表达水平，防止因 CD8＋T 细胞耗竭而出现免疫失调。抑制体液免疫的 B 细胞，被称为调节性 B 细胞 (regulatory B cells，Bregs)，在抑制炎症方面起着重要作用。Piper 等 (2019) 研究表明，AhR 可使 B 细胞分化为 Bregs，促进抗炎因子 IL-10 生成。而 Masuda 等 (2011) 发现 AhR 可抑制巨噬细胞分泌促炎细胞因子 IL-6。以上研究表明，5-HT 通过结合 5-HTR 在神经系统和先天免疫系统中发挥重要作用，Kyn 通过激活 AhR 调节适应性和先天免疫反应。虽然 5-HT 和 Kyn 对免疫细胞的调节作用已有一定研究，但肠道作为机体最大的免疫器官，存在大量免疫细胞，而目前对 5-HT 和 Kyn 调节肠道免疫细胞的作用机制的研究仍是空白。本实验室前期研究发现，热应激条件下 Cobb 肉鸡肠道免疫细胞中 AhR 表达上调，促进 IL-22 和 IL-10 生成，而宿主 Trp 代谢产物可激活 5-HTR 和 AhR 等受体。基于此，本实验室推测宿主 Trp 代谢产物可能通过激活 AhR 调节 Tregs、Bregs、CD8＋T 细胞、树突状细胞、巨噬细胞等免疫细胞的分化和下游因子的释放，来维持热应激条件下畜禽肠道免疫功能，未来本实验室将设计试验对这一猜想进行验证。

（3）Trp 的微生物代谢产物调控热应激条件下畜禽肠道免疫功能的可能作用机制

热应激导致肠黏膜损伤，随后肠腔内微生物稳态失衡，有益菌相对丰度减少，有害菌相对丰度增加，肠道免疫防御功能降低。Wlodarska 等 (2017) 在葡聚糖硫酸钠 (dextran sodium sulfate，DSS) 诱导的小鼠结肠炎模型研究中发现，消化链球菌代谢 Trp 产生的吲哚丙烯酸 (indoleacrylic acid，IA) 不仅可通过激活孕烷 X 受体 (pregnane X receptor，PXR) 降低肠上皮细胞中 TNF-α 的表达水平，还可激活 AhR 并产生 IL-10，促进 MUC2 的表达，黏蛋白可以被共生细菌用作能量来源，IL-10 可作为抗炎细胞因子缓解肠道炎症，这一结果表明 Trp 的微生物代谢产物 IA 可缓解肠道炎症，增强肠上皮屏障功能。Venkatesh 等 (2014) 的研究结果显示，产孢梭菌代谢 Trp 产生的 IPA 可通过激活 PXR 下调肠上皮细胞中 TNF-α 的 mRNA 表达水平，PXR 是核受体超家族成员之一，被配体激活后可调节先天免疫反应消灭入侵的病原微生物。如前所述，IAld 能够通过激活 AhR 诱导 3 型天然淋巴细胞 (group 3 innate lymphoid cells，ILC3s) 产生 IL-22，ILC3s 是一类不同于 T 细胞和 B 细胞的淋巴细胞亚群，位于肠道黏膜表面，可增强肠道黏膜免疫力，维持肠道黏膜屏障完整性，而 IL-22 是维持肠道屏障稳态的一种重要细胞因子。ILA 除了可激活 AhR 诱导 CD4＋T 淋巴细胞分化为 DPIEL 外，还可抑制 CD4＋T 淋巴细胞分化为 Tregs 和 Th17(Wilck et al，2017)，机体内 Th17 和 Tregs 的平衡对维持自身免疫至关重要。以上研究表明，Trp 的微生物代谢产物可能通过激活 AhR 和 PXR，调节 ILC3s、CD4＋T 细胞和 DPIEL 等免疫细胞的分化和下游因子的释放调节热应激条件下畜禽肠道免疫功能 (图 1-9)。

综上所述，Trp 及其代谢产物可能主要通过以下途径缓解热应激条件下畜禽肠道黏膜损伤，从而保证热应激条件下动物肠道健康，维持动物正常生长：促进肠道紧密连接蛋白表达，维持肠道屏障完整性；降低肠道病原菌相对丰度，并提高 Trp 代谢细菌相对丰度，改善肠道微生态；激活 AhR、5-HTR 和 PXR 等受体并调节一系列免疫细胞的分化和下游细胞因子的分泌从而调控畜禽肠道黏膜免疫功能。

Trp 代谢产物通过激活 AhR 调节肠道免疫，但热应激条件下何种 Trp 代谢产物对肠道黏膜免疫起主要作用仍未可知。热应激导致畜禽肠道微生物稳态紊乱，尽管目前已明确

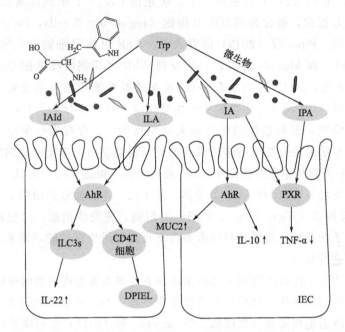

图 1-9 Trp 微生物代谢产物调控热应激条件下畜禽肠道免疫功能的可能作用机制示意图

了部分细菌可代谢 Trp 并参与肠道黏膜损伤修复，但由于肠道菌群的多样性，还有哪些菌参与了 Trp 代谢，它们调控畜禽肠道黏膜物理屏障和黏膜免疫功能的具体机制是什么，这些仍是未来需要深入研究的方向。此外，确定不同动物不同生长阶段用于缓解热应激的 Trp 的最佳剂量对减少热应激带来的经济损失也至关重要。

参考文献

陈洁波，2014. 麒麟鸡（卷羽鸡）在高温环境下的肉用性能及其热休克蛋白表达规律的研究. 湛江：广东海洋大学.

杜永振，2022. 氢对动物热应激的作用. 泰安：山东农业大学.

伏春燕，王文彬，李霞，等，2022. 饲粮苏氨酸水平对肉鸡生长性能、血清生化指标、免疫器官指数及小肠形态发育的影响. 动物营养学报，34（07）：4249-4260.

林厦菁，郑春田，席鹏彬，等，2023.22~42 日龄黄羽肉鸡饲粮苏氨酸需要量研究. 中国畜牧兽医，50（01）：134-142.

刘升国，2018. 日粮苏氨酸水平对肉鸡生长与生理机能、肠道屏障及其调控机制的影响. 杨陵：西北农林科技大学.

刘延祥，徐中相，2022. 热应激对鸡肠道微生物的影响及调控研究. 中国畜牧业（18）：115-116.

宁淑芳，2007. 银香麻鸡赖氨酸、蛋氨酸及苏氨酸适宜需要量的研究. 南宁：广西大学.

谭子旋，2022. 苏氨酸对鸡肠黏液屏障的调控作用研究. 泰安：山东农业大学.

王红梅，2006.0~6 周龄肉仔鸡苏氨酸需要量的研究. 杨陵：西北农林科技大学.

杨刚，张云露，李思明，等，2021. 色氨酸对肠屏障免疫的调控作用研究进展. 中国畜牧杂志，57（04）：6-10，16.

张晓辉，2016. Hsp90 诱导表达对热应激损伤鸡心肌细胞的保护作用及其机理的研究. 南京：南京农业大学.

Abdelqader A, Al-Fataftah A R, 2016. Effect of dietary butyric acid on performance, intestinal morphology, microflora composition and intestinal recovery of heat-stressed broilers. Livest Sci, 183：78-83.

Abo Ghanima M M, Abd El-Hack M E, Al-Otaibi A M, et al, 2023. Growth performance, liver and kidney functions, blood hormonal profile, and economic efficiency of broilers fed different levels of threonine supplementation during feed restriction. Poult Sci, 102 (8): 102796.

Akbarian A, Michiels J, Degroote J, et al, 2016. Association between heat stress and oxidative stress in poultry: mitochondrial dysfunction and dietary interventions with phytochemicals. J Anim Sci Biotechnol, 7: 37.

Ayasan T, Okan F, Hizli H, 2009. Threonine requirement of broiler from 22-42 days. Int J Poult Sci, 8 (9): 862-865.

Azzam M M, Chen W, Xia W, et al, 2023. The impact of *Bacillus* subtilis DSM32315 and L-Threonine supplementation on the amino acid composition of eggs and early post-hatch performance of ducklings. Front Vet Sci, 10: 1238070.

Badakhshan Y, Emadi L, Esmaeili-Mahani S, et al, 2021. The effect of L-tryptophan on the food intake, rectal temperature, and blood metabolic parameters of 7-day-old chicks during feeding, fasting, and acute heat stress. Iran J Vet Res, 22 (1): 55-64.

Bansal T, Alaniz R C, Wood T K, et al, 2010. The bacterial signal indole increases epithelial-cell tight-junction resistance and attenuates indicators of inflammation. Proc Natl Acad Sci U S A, 107 (1): 228-233.

Becker C, Adolph T E, 2023. Disentangling tryptophan metabolism in inflammatory boweldiseases. Gut, 72: 1235-1236.

Bender D A, 1983. Biochemistry of tryptophan in health and disease. Mol Aspects Med, 6 (2): 101-197.

Bernabucci U, Lacetera N, Baumgard L H, et al, 2010. Metabolic and hormonal acclimation to heat stress in domesticated ruminants. Animal, 4: 1167-1183.

Bjeldanes L F, Kim J Y, Grose K R, et al, 1991. Aromatic hydrocarbon responsiveness-receptor agonists generated from indole-3-carbinol in vitro and in vivo: comparisons with 2,3,7,8-tetrachlorodibenzo-p-dioxin. Proc Natl Acad Sci U S A, 88 (21): 9543-9547.

Boehm U, Klamp T, Groot M, et al, 1997. Cellular responses to interferon-gamma. Annu Rev Immunol, 15: 749-795.

Burkholder K M, Thompson K L, Einstein M E, et al, 2008. Influence of stressors on normal intestinal microbiota, intestinal morphology, and susceptibility to *Salmonella* enteritidis colonization in broilers. Poult Sci, 87 (9): 1734-1741.

Butts C L, Sternberg E M, 2008. Neuroendocrine factors alter host defense by modulating immune function. Cell Immunol, 252: 7-15.

Camilleri M, Madsen K, Spiller R, et al, 2012. Intestinal barrier function in health and gastrointestinal disease. Neurogastroenterol Motil, 24: 503-512.

Campesato L F, Budhu S, Tchaicha J, et al, 2020. Blockade of the AHR restricts a Treg-macrophage suppressive axis induced by L-Kynurenine. Nat Commun, 11 (1): 4011.

Cervantes-Barragan L, Chai J N, Tianero M D, et al, 2017. *Lactobacillus reuteri* induces gut intraepithelial CD4+CD8αα+ T cells. Science, 357 (6353): 806-810.

Cheled-Shoval S L, Gamage N S, Amit-Romach E, et al, 2014. Differences in intestinal mucin dynamics between germ-free and conventionally reared chickens after mannan-oligosaccharide supplementation. Poult Sci, 93 (3): 636-644.

Chen M, Liu Y, Xiong S, et al, 2019. Dietary l-tryptophan alleviated LPS-induced intestinal barrier injury by regulating tight junctions in a Caco-2 cell monolayer model. Food Funct, 10 (5): 2390-2398.

Chen S, Yong Y, Ju X, 2021. Effect of heat stress on growth and production performance of livestock and poultry: mechanism to prevention. J Therm Biol, 99: 103019.

Chen Y P, Cheng Y F, Li X H, et al, 2017. Effects of threonine supplementation on the growth performance, immunity, oxidative status, intestinal integrity, and barrier function of broilers at the early age. Poult Sci, 96 (2): 405-413.

Chiamolera M I, Wondisford F E, 2009. Minireview: thyrotropin-releasing hormone and the thyroid hormone feedback mechanism. Endocrinology, 150: 1091-1096.

Cockrem J F, 2007. Stress, corticosterone responses and avian personalities. J Ornithol, 148: 169-178.

Couper K N, Blount D G, Riley E M, 2008. Il-10: the master regulator of immunity to infection. J Immunol, 180:

5771-5777.

Cramer T, Rosenberg T, Kisliouk T, et al, 2019. Early-life epigenetic changes along the corticotropin-releasing hormone (crh) gene influence resilience or vulnerability to heat stress later in life. Mol Psychiatry, 24: 1013-1026.

Dai M, Xu C, Chen W, et al, 2019. Progress on chicken t cell immunity to viruses. Cell Mol Life Sci, 76: 2779-2788.

Demangel C, Bertolino P, Britton W J, 2002. Autocrine il-10 impairs dendritic cell (dc) -derived immune responses to mycobacterial infection by suppressing dc trafficking to draining lymph nodes and local il-12 production. Eur J Immunol, 32: 994-1002.

Deng Y, Zhou M, Wang J, et al, 2021. Involvement of the microbiota-gut-brain axis in chronic restraint stress: disturbances of the kynurenine metabolic pathway in both the gut and brain. Gut Microbes, 13 (1): 1-16.

Dong X Y, Azzam M M M, Zou X T, 2017. Effects of dietary threonine supplementation on intestinal barrier function and gut microbiota of laying hens. Poult Sci, 96 (10): 3654-3663.

Duan Y, Li G, Xu M, et al, 2021. CFTR is a negative regulator of γδ T cell IFN-γ production and antitumor immunity. Cell Mol Immunol, 18 (8): 1934-1944.

Duangnumsawang Y, Zentek J, Goodarzi Boroojeni F, 2021. Development and functional properties of intestinal mucus layer in poultry. Front Immunol, 12: 745849.

Elnagar S A, Scheideler S E, Beck M M, 2010. Reproductive hormones, hepatic deiodinase messenger ribonucleic acid, and vasoactive intestinal polypeptide-immunoreactive cells in hypothalamus in the heat stress-induced or chemically induced hypothyroid laying hen. Poult Sci, 89: 2001-2009.

Emadinia A, Toghyani M, Foroozandeh A D, et al, 2020. Growth performance, jejunum morphology and mucin-2 gene expression of broiler Japanese quails fed low-protein diets supplemented with threonine. Ital J Anim Sci, 19 (1): 667-675.

Gao T, Wang Z, Cao J, et al, 2020. Melatonin alleviates oxidative stress in sleep deprived mice: involvement of small intestinal mucosa injury. Int Immunopharmacol, 78: 106041.

Graham W V, He W, Marchiando A M, et al, 2019. Intracellular mlck1 diversion reverses barrier loss to restore mucosal homeostasis. Nat Med, 25: 690-700.

Harada Y, Sujino T, Miyamoto K, et al, 2022. Intracellular metabolic adaptation of intraepithelial CD4+CD8αα+ T lymphocytes. iScience, 25 (4): 104021.

Haruhiko O, Makoto Y, Hiroyuki A, et al, 2015. Heat stress modulates cytokine gene expression in the spleen of broiler chickens. J Poult Sci, 52 (4): 282-287.

Idzko M, Panther E, Stratz C, et al, 2004. The serotoninergic receptors of human dendritic cells: identification and coupling to cytokine release. J Immunol, 172 (10): 6011-6019.

Ji S, Qi X, Ma S, et al, 2019. A deficient or an excess of dietary threonine level affects intestinal mucosal integrity and barrier function in broiler chickens. J Anim Physiol Anim Nutr (Berl), 103 (6): 1792-1799.

Jiang Y, Xie M, Tang J, et al, 2020. Effects of genetic selection and threonine on meat quality in Pekin ducks. Poult Sci, 99 (5): 2508-2518.

Kadam M M, Bhanja S K, Mandal A B, et al, 2008. Effect of in ovo threonine supplementation on early growth, immunological responses and digestive enzyme activities in broiler chickens. Br Poult Sci, 49 (6): 736-741.

Kaetzel C S, 2005. The polymeric immunoglobulin receptor: bridging innate and adaptive immune responses at mucosal surfaces. Immunol Rev, 206: 83-99.

Kennedy P J, Cryan J F, Dinan T G, et al, 2017. Kynurenine pathway metabolism and the microbiota-gut-brain axis. Neuropharmacology, 112: 399-412.

Kermanshahi H, Daneshmand A, Emami N K, et al, 2015. Effect of in ovo injection of threonine on mucin2 gene expression and digestive enzyme activity in Japanese quail (Coturnix japonica). Res Vet Sci, 100: 257-262.

Koopman N, Katsavelis D, Hove A S T, et al, 2021. The multifaceted role of serotonin in intestinal homeostasis. Int J Mol Sci, 22 (17): 9487.

Korte S M, Koolhaas J M, Wingfield J C, et al, 2005. The darwinian concept of stress: benefits of allostasis and costs of allostatic load and the trade-offs in health and disease. Neurosci Biobehav Rev, 29: 3-38.

Kuc D, Zgrajka W, Parada-Turska J, et al, 2008. Micromolar concentration of kynurenic acid in rat small intestine. Amino Acids，35（2）：503-505.

Kumar M，Ratwan P，Dahiya S P，et al，2021. Climate change and heat stress：impact on production，reproduction and growth performance of poultry and its mitigation using genetic strategies. J Therm Biol，97：102867.

Li J，Zhang L，Wu T，et al，2021. Indole-3-propionic acid improved the intestinal barrier by enhancing epithelial barrier and mucus barrier. J Agric Food Chem，69（5）：1487-1495.

Li Q，Wan G，Peng C，et al，2020. Effect of probiotic supplementation on growth performance，intestinal morphology，barrier integrity，and inflammatory response in broilers subjected to cyclic heat stress. Anim Sci J，91（1）：e13433.

Liang H，Dai Z，Kou J，et al，2018. Dietary l-tryptophan supplementation enhances the intestinal mucosal barrier function in weaned piglets：implication of tryptophan-metabolizing microbiota. Int J Mol Sci，20（1）：20.

Lin H，Decuypere E，Buyse J，2006. Acute heat stress induces oxidative stress in broiler chickens. Comp Biochem Phys A，144：11-17.

Lind E F，Prockop S E，Porritt H E，et al，2001. Mapping precursor movement through the postnatal thymus reveals specific microenvironments supporting defined stages of early lymphoid development. J Exp Med，194：127-134.

Lisnahan C V，Nahak O R，2020. Growth performance and small intestinal morphology of native chickens after feed supplementation with tryptophan and threonine during the starter phase. Vet World，13（12）：2765-2771.

Liu G，Gu K，Wang F，et al，2021. Tryptophan ameliorates barrier integrity and alleviates the inflammatory response to enterotoxigenic *Escherichia coli* K88 through the CaSR/Rac1/PLC-γ1 signaling pathway in porcine intestinal epithelial cells. Front Immunol，12：748497.

Liu H N，Hu C A，Bai M M，et al，2017. Short-term supplementation of isocaloric meals with L-tryptophan affects pig growth. Amino Acids，49（12）：2009-2014.

Liu N，Sun S，Wang P，et al，2021. The mechanism of secretion and metabolism of gut-derived 5-hydroxytryptamine. Int J Mol Sci，22（15）：7931.

Liu W C，Huang M Y，Balasubramanian B，et al，2022. Heat stress affects jejunal immunity of yellow-feathered broilers and is potentially mediated by the microbiome. Front Physiol，13：913696.

Ma H，Yao S，Bai L，et al，2022. The effects of rumen-protected tryptophan（RPT）on production performance and relevant hormones of dairy cows. PeerJ，10：e13831.

Mack L A，Felver-Gant J N，Dennis R L，et al，2013. Genetic variations alter production and behavioral responses following heat stress in 2 strains of laying hens. Poult Sci，92：285-294.

Madkour M，Salman F M，El-Wardany I，et al，2022. Mitigating the detrimental effects of heat stress in poultry through thermal conditioning and nutritional manipulation. J Therm Biol，103：103169.

Maecker H T，McCoy J P，Nussenblatt R，2012. Standardizing immunophenotyping for the human immunology project. Nat Rev Immunol，12：191-200.

Mahé C，Loetscher E，Dev K K，et al，2005. Serotonin 5-HT7 receptors coupled to induction of interleukin-6 in human microglial MC-3 cells. Neuropharmacology，49（1）：40-47.

Margolis K G，Stevanovic K，Li Z，et al，2014. Pharmacological reduction of mucosal but not neuronal serotonin opposes inflammation in mouse intestine. Gut，63（6）：928-937.

Masuda K，Kimura A，Hanieh H，et al，2011. Aryl hydrocarbon receptor negatively regulates LPS-induced IL-6 production through suppression of histamine production in macrophages. Int Immunol，23（10）：637-645.

Matur E，Akyazi I，Eraslan E，et al，2016. The effects of environmental enrichment and transport stress on the weights of lymphoid organs，cell-mediated immune response，heterophil functions and antibody production in laying hens. Anim Sci J，87：284-292.

Mehri M，Nissiri-Moghaddam H，Kermanshahi H，et al，2014. Ideal ratio of threonine to lysine in straight-run Cobb 500 broiler chickens from 15 to 28 d of age predicted from regression and broken-line models. J Appl Anim Res，42（3）：333-337.

Minhas P S，Liu L，Moon P K，et al，2019. Macrophage de novo NAD$^+$ synthesis specifies immune function in aging and inflammation. Nat Immunol，20（1）：50-63.

Mousset C M，Hobo W，Woestenenk R，et al，2019. Comprehensive phenotyping of t cells using flow cytometry. Cytometry. Part A，95：647-654.

Moustafa E S, Alsanie W F, Gaber A, et al, 2021. Blue-Green Algae (*Spirulina platensis*) alleviates the negative impact of heat stress on broiler production performance and redox status. Animals (Basel), 11 (5): 1243.

Mund M D, Riaz M, Mirza M A, et al, 2020. Effect of dietary tryptophan supplementation on growth performance, immune response and anti-oxidant status of broiler chickens from 7 to 21 days. Vet Med Sci, 6 (1): 48-53.

Naghizadeh M, Hatamzade N, Larsen F T, et al, 2022. Kinetics of activation marker expression after in vitro polyclonal stimulation of chicken peripheral t cells. Cytometry a, 101: 45-56.

Obrenovich M E M, 2018. Leaky gut, leaky brain? Microorganisms, 6 (4): 107.

Oladokun S, Adewole D I, 2022. Biomarkers of heat stress and mechanism of heat stress response in avian species: current insights and future perspectives from poultry science. J Therm Biol, 110: 103332.

Omary A M, Zarghi H, Hassanabadi A, 2024. Some productive and reproductive performance, eggshell quality, serum metabolites and immune responses due to L-threonine supplementation in Japanese quail breeders' diet. Journal of animal physiology and animal nutrition, 108 (4): 965-977.

Ortiga-Carvalho T M, Chiamolera M I, Pazos-Moura C C, et al, 2016. Hypothalamus-pituitary-thyroid axis. Compr Physiol, 6: 1387-1428.

Piper C J M, Rosser E C, Oleinika K, et al, 2019. Aryl hydrocarbon receptor contributes to the transcriptional program of IL-10-producing regulatory B cells. Cell Rep, 29 (7): 1878-1892.

Quigley E M, 2016. Leaky gut-concept or clinical entity. Curr Opin Gastroenterol, 32 (2): 74-79.

Reigstad C S, Salmonson C E, Rainey J F, et al, 2015. Gut microbes promote colonic serotonin production through an effect of short-chain fatty acids on enterochromaffin cells. FASEB J, 29 (4): 1395-1403.

Rubio M D S, Rodrigues Alves L B, Viana G B, et al, 2021. Heat stress impairs egg production in commercial laying hens infected by fowl typhoid. Avian Pathol, 50 (2): 132-137.

Saadatmand N, Toghyani M, Gheisari A, 2019. Effects of dietary fiber and threonine on performance, intestinal morphology and immune responses in broiler chickens. Anim Nutr, 5 (3): 248-255.

Salter M, Hazelwood R, Pogson C I, et al, 1995. The effects of a novel and selective inhibitor of tryptophan 2,3-dioxygenase on tryptophan and serotonin metabolism in the rat. Biochem Pharmacol, 49 (10): 1435-1442.

Savitz J, 2020. The kynurenine pathway: a finger in every pie. Molecular Psychiatry, 25 (1): 131-147.

Schwarz B A, Bhandoola A, 2006. Trafficking from the bone marrow to the thymus: a prerequisite for thymopoiesis. Immunol Rev, 209: 47-57.

Sejian V, Bhatta R, Gaughan J B, et al, 2018. Review: adaptation of animals to heat stress. Animal, 12: 431-444.

Shi Z C, Devasagayaraj A, Gu K, et al, 2008. Modulation of peripheral serotonin levels by novel tryptophan hydroxylase inhibitors for the potential treatment of functional gastrointestinal disorders. J Med Chem, 51 (13): 3684-3687.

Sohail M U, Ijaz A, Yousaf M S, et al, 2010. Alleviation of cyclic heat stress in broilers by dietary supplementation of mannan-oligosaccharide and lactobacillus-based probiotic: dynamics of cortisol, thyroid hormones, cholesterol, c-reactive protein, and humoral immunity. Poult Sci, 89: 1934-1938.

Song Z H, Cheng K, Zheng X C, et al, 2018. Effects of dietary supplementation with enzymatically treated artemisia annua on growth performance, intestinal morphology, digestive enzyme activities, immunity, and antioxidant capacity of heat-stressed broilers. Poult Sci, 97: 430-437.

Star L, Rovers M, Corrent E, et al, 2012. Threonine requirement of broiler chickens during subclinical intestinal *Clostridium infection*. Poult Sci, 91 (3): 643-652.

Sun M, Ma N, He T, et al, 2020. Tryptophan (Trp) modulates gut homeostasis via aryl hydrocarbon receptor (AhR). Crit Rev Food Sci Nutr, 60 (10): 1760-1768.

Tang L P, Li W H, Liu Y L, et al, 2021. Heat stress aggravates intestinal inflammation through TLR4-NF-κB signaling pathway in Ma chickens infected with *Escherichia coli* O157: H7. Poult Sci, 100 (5): 101030.

Tang Q, Tan P, Ma N, et al, 2021. Physiological functions of threonine in animals: beyond nutrition metabolism. Nutrients, 13 (8): 2592.

Thompson K, Applegate T, 2006. Feed withdrawal alters small-intestinal morphology and mucus of broilers. Poult Sci, 85: 1535-1540.

Torchinsky M B, Garaude J, Martin A P, et al, 2009. Innate immune recognition of infected apoptotic cells directs t(h) 17 cell differentiation. Nature，458：78-82.

Uyanga V A，Oke E O，Amevor F K，et al，2022. Functional roles of taurine，l-theanine，l-citrulline，and betaine during heat stress in poultry. J Anim Sci Biotechnol，13：23.

Venkatesh M，Mukherjee S，Wang H，et al，2014. Symbiotic bacterial metabolites regulate gastrointestinal barrier function via the xenobiotic sensor PXR and Toll-like receptor 4. Immunity，41（2）：296-310.

Vesic Z，Jakovljevic V，Nikolic T T，et al，2021. The influence of acclimatization on stress hormone concentration in serum during heat stress. Mol Cell Biochem，476：3229-3239.

Walker L，2022. The link between circulating follicular helper t cells and autoimmunity. Nat Rev Immunol，22：567-575.

Wang F，Graham W V，Wang Y，et al，2005. Interferon-gamma and tumor necrosis factor-alpha synergize to induce intestinal epithelial barrier dysfunction by up-regulating myosin light chain kinase expression. Am J Pathol，166：409-419.

Wang M，Lin X，Jiao H，et al，2020. Mild heat stress changes the microbiota diversity in the respiratory tract and the cecum of layer-type pullets. Poult Sci，99：7015-7026.

Webel D M，Fernandez S R，Parsons C M，et al，1996. Digestible threonine requirement of broiler chickens during the period three to six and six to eight weeks posthatching. Poult Sci，75（10）：1253-1257.

Webster M J，Glaser R，2008. Stress hormones and immune function. Cell Immunol，252：16-26.

Wikoff W R，Anfora A T，Liu J，et al，2009. Metabolomics analysis reveals large effects of gut microflora on mammalian blood metabolites. Proc Natl Acad Sci U S A，106（10）：3698-3703.

Wilburn W J，Gabure S，Whalen M M，2024. Interleukin 1β and interleukin 6 production in human immune cells is stimulated by the antibacterial compound triclosan. Arch Toxicol，98（3）：883-895.

Wilck N，Matus M G，Kearney S M，et al，2017. Salt-responsive gut commensal modulates TH17 axis and disease. Nature，551（7682）：585-589.

Wlodarska M，Luo C，Kolde R，et al，2017. Indoleacrylic acid produced by commensal peptostreptococcus species suppresses inflammation. Cell Host Microbe，22（1）：25-37.

He X F，Lu Z，Ma B B，et al，2019. Chronic heat stress alters hypothalamus integrity, the serum indexes and attenuates expressions of hypothalamic appetite genes in broilers. J Therm Biol：81：110-117.

Xin Q，Li L，Zhao B，et al，2024. The network regulation mechanism of the effects of heat stress on the production performance and egg quality of Jinding duck was analyzed by miRNA-mRNA. Poult Sci，103（1）：103255.

Xing S，Wang X，Diao H，et al，2019. Changes in the cecal microbiota of laying hens during heat stress is mainly associated with reduced feed intake. Poult Sci，98（11）：5257-5264.

Xu D，Li W，Huang Y，et al，2014. The effect of selenium and polysaccharide of atractylodes macrocephala koidz.（Pamk）on immune response in chicken spleen under heat stress. Biol Trace Elem Res，160：232-237.

Yan L，Hu M，Gu L，et al，2022. Effect of heat stress on egg production, steroid hormone synthesis, and related gene expression in chicken preovulatory follicular granulosa cells. Animals（Basel），12（11）：1467.

Yang L，Tan G Y，Fu Y Q，et al，2010. Effects of acute heat stress and subsequent stress removal on function of hepatic mitochondrial respiration, ros production and lipid peroxidation in broiler chickens. Comp Biochem Phys C，151：204-208.

Yang Y，Dong M，Hao X，et al，2020. Revisiting cellular immune response to oncogenic marek's disease virus: the rising of avian t-cell immunity. Cell Mol Life Sci，77：3103-3116.

Yano J M，Yu K，Donaldson G P，et al，2015. Indigenous bacteria from the gut microbiota regulate host serotonin biosynthesis. Cell，161（2）：264-276.

Yuan J，Li Y，Sun S，et al，2023. Response of growth performance and cecum microbial community to cyclic heat stress in broilers. Trop Anim Health Prod，56（1）：9.

Zelante T，Iannitti R G，Cunha C，et al，2013. Tryptophan catabolites from microbiota engage aryl hydrocarbon receptor and balance mucosal reactivity via interleukin-22. Immunity，39（2）：372-385.

Zheng Y，Zhao Y，He W，et al，2022. Novel organic selenium source hydroxy-selenomethionine counteracts the blood-milk barrier disruption and inflammatory response of mice under heat stress. Front Immunol，13：1054128.

Zhu Y W，Xie J J，Li W X，et al，2015. Effects of environmental temperature and dietary manganese on egg production performance, egg quality, and some plasma biochemical traits of broiler breeders. J Anim Sci, 93 (7): 3431-3440.

Zhang X, Liu X, Zhou W, et al, 2021. Blockade of IDO-kynurenine-AhR axis ameliorated colitis-associated colon cancer via inhibiting immune tolerance. Cell Mol Gastroenterol Hepatol, 12 (4): 1179-1199.

第五节　环境应激条件下水禽营养调控理论与技术

一、文献综述

(一) 应激概述

应激是由加拿大学者 Selve (1936) 提出，定义为：作用于机体的一切异常刺激因素所引起的一种全身性、非特异性的紧张状态，应激因素包括温湿度、电离辐射刺激、心理刺激、运输、中毒等。Selye 将这种反应称为"全身适应综合征"(general adaptation syndrome, GAS)，可分为三个阶段：警戒阶段、抵抗阶段、衰竭阶段 (范石军等，1996)。

应激的种类有很多，常见的有物理因素引起的运输应激、屠宰应激，环境因素引起的热应激、冷应激等，化学因素引起的氧化应激，营养不足或过量引起的应激及心理应激等。适度的应激反应，可以提高机体的防御能力。但如果应激强度过大或时间过长，可直接导致机体代谢紊乱和组织损伤，严重的甚至危及生命。在现代畜牧养殖中，集约化饲养已成为主要的养殖方式，这种情况下，动物会面临很多种应激源，热应激就是其中一种严重损害养殖业经济效益的应激因子。

(二) 热应激概述

热应激作为应激的一种，是指环境温度超过动物等热区中的舒适区上限温度所引起的应激反应 (张庆红，2011)。不同动物的等热区和舒适区是不一样的，其热应激含义也不同。而且动物的舒适区受多种因素影响，如品种、年龄、生理状态等。对于家禽来讲，肉仔鸡的等热区为 10~32℃，舒适区为 18~26℃；产蛋鸡的等热区是 10~32℃，舒适区为 18~24℃ (颜培实等，2011)。当环境温度超过舒适区上限温度 (如图 1-10 时)，可以认为动物处于热应激状态 (杨凤，2000；范石军等，2005)，此时自动物本身流至周围环境的净能量与动物产生的热量出现负平衡。动物机体必须加强散热来打破这种负平衡状态，如出汗、喘气。如果动物不能充分散热，严重者可能死亡。同时，家禽缺乏汗腺，仅靠喘气散热，更容易出现热应激情况。

按照热应激持续时间长短可将热应激分为急性热应激 (acute heat stress) 和慢性热应激 (chronic heat stress) (Emery et al, 2004)。急性热应激是指环境温度更为极端，持续时间较短，一般几个小时；慢性热应激是指环境温度与急性热应激相比较为温和，但持续时间比较长，数天到数月。这两种类型都会对畜禽造成损害，严重者甚至威胁生命。

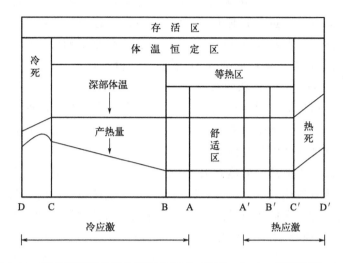

图 1-10　环境温度对机体热调节的影响（杨凤，2000；范石军等，2005）

A-B′为物理调节区，B-C 为化学调节区，C-C′为体温恒定区，

A-A′为舒适区，B 为临界温度，B′为过高温度，C 为极限温度

（三）热应激对家禽的影响

我国大部分地区属于大陆性季风气候，夏季炎热。随着全球变暖和现代畜牧业集约化生产方式的发展，高温已经成为影响畜牧业发展的一个重要因素。在连云港，1988 年夏季一鸡场 825 只肉种鸡因鸡舍 39℃高温死亡 115 只（张心如等，2001）。而在湖北省，从 1961 年至 2007 年大部分年份夏季平均气温 26～28℃，平均气温有上升趋势（汪高明，2009），最高气温可达到 39℃以上。因此，热应激在湖北省夏季普遍存在，热应激能引起全身性的反应，通过改变家禽的各种生理生化机能来影响其生产性能及产品品质，所以如何控制热应激已成为家禽养殖业中面临的实际问题，同时受到越来越多的学者的重视和研究。

1. 热应激对家禽生产性能的影响

在热应激状态下，家禽生长性能下降，如采食量降低，日增重下降，料肉比增加（Donkoh，1989；Siegel，1995）。热应激时体内甲状腺激素分泌减少，导致胃肠道蠕动减慢，胃内充盈，该信号通过感受器传到下丘脑摄食中枢，使采食量降低（McNabb et al，1993）。Hurwitz 等（1980）认为增重下降的原因之一是采食量的降低。当鸡舍温度从 21℃升至 32℃时，采食量可降低 9.5%。王士长等（2007）给 14 日龄的艾维茵肉仔鸡以 30～35℃高温处理后，发现肉鸡的采食量、日增重和饲料转化率均显著降低。刘梅（2011）通过研究也发现热应激可显著降低肉仔鸡的采食量和日增重。

同时，热应激也会影响家禽的屠宰性能及肉质。热应激可使 HPA 轴的活动增强，导致肾上腺糖皮质激素的合成和释放量增加，影响机体营养成分的重新分配。糖皮质激素可增加肝糖原、肌糖原含量，并升高血糖，促进淋巴和皮肤等处的蛋白质分解，同时抑制蛋白质的合成。Temim 等（1999）研究发现热应激可导致肉鸡的胸肌率、腿肌率显著下降。刘梅（2011）也发现肉仔鸡在热应激条件下腹脂和颈皮下脂肪的相对重量都显著增加，进一步研究发现肝脏乙酰辅酶 A 羧化酶和脂肪酸合成酶及腹脂脂肪酸合成酶基因的 mRNA 表达量均显著增加，肝脏脂蛋白脂肪酶基因的 mRNA 表达量显著降低。应激还可加速乳酸积累，降低 pH 值，产生大量的自由基，引发脂肪氧化是影响肉质的主要因素。研究发现，(40±1)℃急性热应激可使雁鹅胸肌 pH 值降低，滴水损失升高（仲庆振等，2010）。

2. 热应激对家禽行为福利性状的影响

热应激状态下，机体的交感神经-肾上腺髓质轴的活动增强，导致儿茶酚胺的分泌量增加。儿茶酚胺的作用是增强中枢神经系统的兴奋性，使呼吸和心跳加快，加快肝糖原和脂肪的分解，从而增加血液中葡萄糖和游离脂肪酸的含量及组织耗氧量和产热量。由于家禽没有汗腺，仅靠蹼及舌散热，散热效果有限。当环境温度升高时，家禽的体温与环境温度的差异缩小，非蒸发散热减少，家禽通过喘息来增加散热量，同时呼吸加快及代谢加速会导致自身产热量增加，致使体温升高。这种条件无法为动物提供世界卫生组织对动物规定的基本福利，即生理福利、环境福利、卫生福利、行为福利和心理福利（李舒妍，2010）。Altan 等（2000）研究发现 38℃高温可使 35 日龄 Cobb 肉鸡直肠温度升高。鸡的呼吸频率一般为 20 次/min，35℃高温可使其呼吸频率加快至 120 次/min（林飞宏等，2007）。宁章勇等（2002）研究发现热应激 3d 可导致肉仔鸡肺泡壁毛细血管显著充血，部分肺泡破裂融合，呼吸器官出现实质性障碍，进而影响呼吸功能。

3. 热应激对家禽消化机能和肠道健康的影响

当环境温度过高时，位于下丘脑的前区/视前区的摄食调节中心直接受到影响，导致采食量下降（王松波等，2012）。热应激还能提高消化道交感神经的兴奋性，减弱消化道活动，使饲料在消化道内停留较长时间；长期的应激还会导致动物的胃肠道体积缩小，从而使采食量降低，消化机能下降（袁磊，2007）。

肠道不仅是主要的营养物质吸收位点，而且作为屏障来阻止异物进入机体。肠道通过向生物体提供营养物质来维持生命的基本功能。此外，肠上皮通过两个主要途径（跨上皮/跨细胞和细胞旁通路）介导选择通透性，以防有害的腔内物质的通过（Tsukita et al，2001）。为了实现这一目标，这些物质的运输必须进行微调，以保持动态平衡。肠上皮细胞构成了调节离子和分子选择通透性的物理屏障。同时，它与其他肠屏障共存以耐受病原体并保持体内平衡（Sanchez et al，2013）。

肠道物理屏障是组成肠黏膜屏障功能（MBF）的基础之一，其主要由四种细胞组成，包括杯状细胞、吸收性肠细胞、潘氏细胞和内分泌细胞。这些细胞将参与 MUC、抗菌肽（AMP）和激素的分泌。肠上皮细胞表面由含有 sIgA 和 AMP 的黏液层保护。此外，肠道微生物本身可以被认为是肠屏障的一部分，它们可能削弱或增强 MBF。肠上皮下的固有层含有巨噬细胞、树突状细胞、T 淋巴细胞、浆细胞和先天性淋巴样细胞。固有层也是 MBF 的组成部分，其是免疫应答的主要调节剂，包括适应性和先天性免疫（Sanchez et al，2014）。肠道损伤主要包括肠道黏膜腺体损伤和屏障损伤，其发生机制可以大致归结为缺氧缺血、缺血再灌注、炎症介质及细胞因子作用、细胞凋亡、营养障碍以及肠道微生态失衡。高温环境下，动物机体交感神经兴奋，呼吸频率加快，内部器官的血流量减少（Ooue et al，2007），使得胃肠道分配到的血液减少（Radwan et al，2010），而且兴奋的交感神经导致儿茶酚胺产生过多，使血液的凝固性升高，最终导致胃肠组织缺血缺氧，出现一系列严重的代谢紊乱（代雪立等，2010）。研究发现慢性热应激会降低肠道与三羧酸循环、电子转移和氧化磷酸化相关的蛋白质含量，破坏能量代谢，从而引起肠道氧化应激（Cui and Gu，2015）。

研究报道热应激抑制小肠绒毛发育（Yu et al，2010；Pearce et al，2013），这可能与热应激抑制了肠道生长相关基因的表达有关。研究表明热应激下调了肝脏和肌肉中胰岛素样生长因子（IGF）-1 和生长激素受体（GHR）基因 mRNA 的表达水平（Del Vesco et al，2014）。在血清中的研究也同样发现热应激降低了血清中 IGF-1 的含量（Willemsen et al，2011）。IFG-1 可能通过缓解热应激引起的肠道细胞凋亡来表现出促生长效果。GHR 是生长激素（GH）作用于细胞信号通路的受体，有助于细胞的增殖。除此之外，热应激还会破坏消化道菌群的平衡（李永洙等，2015），降低其黏膜免疫功能（刘晓曦，2013），增加沙门氏菌的附着（Burkholder et al，2008），使其更容易突破肠黏膜屏障（Quinteiro Filho et al，2012），并减少空肠和盲肠乳酸杆菌的数量（康磊等，2013），破坏微生态平衡。

长期处于热应激条件下的肉鸡空肠固有层淋巴细胞和浆细胞数量增加，易发生轻微的急性多病灶肠炎（QuinteiroFilho et al，2012）。另外，沙门氏菌在热应激条件下更容易突破肠黏膜屏障，引发炎症（Quinteiro Filho et al，2012）。这些损伤会影响其营养吸收能力（Morales et al，2014），最新研究发现对于适应了周围高温环境的生长育肥猪，热应激并没有影响其肠道内源蛋白氨基酸组成，肠道内源氨基酸的损失并不是关键的，但是在暴露于高温环境的前期，肠道内源精氨酸和苏氨酸的损失可能影响肠道上皮组织的完整性（Morales et al，2016）。另有研究发现热应激会通过减少类固醇和诱发凋亡来破坏小鼠颗粒细胞（Luo et al，2016），那么对家禽肠道来说可能存在类似的影响。

小肠是家禽营养物质消化吸收的主要场所，良好的肠道结构和完善的肠道功能才能使营养物质被较好地消化吸收。而热应激会导致肠道的蠕动速度减缓，饲料停留在消化道的时间增长，消化道中淀粉酶、脂肪酶及蛋白酶的活性降低，肠道中的微生物区系紊乱，从而使家禽消化机能减退（石慧琳，2003）。同时，热应激可导致动物全身血液重新再分配，肠道血流量减少，造成肠道黏膜营养相对不足（代雪立等，2010），此外其还使肠道内生成大量自由基，这些自由基能以多种方式引起动物体内代谢紊乱和组织损伤，从而影响到小肠黏膜的正常形态。应激还会改变机体内皮质酮等激素的分泌，皮质酮的增加会抑制肠道黏膜细胞增殖，阻碍了绒毛的生长（Hu et al，2006）。Garriga 等（2006）的研究表明，热应激会导致肠绒毛的损伤，进而降低营养物质的消化吸收率。

4. 热应激对家禽血液生化指标的影响

一般来说，血液生化指标可准确反映家禽的生理状况，热应激可引起家禽很多血液生化指标的改变，如血液中离子浓度、营养物质含量及酶类活性。

第一，热应激可改变血液中的离子浓度。热应激时，家禽呼吸加快，水分丢失增多，血液中 CO_2 排出量增多，酸碱平衡被破坏，血液 pH 值上升，导致呼吸性碱中毒（李静，2004）。机体通过自身的调节，降低了血中 pH 值，导致血中 Na^+ 和 K^+ 水平的降低，进而降低了血浆渗透压，促进肾上腺中醛固酮的分泌。醛固酮的分泌可使血中 Na^+ 水平升高。此外，热应激还会使血清中钙、磷含量下降。研究发现，热应激可使肉仔鸡血清中 Na^+、K^+、Cl^- 浓度升高，而使血清中钙、磷含量呈现下降的趋势（刘思当等，2003；陈静等，2006）。

第二，热应激会改变血中的葡萄糖浓度。血糖含量的变化反映机体营养代谢状况，目前有关血糖的报道并不一致。一般认为血糖浓度变化与家禽日龄及应激强度有关。在慢性热应激条件下，血糖水平下降（刘凤华等，1997）或基本稳定。蛋鸡血糖浓度随热应激天数的延长先上升后下降（刘凤华等，1998）。在急性热应激时，血糖含量升高。刘凤华等（2004）在给肉鸡40℃4h的急性热应激处理时发现，其血糖浓度比常温（23℃）下增加了17.27%。在这种条件下，由于能量供应不足，蛋白质的分解加快，糖异生加强，以保证热应激时的能量供应。

第三，热应激会改变酶类的活性。当各种应激因素引起组织损伤时，组织内酶会透过细胞膜进入血液，这些酶的活性变化可作为诊断应激的指标。热应激时血清中磷酸肌酸激酶（creatine phosphokinase, CPK）活性上升（伍晓雄等，2000）。热应激时肌肉能量供应不足，肌肉营养不良，导致肌肉中的CPK逸出，使血浆CPK浓度升高（董淑丽等，2004）。随热应激温度的升高和持续天数的延长，血清谷草转氨酶、谷丙转氨酶、LDH和CPK浓度均显著升高（刘凤华等，1997）。陈静等（2006）研究发现，热应激使肉仔鸡血液的CPK、谷丙转氨酶和LDH活性有升高的趋势。

5. 热应激对家禽机体抗氧化功能的影响

正常生理条件下，体内自由基的产生和消除处于动态平衡中。机体的抗氧化体系主要有酶促反应体系和非酶促反应体系，它们共同清除机体产生的自由基（Reinald et al, 2011）。其中酶促反应体系包括了CAT、SOD、GSH-Px等。GSH-Px可特异性地催化还原型GSH的还原反应，从而清除H_2O_2，减少自由基的生成量，维持各种生物膜结构和功能的完整性。而SOD参与机体的抗氧化反应则是通过清除体内自由基的方式来实现的，机体清除氧自由基的能力和SOD含量密切相关。ROS可以激活抗氧化酶基因的表达，从而增强SOD的生物合成能力。MDA是机体内氧自由基导致的机体脂质过氧化反应的最终产物。随着机体内氧自由基活性的增强，氧化作用增强，抗氧化作用减弱，MDA的生成量升高。T-AOC的大小可综合反映机体防御系统抗氧化能力的高低。

近年来，人们对热应激产生自由基的研究较多。机体在热应激条件下产生大量自由基，而自由基的清除能力不足，导致自由基在组织器官（如心脏、肝脏）大量蓄积，进而造成氧化损伤。热应激可使肉鸡肝脏及血浆中的脂质过氧化水平显著升高（李绍钰等，2000）。宰前高温热应激导致30日龄肉鸡血清中脂质过氧化水平升高，MDA含量显著提高（杨小娇等，2011）。范石军等（2001）发现雏鸡高温应激8~12h后肝脏MDA含量急剧上升，GSH-Px先上升8h后迅速下降。

6. 热应激对家禽免疫功能的影响

热应激条件下，糖皮质激素大量分泌，可促进嗜酸性粒细胞分解，淋巴细胞溶解，使白细胞数量减少，从而导致体液免疫和细胞免疫能力下降（李树文，2006）。随着淋巴细胞减少，胸腺及淋巴组织萎缩，抑制了抗体的产生，使家禽对疾病的易感性增强。急性热应激主要影响抗体活性，而慢性热应激主要影响免疫器官的发育，如损伤胸腺、法氏囊和脾脏。宁章勇（2002）研究发现热应激可使肉仔鸡的法氏囊、胸腺、脾脏出现萎缩、充血、出血等病理现象。刘思当等（2003）的研究表明随着热应激时间的增长，肉仔鸡的胸腺、法氏囊和脾脏的相对重量均显著下降，而且法氏囊和脾脏表现为实质细胞的萎缩、消失性病变。热应激可导致仔鸡血清中T细胞数量显著降低（刘凤华等，2002）。肉鸡在受到热应激后，脾脏T淋巴细胞转化率会明显降低（李玉保等，2005）。Mashaly等（2004）

研究发现高温热应激可使蛋鸡的白细胞和抗体水平均显著降低。总之，热应激通过复杂的调节机制影响机体的细胞免疫、体液免疫以及免疫器官的发育。

(四) HSP70 与热应激

1. HSP 的概念

1962 年，Ritassa 将果蝇的环境温度从 25℃升高到 30℃时，发现其唾液腺染色体有 3 个膨突，提示这个区域有种基因转录加强，表明有某种蛋白质合成量增加，这种现象被称为"热休克反应"。在此基础上，1974 年，Tissieres 利用聚丙烯酰胺凝胶电泳技术从中提取出一组与热休克反应有关的蛋白质，即为热休克蛋白（heat shock protein，HSP）。HSP 按照其分子量大小可分成 6 个家族：大分子量 HSP 家族（Jin song et al，2006）、HSP90 家族、HSP70 家族、HSP60 家族、小分子量 HSP 家族和泛素。其中，HSP70 家族最保守、最重要，含量最丰富（Juliann et al，1998），HSP70 相关研究也最多、最深入。

2. HSP70 的结构、分类

HSP70 是一类进化上高度保守的应激蛋白，大约有 650 个氨基酸，结构类似，主要包括两个区域：N 端为分子质量是 44kDa 的高度保守的 ATPase 功能域，可将 ATP 水解；C 端为分子质量是 25kDa 的底物结合功能域，能和未折叠的多肽底物暴露在外侧的疏水区域特异性结合，C 端又可分为一个分子质量为 15kDa 的保守的多肽结构功能域和一个分子质量为 10kDa 的靠近 C 端不保守的可变功能域和 C 端最末端的序列。

HSP70 家族主要包括四类蛋白质：HSP73，结构型 HSP70，主要存在于细胞质内，应激后有少量增加；HSP72，诱导型 HSP70，在正常细胞内表达量很少，应激后表达量快速增加；GRP78，存在于内质网腔中，对分泌蛋白的折叠、组装起到分子伴侣的作用；GRP75，存在于线粒体内，在蛋白质前体穿过线粒体膜和进入线粒体后的折叠、装配及稳定过程发挥作用。HSP72 和 HSP73 具有 95% 的序列同源性（杨秉芬等，2009）。

3. HSP70 的基因调控

HSP70 的基因调控主要在转录水平上，HSP70 转录水平调节主要是由热休克因子（HSF）调节。HSF 是脊椎动物细胞表达的一种具有转录调节活性的蛋白质，可协调热休克基因的表达。在正常情况下，HSP70 与 HSF 处于结合状态，以抑制 HSF 的活性，HSF 与热休克元件（HSE）低水平结合。当细胞受到热应激后，单体的 HSF 聚合成有活性的三聚体，转移到核内并结合到 HSP 基因上游的 HSE，立即激活 HSP 转录，从而使 HSP 在细胞内大量表达（图 1-11）。HSF 具有广泛同源性，可分为：HSF1、HSF2、HSF3、HSF4(Mitsuaki et al，2010)。其中，HSF1 较为保守，应激可使其迅速激活，形成三聚体进入核内，与 HSE 结合激活 HSP 基因的转录。HSF2 激活则比较缓慢，但可保持与 DNA 结合较长时间。只有 HSF1 可被热应激、氧化应激、化学应激和其他应激激活，HSF2 则是在发育和细胞分化的不同阶段被激活进而与 HSE 结合。HSE 是 HSP 基因的 5'-上游区域中存在的一个应激反应所必需的功能区，其核心序列式为 nGAAn，具有增强子功能。单个核心序列无活性，多个 nGAAn 同时存在才具有转录活性（杜立银等，2003）。

而 HSP70 翻译水平调节主要由 HSP70 mRNA 的稳定性和翻译效率决定。HSP70 基

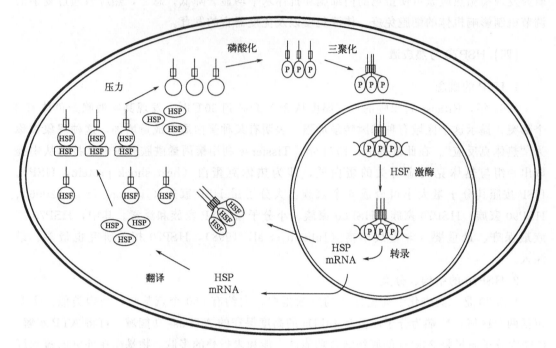

图 1-11　应激诱导的 HSP 的产生机制（Juliann et al，1998）

因不含内含子，所以可以迅速转录 HSP70 mRNA，也可迅速翻译出 HSP70，以保证机体的需要。应激时，HSP70 被优先翻译，故其合成量增加，其他正常蛋白质 mRNA 的翻译被抑制（李玉保等，2004）。HSP70 mRNA 在常温下不稳定，易降解，应激时其稳定性增加。HSP70 mRNA 的这种稳定性由 mRNA 降解系统决定，应激影响了降解系统的活性。

4.HSP70 的生物学功能

第一，分子伴侣功能。HSP70 在非应激细胞的内质网腔上作为分子伴侣发挥作用，促进新合成多肽链的正确折叠、多聚体的装配或降解及蛋白质的跨膜运输（杨云慧等，2003）。细胞内的蛋白质要发挥正常功能，必须经历这个过程。

第二，细胞保护作用。细胞在应激时产生大量 HSP70 来增强对不良刺激的抵抗力，同时加速异常蛋白质的降解、蛋白质错误折叠链的重新折叠，恢复蛋白质原来的构象来维持其正常的生物学活性。细胞膜和核仁对热应激最敏感，所以 HSP70 广泛存在于细胞骨架和核骨架内，并与核仁和细胞膜结合，提高细胞的耐热能力。用亚砷酸钠预处理烫伤小鼠，结果显示 HSP70 表达量显著升高，心肌损害减少，表明应激状态下体内 HSP70 的过量表达可减轻动物机体所受的外界应激损伤（袁志强等，2003）。王晓亮（2010）研究发现随着肠道黏膜 HSP70 mRNA 表达量的升高，肉鸡的热应激得到一定程度的缓解，肠上皮细胞吸收能力增加。诱导 HSP70 的表达可以减少因缺血和被限制而引起的小鼠肝脏的缺血再灌注损伤（Christina et al，2010）。

第三，抗凋亡作用。细胞在受到某些应激因素如热应激、氧化应激、化学应激影响时发生的自主有序的死亡称作细胞凋亡，此过程需要 c-Jun 氨基端激酶（c-Jun N-terminal kinase，JNK）的参与。Gabai 等（1997）研究发现，升高细胞内 HSP70 表达水平能够切断此信号通路，抑制 JNK 的活性，减少细胞的凋亡。此外，线粒体是控制细胞凋亡的关键细胞器，升高 HSP70 表达水平能够抑制线粒体上游和下游的细胞凋亡（曾涛等，2012）。Yenari(2005) 研究发现 HSP70 可保护细胞线粒体，这也可能是其抗细胞凋亡的机制。

第四，抗氧化功能。应激可导致氧自由基增多，通过脂质氧化反应对生物膜的结构产生损害作用，如线粒体、溶酶体等细胞器的破坏。而 HSP 的产生则可减轻蛋白质氧化，抑制产氧自由基的关键酶合成从而减少氧自由基的产生（石真玉，2004）。此外，HSP70 表达量上调可激活蛋白激酶 C，通过增强蛋白酶活性促进 ATP 水解，以生成更多的 SOD 清除产生的自由基。

第五，协助免疫功能。HSP70 参与抗原的加工、处理和呈递以及效应 T 细胞的激活过程。HSP70 在病原体抗原的特异性识别、加工及呈递过程中维持较高的表达水平，并被主要组织相容性复合体 Ⅰ 或 Ⅱ 类相关分子所呈递。当应激刺激机体细胞产生免疫反应时，HSP 会在各种细胞因子产生的同时亦有产生，以应对细胞因子的不利作用。HSP70 还能参与机体的抗感染免疫，病原体抗原在感染宿主后受宿主内环境的刺激而表达大量 HSP，其不同于宿主内的 HSP，可协同病原体抗原，共同刺激宿主免疫系统而激发免疫应答。研究还发现，HSP70 能够直接或者间接激活细胞的先天免疫系统，称作"危险"信号分子（Robert et al，2002）。

5. HSP70 及其 mRNA 的检测方法

HSP70 蛋白有多种检测方法，如免疫印迹法（Western blotting）、免疫组织化学法（immunohistochemistry）、酶联免疫吸附试验（enzyme linked immunosorbent assay，ELISA）、核酸原位杂交技术等，HSP70 mRNA 的检测有逆转录聚合酶链反应（reverse transcription PCR，RT-PCR）。免疫印迹法结合了高分辨率凝胶电泳和免疫化学分析技术，分析容量大、敏感度高、特异性强，常用来检测某种蛋白质的特性、表达及分布。免疫组织化学法可通过标记抗体使其与特异性抗原反应显色，主要用来检测蛋白质的分布，可以定性、定位、定量。酶联免疫吸附试验的原理是酶分子与抗体或抗抗体分子共价结合，不会改变抗体的免疫特性，该法快速、敏感、简单，而且易于标准化。RT-PCR 的原理是将 RNA 链逆转录为互补的 cDNA，再以此 cDNA 为模板通过 PCR 进行扩增，可找出特定时间、细胞、组织内的特定基因，灵敏度高、快速、特异性好。各种方法都有其各自的优点，在实际操作应用中，可依据试验目的和试验条件选择合适的试验方法，同时结合多种方法进行综合应用，以便更全面准确地了解 HSP70 的转录和表达规律，提高试验结果的准确性和可靠性。

二、抗热应激添加剂

随着全球温度不断上升，高温对于集约化养殖业的影响不断加深，热应激问题愈加突出，抗热应激添加剂不断被开发。目前市场上被用作抗热应激的添加剂主要包括矿物质类、中草药类、酸度调节剂、维生素类、微生物制剂、抗氧化剂、酶制剂、稳定剂等（王海微等，2012）。用于家禽的抗热应激添加剂包括维生素类、矿物质类、抗生素类、糖类、有机酸类、中草药类等（朱振鹏和孙晓先，2013）。最新的报道指出，γ-氨基丁酸、有机锌、葡萄籽提取物以及迷迭香油等表现出减缓热应激的效果（施忠秋和齐智利，2014；Pearce et al，2015；Hassan et al，2016；Turk et al，2016）。用于家禽的各类抗热应激添加剂及其作用如表 1-6 所示。

表 1-6　用于家禽的各类抗热应激添加剂及其作用

分类	添加物质	主要作用
维生素类	维生素 C	参与调控抗热应激的激素
	维生素 E	提高血液肌酸酐酶含量
矿物质类	碳酸氢钠、氯化铵	减轻呼吸性碱中毒
	氯化钾	补充缺乏的矿物元素
	硒	抗氧化
	铬制剂	加强葡萄糖的利用，改变血液性状
抗生素类	维吉尼亚霉素等	杀菌作用
糖类	葡萄糖	改善血液黏稠状态
	低聚糖	提高采食量
有机酸类	柠檬酸、延胡索酸等	维持血液的酸碱平衡
中草药类	黄芪、板蓝根、山楂等	作用广泛
其他	甜菜碱、镇静剂等	减少产热

由于热应激对畜牧业的危害，很多学者做了很多研究。其中肠道健康又是一个很重要的方面，目前着眼于减缓热应激条件下肠道损伤的抗热应激添加剂的报道较少，而越来越多的研究发现蛋氨酸代谢可能与热应激条件下的肠道健康密切相关。

（一）蛋氨酸和蛋氨酸羟基类似物

1. 蛋氨酸和蛋氨酸羟基类似物的基本概念

蛋氨酸（Met）是动物生长所必需的氨基酸，是基于家禽玉米豆粕型日粮条件下的第一限制性氨基酸，包括两种异构体 D-Met 和 L-Met。蛋氨酸作为一种功能性氨基酸（Jankowski et al，2014），又名甲硫氨酸，除了具有重要的营养功能外，目前所报道的对于家禽的生物学功能还包括：提供甲基、提高免疫力、提高抗氧化能力、解毒、抗球虫病和保护肝脏（韩春晓和苗翠，2013）。

蛋氨酸羟基类似物（HMTBA）是蛋氨酸上氨基被羟基取代后的产物，本质上是一种有机酸，具有很强的酸性，包括两种异构体 D-HMTBA 和 L-HMTBA。在市场上应用的 HMTBA 质量分数为 88%（Dibner et al，2003；Hoehler et al，2005）。研究表明 HMTBA 不仅可以作为一种蛋氨酸资源，还可以作为饲料添加剂解决由高脂日粮引起的氧化应激失衡（Tang et al，2011）。

2. 蛋氨酸的吸收和代谢

蛋氨酸的主要吸收部位是十二指肠和回肠，经过肠道代谢后入血，通过门静脉进入肝脏代谢后出肝静脉然后供给机体各种组织。蛋氨酸代谢途径中高半胱氨酸合成半胱氨酸是由胱硫醚 β-合成酶介导的（Karolina et al，2014），半胱氨酸加双氧酶（CDO）是合成牛磺酸的关键酶（马启旺，2015）。大量研究表明，添加的蛋氨酸水平会改变相关的代谢途径，不同的蛋氨酸源也存在不同代谢倾向。蛋氨酸代谢如图 1-12 所示（韩春晓和苗翠，2013）。

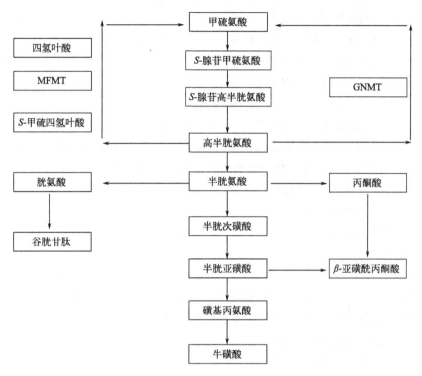

图 1-12　蛋氨酸代谢示意图

3. 蛋氨酸的抗氧化功能

不仅蛋氨酸残基本身可以作为内源性抗氧化剂（Luo and Levine，2009），也有研究发现添加蛋氨酸会增加具有抗氧化作用的尿酸的含量（Bunchasak et al，2009；Del Vesco et al，2014），可通过增加 GSH-Px 活性来减缓热应激动物体内由 ROS 引起的损伤（Del Vesco et al，2014），而且其代谢产物 GSH、多胺和牛磺酸也具有抗氧化功能（StiPanuk et al，2004），通过甲硫氨酸亚砜还原酶（methionine sulfoxide reductase，MSR）系统来对抗机体氧化应激（Métayer et al，2008），说明蛋氨酸可以作为缓解热应激的抗氧化剂。日粮添加牛磺酸能够提高热应激条件下肉鸡小肠黏膜 sIgA 含量，降低血浆中促炎因子含量（费东亮等，2014），表现出对小肠炎症的治疗效果。除此之外，牛磺酸可以促进机体 HSP70 的表达（Setyarani et al，2014），具有抵抗应激反应的效果，而 HMTBA 能更有效地转化为牛磺酸。上述两种蛋氨酸资源具有代谢差异，猜测 HMTBA 比 DL-蛋氨酸（DLM）具有更好的抗热应激效果。另外，HMTBA 作为一种短链脂肪酸，其对相关代谢的调控作用与热应激对机体的影响之间存在一定关联性，这也表明 HMTBA 具有很好的抗热应激效果。例如，在肉鸡上的研究发现，日粮中添加 HMTBA 相对 DLM 可以有效缓解高温对采食量和体重的影响（Willemsen et al，2011）。

4. 蛋氨酸功能与热应激

热应激主要是通过打乱动物机体内的氧化还原状态的平衡导致氧化应激，从而损伤细胞和组织（Altan et al，2003）。添加复合抗氧化剂可以修复氧化应激造成的损伤（赵珂立等，2011）。增加蛋氨酸水平有助于提高机体的抗氧化能力，另外，采食量减少会使机体的营养需要无法得到满足，而蛋氨酸作为第一限制性氨基酸，其营养作用非常重要，研究表明其在肠道稳态的维持以及肠道增殖分化方面具有至关重要的作用（Martin-Venegas et al，2006），添加 L-Met 会增加猪空肠紧密连接蛋白丰度和降低凋亡途径关键酶 caspase-3 的活性（Chen et al，2014）。蛋氨酸还有可能直接参与生长因子的表达，研究表明蛋氨酸缺乏会抑制肝脏 IGF-1 的表达（Wang et al，2016），并且添加蛋氨酸对于维持热应激条件下肌肉合适的 IGF-1、GHR 转录水平是必要的，其具有促生长作用（Del Vesco et al，2015）。蛋氨酸可能通过调节肠道 IGF-1、GHR 的表达来促进肠道的增殖分化。还有研究发现在基础日粮中添加适量的蛋氨酸有利于提高半胱氨酸和蛋氨酸的回肠表观消化率（Jamroz et al，2009）。因此在日粮中添加高水平的蛋氨酸可能会缓解热应激引起的蛋氨酸营养不足以及热应激对肠道的损伤。

5. 蛋氨酸羟基类似物促生长优势

大量的报道指出 HMTBA 具有更好的饲喂效果。添加等物质的量浓度的 HMTBA 相比 DLM 可以增加肉鸡体重、日增重及饲料转化率（Vázquez-Añón et al，2006），改善肉色和提高腿肌率（Liu et al，2007）。添加 HMTBA 可以提高仔猪哺乳增重，促进断奶仔猪生长（李豪等，2013）。另外，有报道指出过量的蛋氨酸和 HMTBA 都会降低采食量和体增重，但是过量的 HMTBA 对生长的抑制作用小于等物质的量浓度的过量蛋氨酸（Xie et al，2007），也从侧面表明了 HMTBA 的促生长优势。

蛋氨酸羟基类似物促生长优势的影响因素有以下两种。

（1）两种蛋氨酸的消化吸收和肠道首过代谢

体外研究表明，HMTBA 主要在上部肠段被吸收，而 DLM 的吸收主要发生在回肠部位。通过同位素技术测定 HMTBA 消化道消失率的研究表明，在十二指肠中仅仅存在 15% 的 HMTBA，即 HMTBA 的吸收部位主要在消化道前端（Richards et al，2005），并且近年研究表明 HMTBA 与蛋氨酸相比有更高的吸收效率（Fang et al，2010），这可能与单羧酸转运蛋白（MCT）的表达有关，有文献指出添加 HMTBA 可上调 Caco-2 细胞单羧酸转运蛋白 1（MCT1）的表达（Martín-Venegas et al，2014）。氨基酸在肠道发生首过代谢已经被广泛接受，研究表明蛋氨酸在被肠道吸收时会被大量代谢（Shoveller et al，2005）。因此，在这两种蛋氨酸被机体吸收时，HMTBA 能更多地被吸收和逃逸肠道的代谢，更多地被肠外组织利用，促进生长。

对采用 ^{14}C 标记的 DLM 和 HMTBA 进行研究发现，DLM 被动物机体氧化分解产生的 CO_2 的量比 HMTBA 分解产生的量要高（Saunderson et al，1985），这可能与这两种蛋氨酸代谢路径的不同有关。有文献指出，在肠道 HMTBA 比 DLM 更能有效地转化为抗氧化剂 GSH 的前体物半胱氨酸和具有重要生物学功能的牛磺酸（Martín-Venegas et al，2006）。此外，研究报道 HMTBA 能更好地提高肠道的抗氧化能力，降低全血中自由基含量，维持肠道氧化还原稳态，促进肠道健康发育（于玮，2013）。赵琰（2013）研究发现 HMTBA 对氧自由基的清除能力以及对肝脏脂质过氧化抑制率高于 DLM，可改善肠道氧化还原状态，该研究可能从侧面证明了这一观点。高半胱氨酸亦称同型半胱氨酸，是半胱氨酸的前体物，既然肠道能更有效地转化 HMTBA 为半胱氨酸，则表明添加 HMTBA 与添加 DLM 相比会减少血液中同型半胱氨酸的含量，降低蛋氨酸的毒性作用。

（2）蛋氨酸羟基类似物的酸性结构

HMTBA 是一种酸性较强的短链有机酸，可以充当酸化剂（Poosuwan et al，2015），中和饲粮中的高碱成分，降低胃肠道的 pH，提高消化酶的活性（Kaewtapee et al，2010）。在 Caco-2 细胞上的研究发现降低细胞外 pH 会增加 DLM 的吸收（Martin-Venegas et al，2009），也就是说添加 HMTBA 可能会增加机体对饲料中蛋氨酸的吸收而增强营养效果。HMTBA 还可以作为一种安全有效的抗生素，采用平板法和试管法的试验表明其具有很强的体外抑菌效果，可有效抑制肠源性疾病的主要病原菌如鼠伤寒沙门氏菌、肠炎沙门氏菌、产气荚膜梭菌和空肠弯曲菌（马鑫等，2008）。活体试验表明 HMTBA 对大肠杆菌、坏死性肠炎梭菌、鸡白痢沙门氏菌的抑菌浓度要求很低，可以有效降低仔猪腹泻率（王之盛等，2006）。在热应激条件下，添加这种蛋氨酸源是否可以改善由热应激引起的机体胃肠道致病菌增殖而带来的健康问题不得而知。

有研究发现 G 蛋白偶联受体 GPR120 和 GPR43 能感应肠道细菌代谢产生的短链脂肪酸，其经肠上皮细胞转运后，在给肠道细胞供应能量的同时，也可以增强肠黏膜屏障功能，抑制炎症反应（慕春龙和朱伟云，2013）。还有研究发现，短链脂肪酸可以促进胃肠道胰高血糖素原基因的表达和 GLP-2 的分泌，而 GLP-2 是促进胃肠道运动、吸收、细胞生长和增强肠道适应能力的关键肽生长因子，GLP-2 可以促进隐窝细胞的增生，提高上皮细胞的存活率，提高血流速度，提高营养物质的吸收率和增强肠黏膜的屏障功能（Murphy 和 Bloom，2006）。综上所述，HMTBA 本质上作为一种短链有机酸，也可能存在这样的调控现象。方正锋（2008）的研究表明，仔猪饲粮中添加 HMTBA 显著提高胃中 GLP-2 受体 mRNA 表达水平，这可能一定程度上证明了上述猜测。另外研究发现，在水中添加 HMTBA 可以提高肠道总挥发性脂肪酸含量（Poosuwan et al，2015），因此添加 HMTBA 可能不仅影响消化道前段，而且对后肠段也会有影响，但是具体的机理不清楚。

6. 蛋氨酸水平

研究发现，适宜的蛋氨酸浓度对动物生长具有重要影响。育成期北京鸭饲粮中 0.379% 和 0.377% 的蛋氨酸水平，分别对应着最大胸肌率和最大体增重，并且随着蛋氨酸水平增加，腹脂率呈显著性线性下降（Xie et al，2006）。一篇研究育成期北京鸭蛋氨酸需要量的报道指出，这段时间达到最佳体重、胸肌率的蛋氨酸需要量分别是 0.468%、0.408%（Zeng et al，2015）。出现差异可能与北京鸭生产性能的提高需要更多的营养物质有关。樱桃谷肉鸭育雏期和育成期最大生长速度要求的蛋氨酸浓度分别是 0.413% 和 0.325%（刘苑青，2009）。

蛋氨酸水平影响生产性能和饲料利用效率（Baker 和 Boebel，1980；Dibner et al，1994），这不仅是因为蛋氨酸影响了氨基酸平衡，还因为其本身的毒性作用。研究指出蛋氨酸的毒性作用与蛋氨酸的代谢产物同型半胱氨酸的积累、蛋白质合成受阻和 DNA 过度甲基化关系紧密。同型半胱氨酸可促进血栓形成，是心血管疾病发生的一种诱因（赵贵勇，2009），可能会加重热应激条件下外周血液循环障碍，但是也有研究表明提高蛋氨酸水平会引发心血管疾病，而研究中并没有出现很高的同型半胱氨酸含量（Selhub et al，2016）。另外蛋氨酸水平可能与机体氧化应激状态相关，研究发现限制蛋氨酸摄入会提高鸡肠道连接蛋白的表达量，增强肠道屏障功能及抗氧化应激能力（于玮，2013），缓解氧化应激（Maddineni et al，2013），通过降低线粒体氧自由基的产生而缓解肝脏氧化应激损伤（Ying et al，2015）。蛋氨酸过量会引发机体氧化应激反应（Aissa et al，2014；Tapia-Rojas et al，2015），但是也有报道指出蛋氨酸缺乏会加重小肠的氧化应激（Bauchart-Thevre et al，2009），添加蛋氨酸会增加血清中 SOD 的活性并降低肝脏中 MDA 的含量，增加 GSH/GSSG 的比例（Chen et al，2013）。具体蛋氨酸水平对氧化应激的影响还需要深入研究。

7. 蛋氨酸的来源和水平对热应激北京鸭蛋氨酸代谢和肠道健康的影响

（1）不同来源和水平蛋氨酸对生产性能的影响

试验研究不同来源和水平的蛋氨酸在热应激这一特殊生理状态下的代谢通路变化，以及对肠道健康的影响，以期为热应激条件下提高肉鸭生产效率和蛋氨酸的精准营养提供新的思路，为合理制定缓解肉鸭热应激的调控措施提供科学依据。选用体重相近的 4 日龄雄性北京鸭 720 只，随机分为 6 个日粮处理组，每组包含 6 个重复单元，每个重复单元包含 20 只鸭。包括 3 个水平的 DLM 组，添加量分别为 0.35%、0.20%、0.05%；3 个水平的 HMTBA 组，分别添加对应的等物质的量浓度的 HMTBA。饲养期 35d，自由采食与饮水。4～16d 饲喂育雏期试验饲料，17～35d 饲喂育成期试验饲料。

结果表明，第 16d 饲喂 HMTBA 组体重显著高于 DLM 组。HMTBA 组相比 DLM 组有提高日增重的趋势，且蛋氨酸的添加水平有影响北京鸭料肉比的趋势，添加水平越高料肉比越低（表 1-7）。

（2）不同来源和水平蛋氨酸对血液生理生化指标的影响

4～16d 北京鸭血常规指标显示，添加 HMTBA 相比 DLM 可以显著降低其中性粒细胞的数量；蛋氨酸水平由 0.05% 提高至 0.35% 时，单核细胞数量显著增加；蛋氨酸来源和水平的交互作用显著影响嗜酸细胞数量，其中添加 0.35% 水平的 DLM 组其数量最多（表 1-8）。

0.05% DLM 组相对 0.05% HMTBA 组显著提高了血液中 K^+ 的含量，0.20% HMTBA 组相对 0.05%DLM 组和 0.35%HMTBA 组显著提高其血液中红细胞比容，同时 0.20% 水平的 HMTBA 组也表现出最高含量的血红蛋白。DLM 组相对 HMTBA 组显著提高了 35d 北京鸭血液中 Cl^- 的含量（表 1-9）。

16d 时，蛋氨酸来源与蛋氨酸水平之间的互作关系显著影响谷草转氨酶、谷丙转氨酶以及肌酸激酶的活性，且都在 0.05% 水平的 HMTBA 组中表现出最高活性；在 35d 时，添加 HMTBA 相比 DLM 显著降低了血清中甲状腺素的含量（表 1-10）。

在 35d 时，HMTBA 组会显著提高血清尿酸含量，不同水平的蛋氨酸也会影响血清尿酸含量，其中 0.20% 蛋氨酸组尿酸含量最低；16d 时，HMTBA 会降低血清中尿素含量，不同的蛋氨酸水平也影响了血清中尿素的含量，添加水平越高尿素含量越低，但是在 35d 时，HMTBA 会显著提高血清中尿素含量；不同蛋氨酸来源和水平有影响 35d 血清中甘油三酯含量的互作效应，0.35%DLM 组相对 0.20%DLM 组和 0.05%HMTBA 组显著减少了血清中甘油三酯的含量（表 1-11）。

添加 HMTBA 显著提高了 35d 时血清中总胆汁酸含量，不同的蛋氨酸水平会显著影响 16d 血清中总胆汁酸的浓度（表 1-12）。

表1-7 不同来源和水平蛋氨酸对热应激北京鸭生产性能的影响

项目		蛋氨酸水平	3d 体重/g	16d 体重/g	35d 体重/g	平均日增重（ADG）/g			平均日采食量（ADFI）/g			料肉比（F/G）		
						4～16d	17～35d	4～35d	4～16d	17～35d	4～35d	4～16d	17～35d	4～35d
蛋氨酸来源	DLM	0.05	88.7	652.7	1950.0	46.99	73.00	65.21	70.01	147.09	115.80	1.49	2.02	1.78
		0.20	88.4	652.0	1883.3	46.97	69.46	63.02	68.78	138.47	110.24	1.46	2.00	1.75
		0.35	90.2	641.1	1958.3	45.91	75.63	66.62	67.69	142.43	112.50	1.48	1.89	1.69
	HMTBA	0.05	92.5	659.4	1965.0	47.24	74.79	66.69	70.42	148.20	117.02	1.49	2.00	1.76
		0.20	90.1	655.1	1984.0	47.09	76.95	67.71	69.48	145.89	115.18	1.48	1.90	1.70
		0.35	89.7	663.6	1972.0	47.83	76.22	67.87	67.81	146.91	116.08	1.42	1.93	1.71
主效应	蛋氨酸来源	DLM	89.1	648.6[b]	1930.6	46.63	72.70	64.95	68.83	142.66	112.85	1.48	1.97	1.74
		HMTBA	90.8	659.4[a]	1973.7	47.38	75.98	67.42	69.24	147.00	116.09	1.46	1.94	1.72
	蛋氨酸水平	0.05	93.6	656.0	1957.5	47.12	73.90	65.95	70.22	147.65	116.41	1.49	2.01	1.77
		0.20	89.2	653.6	1933.7	47.03	73.20	65.35	69.13	142.18	112.71	1.47	1.95	1.73
		0.35	90.0	652.4	1965.2	46.87	75.92	67.25	67.75	144.67	114.29	1.45	1.91	1.70
P值	蛋氨酸来源		0.333	0.043	0.223	0.079	0.118	0.064	0.484	0.129	0.070	0.678	0.519	0.530
	蛋氨酸水平		0.799	0.837	0.743	0.886	0.534	0.479	0.134	0.288	0.231	0.232	0.172	0.072
	来源×水平		0.578	0.272	0.509	0.161	0.350	0.481	0.971	0.652	0.676	0.342	0.417	0.510

注：同列字母不同表示差异显著（P<0.05），字母相同表示差异不显著。下表同。

表 1-8　不同来源和水平蛋氨酸对热应激 16d 北京鸭血液常规指标的影响

项目		蛋氨酸水平	红细胞体积分布宽度/%	血小板分布宽度/%	白细胞总数/(×10⁹ 个/L)	中性粒细胞数量/(×10⁹ 个/L)	单核细胞数量/(×10⁹ 个/L)	嗜酸细胞数量/(×10⁹ 个/L)	未染色大细胞数量/(×10⁹ 个/L)
蛋氨酸来源	DLM	0.05	22.65	60.47	170.81	10.02	0.81	1.16^{ab}	2.71
		0.20	23.82	73.62	100.83	11.67	0.58	0.96^{bcd}	1.91
		0.35	21.23	60.75	243.24	15.44	3.86	1.78^{a}	13.02
	HMTBA	0.05	22.86	68.64	89.52	6.18	0.28	0.63^{c}	0.67
		0.20	22.47	60.20	112.45	9.67	0.81	0.98^{bc}	4.52
		0.35	23.13	62.37	103.60	7.64	0.67	0.77^{bc}	1.42
主效应	蛋氨酸来源	DLM	22.57	64.94	171.63	12.38^{a}	1.75	1.30^{a}	5.88
		HMTBA	22.82	63.74	101.86	7.83^{b}	0.59	0.79^{b}	2.20
	蛋氨酸水平	0.05	22.76	64.55	130.17	8.10	0.54^{b}	0.89	1.69
		0.20	23.14	66.91	106.64	10.67	0.69^{ab}	0.97	3.21
		0.35	22.18	61.56	173.42	11.54	2.26^{a}	1.27	7.22
P 值	蛋氨酸来源		0.675	0.733	0.080	0.020	0.056	0.001	0.146
	蛋氨酸水平		0.419	0.457	0.366	0.308	0.044	0.094	0.192
	来源×水平		0.096	0.051	0.277	0.430	0.059	0.023	0.071

表1-9 不同来源和水平蛋氨酸对热应激35d北京鸭血气指标的影响

项目		蛋氨酸水平	Na⁺/(mmol/L)	K⁺/(mmol/L)	Cl⁻/(mmol/L)	Hct/%	Hb/(g/dL)	pH	P_{CO_2}/mmHg①	HCO₃/(mmol/L)
蛋氨酸来源	HMTBA	0.05	142.67	4.48[b]	103.00	25.00[ab]	8.57[ab]	7.36	40.13	23.27
		0.20	144.00	4.98[ab]	104.20	27.40[a]	9.30[a]	7.39	39.92	24.20
		0.35	142.67	4.93[ab]	104.67	24.50[b]	8.25[b]	7.35	40.55	22.52
	DLM	0.05	144.83	5.17[a]	105.67	24.17[b]	8.15[b]	7.39	38.63	22.72
		0.20	145.00	4.77[ab]	108.50	24.83[ab]	8.32[b]	7.42	34.98	22.95
		0.35	146.83	4.82[ab]	107.83	26.17[ab]	8.90[ab]	7.40	37.03	23.55
主效应	蛋氨酸来源	HMTBA	143.06	4.79	103.94[b]	25.53	8.67	7.37	40.22	23.28
		DLM	145.56	4.92	107.33[a]	25.06	8.46	7.40	36.88	23.07
	蛋氨酸水平	0.05	143.75	4.83	104.33	24.58	8.36	7.37	39.38	22.99
		0.20	144.55	4.86	106.55	26.00	8.76	7.41	37.23	23.52
		0.35	144.75	4.88	106.25	25.33	8.58	7.37	38.79	23.03
P值	蛋氨酸来源		0.050	0.359	0.005	0.403	0.263	0.131	0.091	0.655
	蛋氨酸水平		0.773	0.934	0.257	0.207	0.266	0.416	0.705	0.656
	来源×水平		0.558	0.012	0.832	0.054	0.016	0.900	0.763	0.257

注：① 1mmHg=133.3224Pa。
Hct为红细胞比容；Hb为血红蛋白。

表1-10　不同来源和水平蛋氨酸对热应激16d和35d北京鸭血清中热应激敏感指标的影响

项目		蛋氨酸水平	谷草转氨酶(AST)/(U/L)		谷丙转氨酶(ALT)/(U/L)		肌酸激酶(CK)/(U/L)		甲状腺素(T4)/(Pg/mL)		三碘甲腺原氨酸(T3)/(Pg/mL)	
			16d	35d	16d	35d	16d	35d	16d	35d	16d	35d
蛋氨酸来源	DLM	0.05	77.259[b]	84.239	42.406[b]	43.251	1394.657[b]	2012.085	17.147	17.894	0.636	0.694
		0.20	113.878[b]	87.100	51.165[b]	42.271	2386.370[ab]	2287.383	18.640	19.064	0.722	0.727
		0.35	80.640[b]	116.073	43.378[b]	46.756	1956.110[ab]	3000.768	20.067	21.637	0.755	0.764
	HMTBA	0.05	229.932[a]	87.299	82.362[a]	37.746	2725.374[a]	2389.927	18.110	17.128	0.711	0.765
		0.20	92.205[b]	104.910	48.486[b]	45.406	1507.747[b]	2831.057	20.766	16.269	0.714	0.625
		0.35	74.260[b]	103.706	42.346[b]	44.611	1987.002[ab]	2763.418	20.968	17.001	0.725	0.708
主效应	蛋氨酸来源	DLM	90.592[b]	95.804	45.650[b]	44.093	1912.379	2433.412	18.618	19.532[a]	0.704	0.728
		HMTBA	132.132[a]	98.638	57.731[a]	42.588	2073.374	2661.467	19.948	16.799[b]	0.716	0.699
	蛋氨酸水平	0.05	172.680[a]	85.769	67.379[a]	40.499	2226.355	2201.006	17.749	17.511	0.683	0.730
		0.20	103.041[b]	96.005	49.825[b]	43.839	1947.058	2559.220	19.703	17.667	0.718	0.676
		0.35	77.450[b]	109.890	42.862[b]	45.683	1971.556	2882.093	20.517	19.319	0.740	0.736
P值	蛋氨酸来源		0.040	0.836	0.039	0.655	0.556	0.489	0.206	0.001	0.637	0.447
	蛋氨酸水平		0.016	0.358	0.035	0.447	0.945	0.249	0.103	0.099	0.140	0.366
	来源×水平		0.003	0.666	0.011	0.573	0.013	0.593	0.844	0.115	0.265	0.163

表 1-11　不同来源和水平蛋氨酸对热应激 16d 和 35d 北京鸭血清中三大营养物质代谢指标的影响

项目		蛋氨酸水平	葡萄糖（GLU）/(mmol/L)		高密度脂蛋白（HDL）/(mmol/L)		低密度脂蛋白（LDL）/(mmol/L)		尿酸（UA）/(μmol/L)		尿素（UREA）/(mmol/L)		甘油三酯（TG）/(mmol/L)		总胆固醇（TC）/(mmol/L)	
			16d	35d	16d	35d	16d	35d	16d	35d	16d	35d	16d	35d	16d	35d
蛋氨酸来源	DLM	0.05	11.120	9.377	1.898	1.958^a	1.126	0.853	419.430	205.137	1.529	0.603	2.077	1.229^{ab}	4.102	3.360
		0.20	11.285	9.067	2.020	1.621^b	1.314	0.634	404.155	153.612	1.205	0.645	1.519	1.676^b	4.110	2.824
		0.35	10.942	9.620	1.951	1.914^a	1.178	0.893	345.866	167.948	1.008	0.677	1.531	0.867^a	3.929	3.109
	HMTBA	0.05	11.656	10.728	1.914	1.897^a	1.040	0.859	318.118	252.292	1.162	0.794	1.940	1.808^b	3.972	3.516
		0.20	11.010	10.317	1.878	1.919^a	1.157	0.838	399.108	178.698	0.957	0.693	1.762	1.241^{ab}	3.713	3.345
		0.35	10.987	11.048	1.896	1.844^a	1.132	0.855	308.270	241.568	0.873	0.862	1.799	1.349^{ab}	3.710	3.253
主效应	蛋氨酸来源	DLM	11.116	9.354^b	1.956	1.831	1.206	0.793	389.817	175.566^b	1.247^a	0.642^b	1.709	1.257	4.047	3.098
		HMTBA	11.218	10.698^a	1.896	1.887	1.110	0.850	341.832	224.186^a	0.997^b	0.783^a	1.834	1.466	3.798	3.372
	蛋氨酸水平	0.05	11.455	10.053	1.908	1.927^a	1.072	0.856	356.110	228.714^a	1.299^a	0.699	1.991	1.518	4.021	3.438
		0.20	11.148	9.692	1.949	1.770^b	1.235	0.736	401.632	166.155^b	1.081^{ab}	0.669	1.641	1.458	3.911	3.084
		0.35	10.964	10.334	1.923	1.879^{ab}	1.155	0.874	327.068	204.758^a	0.941^b	0.769	1.665	1.108	3.819	3.181
P 值	蛋氨酸来源		0.715	<0.001	0.279	0.247	0.384	0.411	0.143	0.002	0.049	0.006	0.329	0.182	0.223	0.08
	蛋氨酸水平		0.493	0.113	0.821	0.032	0.542	0.218	0.13	0.006	0.047	0.229	0.063	0.076	0.694	0.159
	来源×水平		0.524	0.956	0.525	0.004	0.899	0.320	0.502	0.411	0.753	0.393	0.404	0.020	0.856	0.518

表 1-12 不同来源和水平蛋氨酸对热应激 16d 和 35d 北京鸭血清中总胆汁酸的影响

项目		蛋氨酸水平	总胆汁酸(TBA)/(μmol/L)	
			16d	35d
蛋氨酸来源	DLM	0.05	43.633	23.067
		0.20	31.600	22.383
		0.35	27.317	17.833
	HMTBA	0.05	52.140	30.350
		0.20	36.850	21.033
		0.35	30.520	26.200
主效应	蛋氨酸来源	DLM	34.183	21.094[b]
		HMTBA	39.837	25.861[a]
	蛋氨酸水平	0.05	48.950[a]	26.708
		0.20	34.225[b]	21.708
		0.35	28.918[b]	22.017
P 值	蛋氨酸来源		0.146	0.025
	蛋氨酸水平		0.002	0.094
	来源×水平		0.859	0.117

(3) 不同来源和水平蛋氨酸对饲料酸结合力和消化道 pH 及腺胃分泌胃酸关键基因表达的影响

对于前期饲料，在 0.05% 和 0.20% 水平，添加 HMTBA 相比 DLM 降低了饲料的 pH 值。对于后期饲料，在 0.20% 和 0.35% 水平，添加 HMTBA 相比 DLM 降低了饲料的 pH 值（表 1-13）。

表 1-13 前期和后期饲料 pH 和酸结合力测定值

蛋氨酸来源	蛋氨酸水平	前期饲料		后期饲料	
		pH	酸结合力	pH	酸结合力
DLM	0.05	6.01	31.30	5.89	25.00
	0.20	5.89	30.80	5.99	25.30
	0.35	5.59	27.30	6.01	25.00
HMTBA	0.05	5.93	32.20	5.99	21.90
	0.20	5.83	30.00	5.76	24.80
	0.35	5.78	28.60	5.65	18.90

由表 1-14 可知，添加 HMTBA 相比 DLM 显著降低 16d 北京鸭回肠 pH 值，添加的蛋氨酸来源和水平会影响 16d 肌胃食糜的 pH 值，0.35% 水平和 0.20% 水平相对于 0.05% 水平显著提高了其 pH 值。饲料中添加 DLM 相比 HMTBA 可以显著降低 35d 北京鸭肌胃食糜的 pH 值，添加 0.35% 水平蛋氨酸相比于 0.05% 水平蛋氨酸显著降低了 35d 北京鸭回肠

pH 值。我们猜测回肠 pH 的显著降低可能是因为挥发性脂肪酸含量的增加。

表 1-14 不同来源和水平蛋氨酸对热应激北京鸭消化道食糜 pH 的影响

项目		蛋氨酸水平	肌胃		空肠		回肠	
			16d	35d	16d	35d	16d	35d
蛋氨酸来源	DLM	0.05	3.43	2.65	5.88	6.17	7.32	7.01
		0.20	3.81	2.82	5.85	6.17	7.32	6.89
		0.35	4.30	2.16	5.98	6.18	7.12	6.82
	HMTBA	0.05	3.40	2.99	5.92	6.18	7.09	6.90
		0.20	4.00	2.89	5.79	6.11	6.92	6.81
		0.35	3.60	3.41	5.93	6.18	7.10	6.70
主效应	蛋氨酸来源	DLM	3.85	2.54[b]	5.90	6.18	7.25[a]	6.90
		HMTBA	3.67	3.10[a]	5.88	6.16	7.04[b]	6.80
	蛋氨酸水平	0.05	3.42[b]	2.82	5.90	6.18	7.22	6.95[a]
		0.20	3.91[a]	2.86	5.82	6.14	7.10	6.85[ab]
		0.35	3.95[a]	2.79	5.95	6.18	7.11	6.76[b]
P 值	蛋氨酸来源		0.300	0.025	0.711	0.802	0.006	0.110
	蛋氨酸水平		0.029	0.972	0.111	0.913	0.506	0.049
	来源×水平		0.104	0.123	0.645	0.931	0.109	0.942

由表 1-15 可知，16d 时添加 HMTBA 相比 DLM 有提高肌胃食糜蛋白酶活性的趋势，不同水平之间没有显著影响；35d 时添加 HMTBA 相比 DLM 有降低肌胃食糜蛋白酶活性的趋势，蛋氨酸水平和来源之间的互作关系有影响肌胃食糜蛋白酶活性的趋势。

表 1-15 不同来源和水平蛋氨酸对热应激 16d 和 35d 北京鸭消化道食糜消化酶活性的影响

项目		蛋氨酸水平	肌胃食糜胃蛋白酶/(U/mg)		空肠食糜脂肪酶/(U/g)	
			16d	35d	16d	35d
蛋氨酸来源	DLM	0.05	2.14	5.08	76.67	111.58
		0.20	2.38	2.22	87.81	118.17
		0.35	1.55	5.21	95.71	97.32
	HMTBA	0.05	3.63	2.12	71.42	104.09
		0.20	3.11	3.80	106.08	96.52
		0.35	2.41	1.55	94.81	123.78
主效应	蛋氨酸来源	DLM	2.03	4.17	86.73	109.02
		HMTBA	3.05	2.49	90.77	108.13
	蛋氨酸水平	0.05	2.89	3.73	74.05	107.84
		0.20	2.75	2.93	97.77	107.35
		0.35	1.98	3.38	95.26	110.55

续表

项目	蛋氨酸水平	肌胃食糜胃蛋白酶/(U/mg)		空肠食糜脂肪酶/(U/g)	
		16d	35d	16d	35d
	蛋氨酸来源	0.100	0.094	0.716	0.941
P 值	蛋氨酸水平	0.431	0.884	0.180	0.972
	来源×水平	0.859	0.074	0.662	0.251

由表 1-16 可知，蛋氨酸水平显著影响 16d 和 35d H^+-K^+-ATPase 基因的表达，0.35% 和 0.20% 水平组相对 0.05% 水平组在 16d 时显著下调其基因的表达量，0.35% 水平组相对 0.05% 水平组在 35d 时显著降低了其基因的表达量。

表 1-16　不同来源和水平蛋氨酸对热应激 16d 和 35d 的北京鸭腺胃
H^+-K^+-ATPase 基因表达量的影响

项目		蛋氨酸水平	H^+-K^+-ATPase 基因表达量	
			16d	35d
蛋氨酸来源	DLM	0.05	1.000	1.000
		0.20	0.633	0.699
		0.35	0.230	0.520
	HMTBA	0.05	1.234	0.736
		0.20	0.650	0.627
		0.35	0.614	0.509
主效应	蛋氨酸来源	DLM	0.621	0.740
		HMTBA	0.833	0.624
	蛋氨酸水平	0.05	1.117[a]	0.868[a]
		0.20	0.641[b]	0.663[ab]
		0.35	0.422[b]	0.515[b]
P 值	蛋氨酸来源		0.130	0.183
	蛋氨酸水平		0.001	0.007
	来源×水平		0.548	0.455

（4）不同来源和水平蛋氨酸对机体蛋氨酸代谢及血清氧化还原状态的影响

蛋氨酸来源和水平之间的互作对 16d 和 35d 血清 MDA 含量有显著影响，且都在 0.35%DLM 组呈现出最高含量；添加 DLM 相对 HMTBA 显著提高 35d 总谷胱甘肽的含量，蛋氨酸来源和水平之间的互作效应会影响 16d 总谷胱甘肽含量，0.05% 水平的 HMTBA 组其含量最高；在 35d 时蛋氨酸来源与水平存在影响血清中牛磺酸含量的互作关系，其中高水平 DLM 组牛磺酸含量最高；蛋氨酸来源和水平之间有影响 16d 血清中同型半胱氨酸含量的互作效应，0.20% 水平 HMTBA 组的同型半胱氨酸含量最低（表 1-17）。我们推断，这可能是因为 HMTBA 的生物功效和吸收受到高温的负面影响，这与 Rostagno 等人的研究一致（Rostagno et al，1995）。

表1-17　不同来源和水平蛋氨酸对热应激16d和35d北京鸭血清中氧化还原状态指标的影响

项目		蛋氨酸水平	丙二醛(MDA)/ (nmol/mL)		谷胱甘肽过氧化物酶 (GSH-Px)/(U/mL)		总谷胱甘肽 (T-GSH)/(μmol/L)		牛磺酸/ (μmol/L)	
			16d	35d	16d	35d	16d	35d	16d	35d
蛋氨酸来源	DLM	0.05	2.083^{cd}	2.238^{b}	611.25	741.82	1.516^{c}	1.011	42.286	35.862^{c}
		0.20	4.151^{abc}	2.111^{b}	612.09	772.45	1.637^{bc}	1.088	44.984	37.419^{c}
		0.35	4.691^{ab}	7.639^{a}	704.87	659.58	2.122^{ab}	1.183	47.913	47.539^{a}
	HMTBA	0.05	3.818^{abc}	3.476^{b}	544.91	733.00	2.384^{a}	0.392	41.362	41.336^{b}
		0.20	1.319^{d}	2.778^{b}	582.27	760.40	1.899^{abc}	0.581	44.371	44.018^{b}
		0.35	2.893^{bcd}	4.375^{b}	614.53	701.76	1.948^{abc}	0.642	42.193	42.238^{b}
主效应	蛋氨酸来源	DLM	3.642	3.996	642.74	724.62	1.758^{b}	1.094^{a}	45.061	40.273^{b}
		HMTBA	2.677	3.543	580.57	731.72	2.077^{a}	0.538^{b}	42.642	42.531^{a}
	蛋氨酸水平	0.05	2.951	2.857^{b}	569.79	737.81	1.950	0.702	41.708	38.599^{b}
		0.20	2.735	2.444^{b}	598.54	766.42	1.768	0.835	44.678	40.718^{b}
		0.35	3.792	6.007^{a}	655.60	680.67	2.035	0.912	45.053	44.888^{a}
P值	蛋氨酸来源		0.137	0.530	0.106	0.846	0.033	0.003	0.099	0.025
	蛋氨酸水平		0.288	<0.001	0.183	0.155	0.257	0.600	0.186	<0.001
	来源×水平		0.030	0.029	0.774	0.789	0.030	0.963	0.232	<0.001

（5）不同来源和水平蛋氨酸对肠道健康相关指标的影响

0.35%水平的蛋氨酸相对0.20%水平显著增加16d十二指肠的绒毛高度及其与隐窝深度的比值；添加的蛋氨酸来源和水平对35d十二指肠的绒毛高度和其与隐窝深度的比值存在互作影响，且0.20%水平DLM组十二指肠具有最大的绒毛高度和其与隐窝深度的比值；相对添加HMTBA，添加DLM可以显著降低35d空肠隐窝深度，同时增加绒毛高度与其的比值；不同的蛋氨酸来源和水平对16d回肠绒毛高度和隐窝深度的影响存在互作效应，0.05%水平HMTBA组表现出最大的绒毛高度和隐窝深度；相对添加DLM，添加HMTBA可以显著降低35d回肠隐窝深度和增加绒毛高度与其的比值（表1-18、表1-19、表1-20）；添加的蛋氨酸来源和水平显著影响16d回肠黏膜的MDA含量，0.20%水平相对其他两个水平显著增加MDA含量；蛋氨酸水平和来源存在影响16d空肠黏膜MDA含量的互作效应，0.35%水平DLM组的MDA含量最高（表1-21）。

表1-18　不同来源和水平蛋氨酸对热应激16d和35d北京鸭十二指肠形态的影响

项目		蛋氨酸水平	绒毛高度/mm		隐窝深度/μm		肌层厚度/μm		绒毛高度 /隐窝深度	
			16d	35d	16d	35d	16d	35d	16d	35d
蛋氨酸来源	DLM	0.05	1024.75	1045.43^{ab}	237.76	222.04	303.29	274.30	4.42	4.88^{ab}
		0.20	931.29	1286.81^{cd}	214.26	240.21	318.59	325.46	4.40	5.60^{bc}
		0.35	1097.03	1122.61^{bc}	214.05	237.02	309.18	367.02	5.31	4.77^{ab}

续表

项目		蛋氨酸水平	绒毛高度/mm		隐窝深度/μm		肌层厚度/μm		绒毛高度/隐窝深度	
			16d	35d	16d	35d	16d	35d	16d	35d
蛋氨酸来源	HMTBA	0.05	943.88	987.18^{ab}	233.65	205.73	278.86	284.56	4.19	4.92^{ab}
		0.20	933.46	846.45^{a}	219.26	214.20	288.56	313.30	4.39	4.14^{a}
		0.35	1012.29	1002.14^{ab}	220.12	196.20	317.38	281.88	4.70	5.18^{ab}
主效应	蛋氨酸来源	DLM	1017.69	1151.62^{b}	222.02	233.09^{b}	310.35	322.26	4.71	5.09
		HMTBA	963.21	945.25^{a}	224.34	205.38^{a}	294.93	293.25	4.43	4.75
	蛋氨酸水平	0.05	984.31^{ab}	1010.48	235.71	212.25	291.07	280.46	4.30^{a}	4.91
		0.20	932.48^{a}	1066.63	216.99	227.20	302.21	319.38	4.39^{a}	4.87
		0.35	1058.51^{b}	1056.89	216.81	214.75	312.91	320.58	5.03^{b}	5.00
P 值	蛋氨酸来源		0.134	0.001	0.798	0.001	0.344	0.137	0.242	0.263
	蛋氨酸水平		0.032	0.723	0.154	0.331	0.527	0.139	0.044	0.952
	来源×水平		0.538	0.016	0.876	0.450	0.588	0.122	0.591	0.030

表 1-19　不同来源和水平蛋氨酸对热应激 16d 和 35d 北京鸭空肠肠道形态的影响

项目		蛋氨酸水平	绒毛高度/mm		隐窝深度/μm		肌层厚度/μm		绒毛高度/隐窝深度	
			16d	35d	16d	35d	16d	35d	16d	35d
蛋氨酸来源	DLM	0.05	642.37	744.49	185.10	142.17	304.35	264.10	3.58	5.35
		0.20	620.03	899.72	191.05	155.41	295.82	304.64	3.34	5.97
		0.35	636.08	862.97	179.33	151.04	346.05	305.24	3.62	5.86
	HMTBA	0.05	666.54	818.86	181.23	170.95	284.00	275.10	3.80	5.07
		0.20	633.96	916.84	199.21	179.61	330.56	332.28	3.28	5.25
		0.35	633.61	898.67	164.25	212.45	308.01	302.89	3.93	4.36
主效应	蛋氨酸来源	DLM	632.83	835.73	185.16	149.54^{b}	315.41	291.33	3.51	5.73^{b}
		HMTBA	644.71	878.12	181.57	187.67^{a}	307.52	303.43	3.67	4.89^{a}
	蛋氨酸水平	0.05	654.46	778.30	183.17	155.25	293.25	269.10^{a}	3.69	5.22
		0.20	627.00	909.23	195.13	168.85	311.61	320.00^{b}	3.31	5.57
		0.35	634.85	879.20	171.79	178.95	327.03	304.18^{ab}	3.77	5.18
P 值	蛋氨酸来源		0.737	0.36	0.669	0.002	0.552	0.407	0.386	0.008
	蛋氨酸水平		0.805	0.074	0.089	0.161	0.136	0.029	0.096	0.369
	来源×水平		0.952	0.872	0.529	0.315	0.078	0.706	0.696	0.219

表 1-20 不同来源和水平蛋氨酸对热应激 16d 和 35d 北京鸭回肠肠道形态的影响

项目		蛋氨酸水平	绒毛高度/mm		隐窝深度/μm		肌层厚度/μm		绒毛高度/隐窝深度	
			16d	35d	16d	35d	16d	35d	16d	35d
蛋氨酸来源	DLM	0.05	478.74[a]	590.26	105.32[a]	141.98	307.14	256.90	4.69	4.24
		0.20	477.33[a]	606.98	117.01[ab]	149.79	316.27	276.26	4.18	4.19
		0.35	472.31[a]	561.89	114.28[a]	138.51	329.60	312.23	4.19	4.16
	HMTBA	0.05	570.38[b]	570.20	139.48[bc]	118.92	317.83	249.23	4.34	4.93
		0.20	441.92[a]	648.14	105.90[a]	133.67	291.51	313.29	4.39	4.95
		0.35	491.40[a]	592.30	114.47[a]	137.34	313.83	295.48	4.35	4.46
主效应	蛋氨酸来源	DLM	476.13	586.37	112.20	143.43[b]	317.67	281.80	4.35	4.20[a]
		HMTBA	501.23	603.55	119.95	129.98[a]	307.72	286.00	4.36	4.78[b]
	蛋氨酸水平	0.05	524.56[b]	579.32	122.40	129.40	312.48	252.72[a]	4.51	4.61
		0.20	459.63[a]	627.56	111.45	141.73	302.76	294.77[b]	4.29	4.57
		0.35	481.85[ab]	577.09	114.38	137.93	558.81	303.86[b]	4.27	4.31
P 值	蛋氨酸来源		0.222	0.667	0.235	0.044	0.500	0.779	0.978	0.038
	蛋氨酸水平		0.040	0.506	0.363	0.362	0.615	0.023	0.528	0.639
	来源×水平		0.049	0.802	0.019	0.372	0.591	0.291	0.441	0.748

表 1-21 不同来源和水平蛋氨酸对热应激 16d 和 35d 北京鸭肠道黏膜 MDA 含量的影响

项目		蛋氨酸水平	十二指肠黏膜/(nmol/mg)		空肠黏膜/(nmol/mg)		回肠黏膜/(nmol/mg)	
			16d	35d	16d	35d	16d	35d
蛋氨酸来源	DLM	0.05	0.253	0.190	0.219[a]	0.191	0.379	0.354
		0.20	0.251	0.187	0.250[ab]	0.195	0.494	0.377
		0.35	0.339	0.214	0.294[b]	0.223	0.409	0.377
	HMTBA	0.05	0.283	0.210	0.225[a]	0.197	0.436	0.337
		0.20	0.280	0.193	0.243[a]	0.218	0.481	0.368
		0.35	0.284	0.192	0.212[a]	0.197	0.459	0.393
主效应	蛋氨酸来源	DLM	0.281	0.197	0.255[b]	0.203	0.428	0.369
		HMTBA	0.282	0.198	0.226[a]	0.204	0.459	0.366
	蛋氨酸水平	0.05	0.268	0.200	0.222	0.194	0.408[a]	0.346
		0.20	0.265	0.190	0.246	0.207	0.487[b]	0.373
		0.35	0.314	0.203	0.249	0.210	0.434[a]	0.385
P 值	来源		0.934	0.915	0.038	0.918	0.145	0.894
	水平		0.115	0.689	0.141	0.287	0.012	0.371
	来源×水平		0.138	0.400	0.022	0.065	0.323	0.824

　　蛋氨酸水平显著影响 16d 十二指肠 IL-1β、GHR、HSP70、ZO-1 基因的表达量，蛋氨酸水平的增加可以上调这些基因的表达量；相较于 HMTBA 组，DLM 组显著上调 16d 空肠 GHR 基因表达；0.35% 水平的蛋氨酸相对 0.05% 水平显著增加 16d 空肠 GLP-2R 基因表达；蛋氨酸水平显著影响 16d 回肠 IL-1β、HSP70 基因的表达，0.35% 水平蛋氨酸相对其他两个水平显著上调 IL-1β、HSP70 基因的表达（表 1-22、表 1-23、表 1-24）；DLM 组显著上调 35d 十二指肠 GHR、GLP-2R 基因表达量；蛋氨酸水平和来源有影响 35d 空肠 IGF-1、GHR、ZO-1、GLP-2R 基因表达的互作效应，0.35% 水平 DLM 组 IGF-1、GHR、ZO-1、GLP-2R 基因的表达量都是最高水平；蛋氨酸水平显著影响 35d 回肠 ZO-1 基因表达，0.35% 水平组相对其他两个组显著上调 ZO-1 基因表达（表 1-25、表 1-26、表 1-27）。

表 1-22　不同来源和水平蛋氨酸对热应激 16d 北京鸭十二指肠相关基因表达量的影响

项目		蛋氨酸水平	IL-1β 基因	GHR 基因	IGF-1 基因	HSP70 基因	ZO-1 基因	GLP-2R 基因
蛋氨酸来源	DLM	0.05	1.000	1.000	1.000	1.000	1.000	1.000
		0.20	3.059	1.549	1.008	1.352	1.705	0.980
		0.35	5.313	1.663	1.079	1.465	2.851	1.398
	HMTBA	0.05	0.370	1.062	0.986	0.438	0.919	1.162
		0.20	1.082	1.256	1.049	1.087	1.108	1.530
		0.35	1.614	1.245	1.052	1.504	1.299	1.412
主效应	蛋氨酸来源	DLM	3.124[b]	1.404	1.029	1.273[b]	1.852[b]	1.126
		HMTBA	1.022[a]	1.188	1.029	1.010[a]	1.109[a]	1.368
	蛋氨酸水平	0.05	0.714[a]	1.028[a]	0.993	0.744[a]	0.963[a]	1.074
		0.20	2.071[ab]	1.403[b]	1.029	1.220[b]	1.407[ab]	1.255
		0.35	3.464[b]	1.454[b]	1.064	1.485[b]	2.075[b]	1.405
P 值	蛋氨酸来源		0.001	0.104	0.999	0.039	0.029	0.067
	蛋氨酸水平		0.002	0.026	0.900	<0.001	0.030	0.137
	来源×水平		0.114	0.312	0.973	0.154	0.191	0.215

表 1-23　不同来源和水平蛋氨酸对热应激 16d 北京鸭空肠相关基因表达量的影响

项目		蛋氨酸水平	IL-1β 基因	GHR 基因	IGF-1 基因	HSP70 基因	ZO-1 基因	GLP-2R 基因
蛋氨酸来源	DLM	0.05	1.000[b]	1.000	1.000	0.891[c]	1.000[b]	1.000
		0.20	0.482[a]	1.274	1.119	0.731[bc]	0.778[ab]	0.970
		0.35	0.607[ab]	1.124	1.507	0.697[bc]	0.928[b]	1.024
	HMTBA	0.05	0.298[a]	0.734	1.075	0.258[a]	0.571[a]	0.587
		0.20	0.408[a]	0.634	1.134	0.520[ab]	0.644[a]	0.858
		0.35	0.905[b]	1.080	1.075	1.270[d]	1.073[b]	1.166
主效应	蛋氨酸来源	DLM	0.696	1.133[b]	1.209	0.773	0.902	0.998
		HMTBA	0.537	0.816[a]	1.095	0.683	0.763	0.870

续表

项目		蛋氨酸水平	IL-1β 基因	GHR 基因	IGF-1 基因	HSP70 基因	ZO-1 基因	GLP-2R 基因
主效应	蛋氨酸水平	0.05	0.649[ab]	0.867	1.038	0.575[a]	0.786[a]	0.794[a]
		0.20	0.445[a]	0.954	1.126	0.626[a]	0.711[a]	0.914[ab]
		0.35	0.756[b]	1.102	1.291	0.983[b]	1.001[b]	1.095[b]
P 值	蛋氨酸来源		0.133	0.003	0.343	0.257	0.103	0.196
	蛋氨酸水平		0.058	0.152	0.222	<0.001	0.021	0.050
	来源×水平		0.002	0.055	0.177	<0.001	0.028	0.079

表 1-24　不同来源和水平蛋氨酸对热应激 16d 北京鸭回肠相关基因表达量的影响

项目		蛋氨酸水平	IL-1β 基因	GHR 基因	IGF-1 基因	HSP70 基因	ZO-1 基因	GLP-2R 基因
蛋氨酸来源	DLM	0.05	1.000	1.000[a]	1.000	1.000	1.000[a]	1.000[a]
		0.20	0.905	1.263[a]	1.262	0.966	1.025[a]	1.004[a]
		0.35	3.419	2.839[c]	2.647	1.857	1.796[b]	2.479[c]
	HMTBA	0.05	1.155	1.566[ab]	0.538	1.050	1.456[b]	1.586[ab]
		0.20	2.020	2.396[bc]	3.559	1.389	1.608[b]	1.891[bc]
		0.35	2.832	1.532[ab]	1.476	2.158	1.492[b]	1.592[ab]
主效应	蛋氨酸来源	DLM	1.775	1.701	1.636	1.274	1.274[a]	1.494
		HMTBA	2.002	1.831	1.858	1.532	1.519[b]	1.690
	蛋氨酸水平	0.05	1.078[a]	1.283[a]	0.769	1.025[a]	1.228[a]	1.293[a]
		0.20	1.462[a]	1.830[ab]	2.411	1.178[a]	1.317[a]	1.447[a]
		0.35	3.125[b]	2.186[b]	2.062	2.008[b]	1.644[b]	2.036[b]
P 值	蛋氨酸来源		0.517	0.611	0.789	0.252	0.043	0.275
	蛋氨酸水平		<0.001	0.024	0.244	0.002	0.016	0.004
	来源×水平		0.150	0.001	0.207	0.782	0.008	0.001

表 1-25　不同来源和水平蛋氨酸对热应激 35d 北京鸭十二指肠相关基因表达量的影响

项目		蛋氨酸水平	IL-1β 基因	IGF-1 基因	GHR 基因	HSP70 基因	ZO-1 基因	GLP-2R 基因
蛋氨酸来源	DLM	0.05	1.000	1.000	1.000	1.000[a]	1.000	1.000
		0.20	1.804	2.002	1.088	2.576[a]	1.348	1.273
		0.35	1.964	1.948	1.434	2.428[a]	1.802	1.829
	HMTBA	0.05	1.391	1.269	0.572	3.879[a]	0.878	0.579
		0.20	3.311	1.988	0.882	2.129[a]	1.298	1.058
		0.35	3.524	1.409	0.782	8.883[b]	1.177	1.430
主效应	蛋氨酸来源	DLM	1.589[a]	1.650	1.174[b]	2.001[a]	1.383	1.367[b]
		HMTBA	2.742[b]	1.555	0.745[a]	4.964[b]	1.118	1.022[a]
	蛋氨酸水平	0.05	1.195[a]	1.135[a]	0.786[a]	2.440[a]	0.939[a]	0.789[a]
		0.20	2.558[b]	1.995[b]	0.985[ab]	2.353[a]	1.323[b]	1.166[a]
		0.35	2.744[b]	1.679[ab]	1.108[b]	5.655[b]	1.489[b]	1.630[b]

续表

项目		蛋氨酸水平	IL-1β基因	IGF-1基因	GHR基因	HSP70基因	ZO-1基因	GLP-2R基因
P 值	蛋氨酸来源		0.033	0.712	0.001	0.006	0.092	0.046
	蛋氨酸水平		0.040	0.031	0.095	0.016	0.019	0.001
	来源×水平		0.583	0.429	0.317	0.028	0.260	0.857

表 1-26　不同来源和水平蛋氨酸对热应激 35d 北京鸭空肠相关基因表达量的影响

项目		蛋氨酸水平	IL-1β基因	IGF-1基因	GHR基因	HSP70基因	ZO-1基因	GLP-2R基因
蛋氨酸来源	DLM	0.05	1.000[abc]	1.000[a]	1.000[bc]	1.000	1.000[ab]	1.000[a]
		0.20	0.709[ab]	0.815[a]	0.647[a]	0.839	0.753[a]	0.719[a]
		0.35	1.337[bc]	1.555[b]	1.293[c]	2.067	1.341[c]	1.484[b]
	HMTBA	0.05	0.799[ab]	0.754[a]	0.661[a]	2.484	0.908[a]	0.660[a]
		0.20	1.649[c]	1.082[a]	1.111[c]	1.455	1.263[bc]	1.040[a]
		0.35	0.422[a]	0.804[a]	0.797[ab]	5.126	0.756[a]	0.712[a]
主效应	蛋氨酸来源	DLM	1.015	1.124[b]	0.980	1.302[a]	1.031	1.068[b]
		HMTBA	0.957	0.880[a]	0.856	3.022[b]	0.976	0.804[a]
	蛋氨酸水平	0.05	0.900	0.877[a]	0.831[a]	1.742[a]	0.954	0.830
		0.20	1.179	0.949[ab]	0.879[ab]	1.147[a]	1.008	0.879
		0.35	0.879	1.180[b]	1.045[b]	3.597[b]	1.048	1.098
P 值	蛋氨酸来源		0.784	0.037	0.140	0.009	0.463	0.019
	蛋氨酸水平		0.443	0.085	0.096	0.008	0.593	0.109
	来源×水平		0.004	0.003	<0.001	0.275	<0.001	0.001

表 1-27　不同来源和水平蛋氨酸对热应激 35d 北京鸭回肠相关基因表达量的影响

项目		蛋氨酸水平	IL-1β基因	IGF-1基因	GHR基因	HSP70基因	ZO-1基因	GLP-2R基因
蛋氨酸来源	DLM	0.05	1.000	1.000	1.000[a]	1.000[a]	1.000	1.000[a]
		0.20	1.549	1.070	0.802[a]	0.934[a]	0.914	0.868[a]
		0.35	3.158	1.704	1.511[b]	2.201[a]	1.492	1.674[b]
	HMTBA	0.05	3.144	1.361	1.001[a]	4.839[a]	1.073	1.091[a]
		0.20	1.771	1.163	0.991[a]	1.567[a]	1.105	1.047[a]
		0.35	1.983	1.291	1.066[a]	10.020[b]	1.158	0.901[a]
主效应	蛋氨酸来源	DLM	1.902	1.258	1.105	1.378[a]	1.135	1.181
		HMTBA	2.299	1.272	1.019	5.475[b]	1.112	1.013
	蛋氨酸水平	0.05	2.072	1.181	1.000[a]	2.920[a]	1.037[a]	1.045
		0.20	1.660	1.116	0.897[a]	1.250[a]	1.010[a]	0.958
		0.35	2.571	1.497	1.288[b]	6.110[b]	1.325[b]	1.287
P 值	蛋氨酸来源		0.479	0.935	0.425	0.002	0.833	0.301
	蛋氨酸水平		0.416	0.156	0.014	0.009	0.048	0.232
	来源×水平		0.064	0.177	0.056	0.070	0.141	0.039

在夏季环境条件下，北京鸭饲养前期用 HMTBA 来作为蛋氨酸源有助于提高采食量和体重。添加 0.35％水平的蛋氨酸可以上调肠道 IGF-1、GHR、ZO-1、GLP-2R、HSP70 基因的表达，有助于高温下北京鸭肠道形态的发育。但是，过量添加蛋氨酸会抑制胃酸的分泌。

（二）有机铬

1. 铬的生物学形式

铬元素最早是由法国化学家 Luis Vaupuelin 在 1797 年发现的，当时被认为是有毒元素，甚至是致癌物。直到 Mertz 和 Schwarz 在 1959 年发现三价铬是组成葡萄糖耐量因子（glucose tolerance factor，GTF）的成分并作为活性成分发挥作用，铬的生物学功能才被人们所重视（Mertz et al，1974）。铬有多种价态，如＋2、＋3、＋6，在生物体内 Cr^{3+} 最稳定，Cr^{6+} 有毒。在生物体内，Cr^{3+} 与较弱的有机配体或无机配体结合，最主要是与六个配体结合，形成易溶解的络合物而发挥生物活性作用。生物体中的铬主要以三价形态存在，这是由于有机物具有如 GSH 等还原系统的作用，将六价铬还原为三价铬且保持其还原状态。GTF 主要是由三价铬、烟酸和谷氨酸、甘氨酸、半胱氨酸组成，是以烟酸-Cr^{3+}-烟酸为轴心、三种氨基酸为配体的物质（周保学等，1995）。Cr^{3+} 是动物体内的必需微量元素，主要是作为 GTF 的成分而广泛参与体内的反应，也是葡萄糖代谢过程中所必需的一种元素。铬的研究在过去几十年中进展缓慢，而在近年来受到广泛关注。

2. 铬的吸收和代谢

铬在动物体内主要是以被动扩散的形式在小肠中被吸收，形成配体的能力很强，主要以小分子铬的有机配合物通过肠黏膜进入到小肠内。铬在吸收后由转铁蛋白运输到肝脏和其他组织中而被利用（朱良印等，2006）。铬的吸收部位主要在小肠中部，其次是回肠和十二指肠。吸收后的铬停留在血中的时间较短，贮存在肝脏中。铬在肾脏中不能被重吸收，以尿液形式排出，少量通过胆汁粪便排出，因此尿中的铬含量可较好地反映铬在机体内的代谢及消耗情况。

铬在机体内的吸收效率受多种因素影响，如铬的形式、动物年龄、生理状况、饲料成分等。铬有两种形式，即有机铬和无机铬，其中无机铬存在于氯化铬、三氧化二铬中，有机铬存在于酵母铬、吡啶羧酸铬、烟酸铬及氨基酸铬中。饲料中的铬一般以有机形式存在。无机铬在动物胃肠道很难被吸收，吸收率仅为 0.4％～3.0％，而有机铬容易被机体吸收，吸收率可达 10％～25％。有机铬中，三价铬比六价铬更易被吸收。小鼠对铬的吸收率随年龄增长而降低。高糖、剧烈运动、怀孕和哺乳也可促进铬的排出。另外，动物处于应激状态时，葡萄糖代谢增加导致铬动员增多，从而增加了铬的需要量（徐海军等，2010）。同时应激对小肠肠道的状态有不利影响，使铬的吸收率下降。饲料中的其他成分，如蛋白质、氨基酸、烟酸、维生素 C 可与铬形成可溶性物质促进其吸收，反之高碳水化合物、植酸盐、脂类会增加铬的需要量。

3. 铬的功能

（1）参与三大营养物质的代谢

糖代谢：铬是机体 GTF 的主要活性成分，能够增强胰岛素的功能，刺激外周组织如脂肪组织对葡萄糖的利用，促进肝糖原的合成，从而降低血糖水平（唐利华等，2010）。脂肪代谢：铬不但可以通过调控脂肪代谢中的关键酶如脂蛋白酯酶、卵磷脂胆固醇酰基转移酶等的活性来直接影响脂类代谢，还可以通过调节胰岛素的活性间接来发挥调节脂肪代谢的作用。王丹莉等（2000）研究表明高温下在肉鸡日粮中添加吡啶羧酸铬可显著降低8周龄肉鸡的血清尿素氮、胆固醇、高密度脂蛋白胆固醇含量和腹脂率。蛋白质代谢：铬一方面提高葡萄糖利用效率从而减少生糖氨基酸的分解，另一方面通过影响胰岛素、生长激素等激素的活性间接促进蛋白质合成。添加铬可降低血清尿素氮水平，促进蛋白质沉积。郑艺梅等（2004）研究发现，在热应激蛋鸡日粮中添加铬可提高腿肌和胸肌中蛋白质含量，减少脂肪的沉积量。

（2）促进免疫功能

皮质醇是能够抑制机体生长和免疫功能的一种激素，可抑制葡萄糖氧化，降低糖的利用率，抑制机体的免疫系统。铬可通过影响 T 淋巴细胞、B 淋巴细胞、巨噬细胞、细胞因子的产生来增强免疫反应（Richa et al，2002），促进机体免疫器官如脾脏和腔上囊的发育，铬还能显著提高动物的 IgG、IgM 等抗体水平，增强动物免疫力。Burton 等（1993）研究发现在日粮中加铬可以增强应激奶牛的免疫反应。佘于明等（1998）研究发现，在肉鸡日粮中补加酵母铬可显著提高热应激肉鸡中牛血清白蛋白抗体效价，罗绪刚等（2002）、张彩虹等（2009a）和程玉芳等（2011）也有相似的研究结果。

（3）抗应激作用

铬可以提高动物的抗应激能力。应激反应越强或者应激持续时间越长，动物体内铬的动员越多，从而导致机体处于缺铬状态。应激导致皮质酮激素分泌的增多，使机体生长和免疫功能都受到抑制，因此补铬有预防和抗应激的作用。

4. 铬改善家禽热应激的相关研究

热应激是家禽养殖中的热点问题，对补铬的研究较多。在热应激肉鸡日粮中补加酵母铬可提高血浆和肝脏抑制羟自由基的能力，减少 MDA 生成，提高血清和肝脏组织中 GSH-Px、T-SOD 的活性（张彩虹等，2009b）。Kazim 等（2002）研究发现在热应激肉鸡日粮中添加铬可提高其体重、采食量、胴体品质，提高饲料转化效率，降低皮质醇水平。在玉米豆粕型饲料中添加三氯化铬和吡啶羧酸铬都可以显著提高热应激肉鸭的生长性能，改善胴体品质（王刚等，2003）。

关于铬在其他禽类上的研究报道较少。在对鸭的研究中，常以室温条件下的试验鸭为研究对象。李丽立等（2001）研究发现酵母铬可以提高肉鸭瘦肉率，降低血清甘油三酯含量。朱泽远等（1999）研究发现肉鸭后期饲养阶段在饲粮中添加吡啶羧酸铬能提高其血清中总胆固醇和低密度脂蛋白胆固醇水平，降低总甘油三酯水平。在产蛋期日本鹌鹑饲粮中添加铬可降低热应激对蛋产量、蛋质量和血清代谢指标的不利作用（Sahin et al，2002）。Sahin 等（2010）研究发现在鹌鹑日粮中添加三氯化铬和吡啶羧酸铬都可以减轻因热应激造成的脂质过氧化，改善生长性能。

5. 吡啶羧酸铬简介

吡啶羧酸铬（chromium picolinate，CrP），学名吡啶甲酸铬，还有一个别称是甲基吡啶铬。分子式为 $Cr(C_6H_4NO_2)_3$，分子量为 418.33，紫红色粉末状。在常温下较稳定，微溶于水，不溶于乙醇。吡啶羧酸铬的分子结构与 GTF 部分相似，故其在机体内的吸收率较高。

　　吡啶羧酸铬作为一种有机铬添加剂，对缓解环境应激、提高瘦肉率、增强抵抗力均有明显的促进作用，已经得到广泛的应用，在养殖业中应用普遍。各种元素在供给量上存在着一个安全范围，过低出现缺乏症状，过高产生毒性。在体外试验中，超量添加吡啶羧酸铬（＞0.6mmol/L）可能产生细胞毒性和染色体毒性（Komorowski et al，1999）。体内试验中，由于吡啶羧酸铬的吸收率比较低，关于超量添加的研究鲜有报道（毕晋明等，2008）。适量的吡啶羧酸铬对动物生长有积极作用，很多学者有过类似报道。徐大节等（2010）给肥育公猪饲喂 0.3mg/kg 剂量的吡啶羧酸铬后，发现血清中皮质醇水平降低，宰后糖原分解也减慢，故 PSE 肉的产生概率降低。Saikat 等（2008）在热应激肉鸡日粮中添加 0.5mg/kg 剂量的吡啶羧酸铬，发现其可通过降低皮质醇的分泌来减轻热应激对肉鸡生长性能、胴体质量的不利影响。

　　6. 有机铬对热应激肉鸭肠黏膜形态、HSP70 mRNA 表达量和抗氧化能力的影响

　　研究吡啶羧酸铬对热应激条件下樱桃谷肉鸭生长性能和福利性状、屠宰性能和肉质性状、小肠黏膜形态和空肠黏膜 HSP70 mRNA 表达量、血清抗氧化指标的影响，旨在为进一步研究肉鸭热应激机理提供科学依据和为缓解热应激的营养调控技术提供理论指导。选取 180 羽 1 日龄平均初始体重为（60±5）g 的健康樱桃谷肉鸭，随机分为三组，每组包含 5 个重复单元，每个重复单元包含 12 羽鸭。对照组，通过空调控制环境温度为 21～25℃；热应激组，在湖北省武汉市 8 月份自然条件下，环境温度为 28～35℃；有机铬组，在热应激组的基础上向全价饲粮中添加 0.2mg/kg 剂量的吡啶羧酸铬（以铬计）。进行为期 35d 的饲养试验，在 14、21、35 日龄进行屠宰试验。

　　(1) 热应激对肉鸭生长性能和福利指标的影响及有机铬的调控作用研究

　　结果表明，热应激和有机铬对 1～21 日龄和 22～35 日龄的肉鸭生长性能无显著影响（表 1-28）。效果不明显可能与有机铬的添加剂量有一定关系。在 35 日龄，热应激显著提高肉鸭中步态评分为 1 的个体比例；有机铬显著改善热应激肉鸭的羽毛质量评分（表 1-29），显著降低热应激肉鸭中步态评分为 1 的个体比例（表 1-30）。

表 1-28　不同处理对肉鸭生长性能的影响

日龄	项目	对照组	热应激组	有机铬组
1～21	采食量/g	1410.48±70.09	1357.87±72.11	1363.07±43.58
	21 日龄体重/g	651.56±13.78	656.69±31.01	656.92⊥14.20
	日增重/g	31.18±0.57	31.42±1.52	31.49±0.69
	料肉比/(g/g)	2.23±0.09	2.16±0.06	2.17±0.09
22～35	采食量/g	2408.93±136.35	2243.64±124.37	2266.80±149.78
	35 日龄体重/g	1440.26±91.21	1370.09±98.04	1356.49±82.34
	日增重/g	54.14±7.01	49.88±4.67	49.30±4.48
	料肉比/(g/g)	3.20±0.25	3.27±0.27	3.29±0.15

表 1-29   不同处理对肉鸭羽毛质量评分（FCS）结果的影响（n= 25）

日龄	对照组	热应激组	有机铬组
21	52.20±2.07	53.20±1.92	52.80±5.45
35	41.20±0.45[b]	45.40±2.07[a]	43.40±3.13[ab]

注：同行肩标相同表示差异不显著（$P > 0.05$），不同表示差异显著（$P < 0.05$）。下表同。

表 1-30   不同处理对肉鸭步态评分结果的影响（n= 25）

日龄	步态评分	对照组	热应激组	有机铬组
21	GS=0(%)	96	92	96
	GS=1(%)	4	4	4
	GS>1(%)	0	4	0
35	GS=0(%)	96	76	96
	GS=1(%)	4	24	4
	GS>1(%)	0	0	0

（2）热应激对肉鸭屠宰性能及肉质指标的影响及有机铬的调控作用研究

热应激显著降低 35 日龄肉鸭的活重、胴体重、半净膛重、全净膛重、心脏重、脾脏重（表 1-31）；显著降低了肉鸭的食道重量和空肠长度等指标（表 1-32）。有机铬显著提高热应激肉鸭胸肌的最终 pH（表 1-33）。

表 1-31   不同处理对肉鸭的屠宰性能的影响

项目	对照组	热应激组	有机铬组
活重/g	1539.20±68.71[a]	1368.00±126.17[b]	1344.00±135.53[b]
胴体重/g	1371.68±85.13[a]	1198.60±109.92[b]	1181.18±128.35[b]
屠宰率/%	89.08±2.62	87.63±0.79	87.83±1.10
半净膛重/g	1202.50±92.09[a]	1054.78±104.96[b]	1021.23±106.52[b]
半净膛率/%	78.06±3.35	77.06±1.25	77.27±1.65
全净膛重/g	1091.12±89.18[a]	968.76±78.39[b]	932.35±106.05[b]
全净膛率/%	70.82±3.40	70.88±1.31	67.15±7.62
胸肌重/g	60.82±14.97	48.14±16.62	38.13±14.23
胸肌率/%	5.32±1.50	4.65±1.18	3.85±0.93
腿肌重/g	162.16±21.11	145.88±26.56	135.50±14.54
腿肌率/%	14.09±1.57	14.27±1.46	14.07±1.88
皮脂厚/mm	5.95±1.58	4.68±1.12	5.03±1.25
心脏重/g	9.10±0.48[a]	7.34±0.63[b]	7.08±0.83[b]
肝脏重/g	36.62±3.51	32.84±2.36	30.88±5.46
脾脏重/g	1.68±0.25[a]	1.06±0.36[b]	1.18±0.35[b]

表 1-32　不同处理对肉鸭消化器官指数的影响

项目		对照组	热应激组	有机铬组
活重/g		1539.20 ± 68.71^a	1368.00 ± 126.17^b	1344.00 ± 135.53^b
食道	重量/g	11.00 ± 1.16^a	8.10 ± 1.14^b	8.38 ± 1.44^b
	相对重量/(g/kg)	7.16 ± 0.79	5.93 ± 0.72	6.25 ± 1.07
	长度/cm	23.04 ± 3.02	21.40 ± 2.19	20.40 ± 2.39
	相对长度/(cm/kg)	14.98 ± 1.97	15.65 ± 0.88	15.22 ± 1.59
十二指肠	重量/g	7.06 ± 2.04	7.22 ± 1.29	6.74 ± 1.27
	相对重量/(g/kg)	4.63 ± 1.49	5.32 ± 1.12	4.98 ± 0.50
	长度/cm	31.64 ± 0.99	29.20 ± 1.30	30.48 ± 2.80
	相对长度/(cm/kg)	20.61 ± 1.45	21.44 ± 1.42	22.83 ± 2.78
空肠	重量/g	19.80 ± 1.38^a	18.32 ± 1.92^{ab}	16.20 ± 2.74^b
	相对重量/(g/kg)	12.89 ± 1.18	13.42 ± 1.24	12.09 ± 1.98
	长度/cm	79.60 ± 4.63^a	72.96 ± 5.26^b	70.00 ± 1.58^b
	相对长度/(cm/kg)	51.84 ± 4.49	53.44 ± 2.27	52.45 ± 4.72
回肠	重量/g	17.56 ± 2.09	16.04 ± 2.24	16.10 ± 3.20
	相对重量/(g/kg)	11.41 ± 1.31	11.78 ± 1.88	12.05 ± 2.52
	长度/cm	77.70 ± 4.60	73.12 ± 3.93	69.72 ± 3.85
	相对长度/(cm/kg)	50.53 ± 3.13	53.63 ± 2.79	52.22 ± 5.13
盲肠一侧	重量/g	2.58 ± 0.25^a	2.08 ± 0.53^{ab}	1.92 ± 0.38^b
	相对重量/(g/kg)	1.68 ± 0.18	1.54 ± 0.43	1.43 ± 0.24
	长度/cm	17.00 ± 1.41^a	16.08 ± 1.65^{ab}	14.40 ± 1.14^b
	相对长度/(cm/kg)	11.09 ± 1.41	11.85 ± 1.68	10.74 ± 0.35
盲肠另侧	重量/g	2.64 ± 0.41	2.08 ± 0.41	2.08 ± 0.38
	相对重量/(g/kg)	1.72 ± 0.25	1.53 ± 0.35	1.55 ± 0.29
	长度/cm	17.16 ± 1.16	15.78 ± 1.01	15.52 ± 1.45
	相对长度/(cm/kg)	11.16 ± 0.74	11.59 ± 1.00	11.57 ± 0.69

表 1-33　不同处理对肉鸭的肉质指标的影响

项目	对照组	热应激组	有机铬组
滴水损失/%	4.31 ± 0.81	4.14 ± 1.32	4.66 ± 1.64
初始 pH(pH_i)	6.01 ± 0.07	5.98 ± 0.21	6.03 ± 0.17
最终 pH(pH_u)	6.32 ± 0.10^{ab}	6.12 ± 0.18^b	6.37 ± 0.16^a

（3）热应激对肉鸭屠宰性能及肉质指标的影响及有机铬的调控作用研究

如表 1-34～表 1-37 所示，在 14 日龄时，热应激显著提高肉鸭的空肠隐窝深度，有机铬显著提高热应激肉鸭的空肠绒毛高度/隐窝深度值；热应激显著提高肉鸭空肠黏膜HSP70 mRNA 表达量，而有机铬显著降低热应激肉鸭空肠黏膜的 HSP70 mRNA 表达量。

在 21 日龄时，热应激显著降低肉鸭的回肠绒毛高度，有机铬显著提高热应激肉鸭的回肠绒毛高度/隐窝深度值。在 35 日龄时，热应激显著降低肉鸭的空肠绒毛高度/隐窝深度值，显著提高肉鸭空肠黏膜 HSP70 mRNA 表达量，有机铬对热应激肉鸭小肠各段形态和空肠黏膜 HSP70 mRNA 无影响。有机铬对于小肠形态的改善作用可能是通过增强肠道黏膜细胞分化和蛋白质合成而实现的。但有机铬是通过提高机体抗应激能力而使 HSP70 mRNA 表达量下降，还是通过提高 HSP70 mRNA 表达量来提升机体的抗应激能力，具体机理有待进一步研究。

表 1-34　14 日龄时不同处理对肉鸭小肠各段形态的影响

组别	绒毛高度/μm	隐窝深度/μm	绒毛高度/隐窝深度(V/C)
十二指肠			
对照组	303.60±26.18	68.80±4.57	4.47±0.24
热应激组	284.90±26.53	68.87±9.72	4.23±0.57
有机铬组	307.74±28.30	69.91±7.83	4.29±0.43
空肠			
对照组	309.28±24.59	66.95±7.08[b]	4.68±0.31[ab]
热应激组	304.69±24.62	69.21±1.76[a]	4.23±0.12[b]
有机铬组	342.55±14.41	69.05±5.95[ab]	5.02±0.24[a]
回肠			
对照组	298.96±36.38	69.90±9.19	4.39±0.33
热应激组	298.05±38.57	76.30±12.44	3.99±0.21
有机铬组	297.37±40.33	74.69±3.06	4.00±0.48

表 1-35　21 日龄时不同处理对肉鸭小肠各段形态的影响

组别	绒毛高度/μm	隐窝深度/μm	绒毛高度/隐窝深度(V/C)
十二指肠			
对照组	378.59±32.40	94.45±10.92	4.08±0.29
热应激组	428.90±25.39	92.10±5.84	4.50±0.39
有机铬组	408.78±27.07	92.38±11.10	4.47±0.28
空肠			
对照组	397.87±41.74	71.62±2.99	5.60±0.51
热应激组	382.08±55.93	73.35±8.96	5.22±0.28
有机铬组	411.78±67.39	73.26±7.22	5.65±0.49
回肠			
对照组	330.91±26.02[a]	66.09±2.06	4.57±0.35[ab]
热应激组	286.02±16.61[b]	63.54±5.56	4.17±0.43[b]
有机铬组	298.42±23.86[ab]	62.34±4.96	4.90±0.28[a]

表 1-36　35 日龄时不同处理对肉鸭小肠各段形态的影响

组别	绒毛高度/μm	隐窝深度/μm	绒毛高度/隐窝深度(V/C)
十二指肠			
对照组	455.99±39.05	86.95±11.55	5.38±0.57
热应激组	442.64±68.90	85.32±7.64	5.21±0.64
有机铬组	447.55±59.27	81.92±9.73	5.50±0.18
空肠			
对照组	493.82±81.49	83.84±4.45	5.74±0.17[a]
热应激组	436.74±61.48	84.69±16.29	5.31±0.82[b]
有机铬组	477.15±22.06	84.90±2.30	5.69±0.24[ab]
回肠			
对照组	383.44±48.24	78.86±8.97	4.91±0.40
热应激组	335.62±23.47	80.62±9.31	4.22±0.39
有机铬组	342.15±41.23	68.53±2.12	5.07±0.66

表 1-37　不同处理对空肠黏膜的 HSP70 mRNA 表达量的影响

日龄	对照组	热应激组	有机铬组
14	1.05±0.93[b]	2.98±1.37[a]	0.66±0.46[b]
21	1.82±0.26	1.76±1.50	1.44±1.35
35	2.28±1.38[b]	3.22±1.67[a]	3.44±0.50[a]

（4）热应激对肉鸭血清抗氧化指标的影响及有机铬的调控作用研究

在 14 日龄时，热应激显著升高肉鸭血清中的 MDA 含量，有机铬显著降低热应激肉鸭血清中的 MDA 含量。在 21 日龄时，热应激显著降低肉鸭血清的 T-SOD 活性，而有机铬显著提高热应激肉鸭血清中的 T-SOD 活性。在 35 日龄时，热应激显著降低肉鸭血清的 T-AOC 活性，有机铬显著提高肉鸭血清中的 T-SOD 活性（表 1-38）。

表 1-38　不同处理对肉鸭血清抗氧化指标的影响

日龄	指标	对照组	热应激组	有机铬组
14	T-AOC/(U/mL)	25.95±5.00[a]	21.29±5.72[ab]	17.39±3.54[b]
	T-SOD/(U/mL)	80.14±17.76	75.33±16.47	74.74±9.46
	GSH-Px/(U/mL)	359.29±64.26	325.12±48.89	324.14±27.68
	MDA/(nmol/mL)	6.09±1.62[b]	10.75±1.37[a]	4.86±0.47[b]
21	T-AOC/(U/mL)	16.33±4.77	19.49±1.04	16.10±1.97
	T-SOD/(U/mL)	87.35±13.34[a]	66.21±11.68[b]	82.83±12.97[a]
	GSH-Px/(U/mL)	378.66±62.06	399.45±61.98	423.53±8.69
	MDA/(nmol/mL)	11.11±5.93	6.67±2.85	8.02±2.49

续表

日龄	指标	对照组	热应激组	有机铬组
35	T-AOC/(U/mL)	23.56 ± 2.03^a	18.49 ± 6.50^b	20.17 ± 2.33^{ab}
	T-SOD/(U/mL)	67.64 ± 11.59^b	75.64 ± 13.58^{ab}	87.89 ± 6.55^a
	GSH-Px/(U/mL)	389.60 ± 51.53	393.98 ± 18.57	362.79 ± 60.75
	MDA/(nmol/mL)	17.75 ± 11.22	13.23 ± 4.29	9.22 ± 5.05

综上所述，热应激会降低肉鸭的福利性状、屠宰性能及肉质指标，还会导致小肠的隐窝深度增加，绒毛高度/隐窝深度值下降，空肠黏膜 HSP70 mRNA 表达水平升高，血清抗氧化能力降低。在热应激肉鸭饲粮中添加 0.2mg/kg 剂量的铬，在一定程度上可以改善热应激肉鸭的肠道形态和机体抗氧化能力。

参考文献

毕晋明，张敏红，2008. 吡啶甲酸铬安全性研究进展. 中国畜牧兽医，35 (2)：13-16.

陈静，潘健存，李华，等，2006. 不同添加剂对热应激肉仔鸡生产性能和血液生化指标的影响. 畜牧与兽医，38 (6)：1-3.

程玉芳，苗建民，孙黎，等，2011. 日粮铬水平对热应激种公鸡免疫功能及蛋白质代谢的影响. 中国家禽，33 (17)：19-21.

代雪立，肖敏华，宋晓琳，等，2010. 热应激对家禽肠道结构与功能影响的研究进展. 中国家禽，32：41-43.

董淑丽，王占彬，雷雪芹，等，2004. 热应激对动物血液生化指标的影响. 家畜生态，25 (2)：54-56.

杜立银，田文儒，曹荣峰，2003. 哺乳动物热休克蛋白表达的基因调控与生物学功能. 动物科学与动物医学，20 (11)：18-20.

范石军，韩友文，李德发，等，2001. 雏鸡高温应激与超氧化处理对其肝脏丙二醛和谷胱甘肽过氧化物酶含量及活性的影响. 中国饲料，10：11-13.

范石军，韩友文，李荣文，1996. 家禽热应激机理及其研究进展. 饲料博览，8 (5)：14-15.

范石军，韩友文，李荣文，2005. 热应激的基本原理与影响因子. 中国家禽，27 (13)：34-37.

方正锋，2008. 蛋氨酸第一次肠道代谢机制对其肠外组织利用率的影响. 武汉：华中农业大学.

费东亮，王宏军，苏禹刚，等，2014. 牛磺酸对热应激肉鸡肠道 SIgA 和细胞因子的影响. 饲料研究：33-35.

韩春晓，苗翠，2013. 蛋氨酸的功能及代谢吸收过程. 现代畜牧兽医：75-80.

李豪，方正锋，万海峰，等，2012. 饲粮添加 DL-蛋氨酸或 DL-2-羟基-4-甲硫基丁酸对母猪生产性能和仔猪肠道发育的影响. 中国畜牧兽医学会动物营养学分会第十一次全国动物营养学术研讨会论文集.

李静，2004. 37℃持续热应激对肉鸡血流动力学和酸碱平衡的影响. 北京：中国农业大学.

李丽立，钟华宜，张彬，2001. 酵母铬对肉鸭生产性能和生化指标的影响. 饲料研究，1：30-32.

李绍钰，张敏红，张子仪，2000. 热应激对肉用仔鸡生产性能及生理生化指标的影响. 华北农学报，15 (3)：140-144.

李舒妍，2010. 动物福利对我国动物源性产品出口贸易的影响. 上海：上海交通大学.

李永洙，李进，张宁波，等，2015. 热应激环境下蛋鸡肠道微生物菌群多样性. 生态学报，35：1601-1609.

李玉保，付旭彬，孙培明，等，2005. 急性持续热应激对肉鸡免疫系统的影响. 农业生物技术学报，13 (3)：394-395.

林飞宏，宋代军，2007. 畜禽热应激的生理变化规律. 饲料研究，3：27-30.

刘凤华，董玉芳，于同泉，等，1998. 蛋鸡热应激中血液理化指标动态变化规律的研究. 家畜生态，19 (3)：1-5.

刘凤华，吴国娟，王占贺，2004. 热应激中仔鸡血液生化指标及 T 细胞变化规律. 中国兽医杂志，40 (6)：11-13.

刘凤华，吴国娟，王占贺，等，2002. 热应激对仔鸡血清生化及免疫指标的影响. 北京农学院学报，17（4）：51-54.

刘凤华，谢仲权，孙朝龙，等，1997. 高温对蛋鸡血液理化指标及生产性能的影响. 中国畜牧杂志，3（5）：23-25.

刘梅，2011. 急性热应激对肉仔鸡生长性能及脂肪代谢的影响. 动物营养学报，23（5）：862-868.

刘晓曦，2013. 热应激大鼠肠道抗原递呈及黏膜免疫功能的变化. 北京：北京农学院.

刘苑青，2009. 肉鸭日粮中可消化蛋氨酸和赖氨酸需要量的研究. 武汉：华中农业大学.

罗绪刚，王刚，刘彬，等，2002. 饲粮铬对热应激肉仔鸡免疫功能的影响. 营养学报，24（3）：286-291.

马启旺，2015. 雌二醇和睾酮对小鼠肝脏牛磺酸及其合成酶的调控研究. 北京：中国农业大学.

马鑫，陈旭东，唐茂妍，等，2008. 蛋氨酸羟基类似物（HMTBA）和酸化剂、抗生素对肠道病原菌的体外抑制对比试验. 中国饲料，（2）：11-14.

慕春龙，朱伟云，2013. microRNA 对宿主和肠道微生物互作的调控. 微生物学报，53：1018-1024.

宁章勇，刘思当，赵德明，等，2003. 热应激对肉仔鸡呼吸、消化和内分泌器官的形态和超微结构的影响. 畜牧兽医学报，34（6）：558-561.

施忠秋，齐智利，2014. γ-氨基丁酸调控采食量和缓解热应激的机制. 动物营养学报，26：49-53.

石慧琳，2003. 应激对肠黏膜屏障功能影响的研究进展. 国外医学消化系统分册，23（3）：164-167.

石真玉，2004. 热预处理诱导的 HSP70 对机体抗氧化及抗损伤能力的影响. 广州：华南师范大学.

唐利华，方热军，2010. 有机铬的营养与生理作用研究进展. 动物营养学报，22（5）：1186-1191.

汪高明，2009. 湖北省近 47 年气温和降水气候特征分析. 兰州：兰州大学.

王丹莉，张敏红，杜荣，等，2000. 高温时日粮铬水平对肉鸡血液生理生化指标和脂肪代谢的影响. 畜牧兽医学报，31（2）：120-123.

王刚，罗绪刚，刘彬，等，2003. 饲粮铬对热应激肉仔鸡生长性能、血清生化特性和胴体品质的影响. 畜牧兽医学报，34（2）：120-127.

王海微，卜登攀，赵小伟，等，2012. 奶牛抗热应激饲料添加剂的研究进展. 中国畜牧兽医，39：114-118.

王士长，陈静，黄怡，等，2007. 热应激对肉鸡生产性能和血清生化指标的影响. 中国家禽，29（15）：11-13.

王松波，朱晓彤，江青艳，2012. 热应激导致畜禽采食量降低的中枢调控机制. 畜牧与兽医，44：30-33.

王晓亮，2010. 热应激条件下热休克蛋白 70 对鸡肠道结构和消化功能的影响. 北京：中国农业科学院.

王之盛，崔芹，刘永刚，等，2006. 蛋氨酸羟基类似物的抑菌和酸化剂效果研究. 中国畜牧杂志，42：20-23.

伍晓雄，张雄民，赵京杨，2000. 热应激对山羊生理生化指标的影响. 家畜生态，21（3）：7-9.

徐大节，赵凤荣，马爱平，等，2010. 吡啶羧酸铬和天冬氨酸镁对猪肉品质的影响. 中国畜牧兽医，37（6）：217-220.

徐海军，黄瑞林，李铁军，等，2010. 铬的营养生理功能. 天然产物研究与开发，22：531-534.

颜培实，李如治，2011. 家畜环境卫生学. 北京：高等教育出版社.

杨秉芬，孙启鸿，曹诚，2009. 热激蛋白 70 研究进展. 生物技术通讯，20（5）：716-718.

杨凤，2000. 动物营养学. 2 版. 北京：中国农业出版社.

杨小娇，许静，宗凯，等，2011. 不同温度热应激对肉鸡血液生化指标及肉品质的影响. 家禽科学，3：10-14.

杨云慧，唐家乾，冯启云，2003. 分子伴侣的研究进展. 云南师范大学学报，23（2）：38-41.

于玮，2013. 蛋氨酸类似物调节鸡肠道紧密连接蛋白表达与机理研究. 无锡：江南大学.

袁磊，2007. 应激对肉鸡采食量影响极其调节机制. 泰安：山东农业大学.

袁志强，彭毅志，李晓鲁，等，2003. HSP70 在严重烧伤大鼠心肌中的表达及其保护作用的研究. 第三军医大学学报，25（18）：1620-1622.

曾涛，李国勤，卢立志，等，2012. 热休克蛋白 70 及 27 的研究进展. 中国家禽，34（8）：40-43.

张彩虹，姜建阳，任慧英，2009. 酵母铬对热应激肉鸡抗氧化性能的影响. 动物营养学报，21（5）：741-746.

张庆红，2011. 鸡热应激发生的原理及危害. 养殖技术顾问，7：44.

张心如，杜干英，张炜，2001. 家禽热应激的影响因素与应对措施. 畜禽业，6：22-24.

赵贵勇，2009. 同型半胱氨酸对心脑血管疾病的影响. 内蒙古中医药，28：83-84.

赵珂立，徐建雄，陈小连，等，2011. 复合抗氧化剂对脂多糖诱导的大鼠肠道损伤的修复作用. 动物营养学报，23：670-676.

赵琰，2013. 蛋氨酸羟基类似物对肉鸡肠道氧化还原状态和骨骼发育的影响. 无锡：江南大学.

郑艺梅，张莉，徐进忠，等，2004. 热应激蛋鸡补铬后其产蛋及蛋品质的变化. 粮食与饲料工业，5：40-41.

周保学，尚树川，朱相生，等，1995. 葡萄糖耐量因子研究综述. 山东师大学报（自然科学版），10（1）：89-92.

朱良印，郑林英，2006. 微量元素铬的吸收代谢与生化功能. 中国畜牧兽医，33（4）：13-15.

朱泽远，申爱华，包承玉，等，1999. 吡啶羧酸铬对肉鸭后期作用效果. 畜牧与兽医，31：28-29.

朱振鹏，孙晓先，2013. 家禽抗热应激饲料添加剂的研究进展. 家禽科学（8）：16-20.

Aissa A F，Tryndyak V，de Conti A，et al，2014. Effect of methionine-deficient and methionine-supplemented diets on the hepatic one-carbon and lipid metabolism in mice. Mol Nutr Food Res，58：1502-1512.

Altan O，Altan A，Oguz I，et al，2000. Effects of heat stress on growth，some blood variables and lipid oxidation in broilers exposed to high temperature at an early age. British Poultry Science，41（4）：489-493.

Altan O，Pabuçcuoğlu A，Altan A，et al，2003. Effect of heat stress on oxidative stress，lipid peroxidation and some stress parameters in broilers. Brit Poultry Sci，44：545-550.

Attia Y A，Hass R A，Qota E M A，2009. Recovery from adverse effects of heat stress on slow-growing chicks in the tropics 1：effect of ascorbic acid and different levels of betaine. Trop Anim Health Prod，41：807-818.

Attia Y A，Hassan R A，Tag El-Din A E，2011. Effect of ascorbic acid or increasing metabolizable energy level with or without supplementation of some essential amino acids on productive and physiological traits of slow-growing chicks exposed to chronic heat stress. Journal of Animal Physiology and Animal Nutritio，95：744-755.

Baker D H，Boebel K P，1980. Utilization of the D- and L-isomers of methionine and methionine hydroxy analogue as determined by chick bioassay. J Nutr，110：959-964.

Bauchart-Thevret C，Stoll B，Burrin D G，2009. Intestinal metabolism of sulfur amino acids. Nutr Res Rev，22：175-187.

Bunchasak C，2010. Effects of adding liquid DL-methionine hydroxy analogue-free acid to drinking water on growth performance and small intestinal morphology of nursery pigs. J Anim Physiol ANN，94：395-404.

Bunchasak C，2009. Role of dietary methionine in poultry production. J Poult Sci，46：169-179.

Burkholder K M，Thompson K L，Einstein M E，et al，2008. Influence of stressors on normal intestinal microbiota，intestinal morphology，and susceptibility to *Salmonella* enteritidis colonization in broilers. Poultry Sci，87：1734-1741.

Burton J L，Mallard B A，Mowat D N，1993. Effects of supplemental chromium on immune responses of periparturient and early lactation dairy cows. J Anim Sci，71：1532-1539.

Christina Z，Christine F，Margot R，et al，2010. Induction of HSP70 shows differences in protection against I/R injury derived by ischemic preconditioning and intermittent clamping. Microvascular Research，80：365-371.

Cui Y，Gu X，2015. Proteomic changes of the porcine small intestine in response to chronic heat stress. J Mol Endocrinol，55：277-293.

Del Vesco A P，Gasparino E，Grieser D O，et al，2015. Effects of methionine supplementation on the expression of protein deposition-related genes in acute heat stress-exposed broilers. Brit J Nutr，113：549-559.

Dibner J J，Kitchell M L，Robey W W，et al，1994. Liver damage and supplemental methionine sources in the diets of mature laying hens. J App Poultry Res，3：367-372.

Dibner J J，2003. Review of the metabolism of 2-hydroxy-4-（methylthio）butanoic acid. Worlds Poultry Sci J，59：99-110.

Donkoh A，1989. Ambient temperature：a factor affecting performance and physiological response of broiler chickens. Int J Biometeorol，33：259-265.

Emery J，2004. Reducing heat stress. Poultry World，158（5）：5.

Fang Z，Huang F，Luo J，et al，2010. Effects of dl-2-hydroxy-4-methylthiobutyrate on the first-pass intestinal metabolism of dietary methionine and its extra-intestinal availability. Brit JNutr，103：643-651.

Gabai V L，Meriin A B，MosserD D，et al，1997. HSP70 prevents activation of stress kinases. A novel pathway of cellular thermotolerance. The Journal of Biological Chemistry，272（29）：18033-18037.

Garriga C，Hunter R R，Amat C，et al，2006. Heat stress increases apical glucose transport in the chicken jejunum. American Journal of Physiology，290：195-201.

Hassan F A，Mahrose K M，Basyony M M，2016. Effects of grape seed extract as a natural antioxidant on growth performance，carcass characteristics and antioxidant status of rabbits during heat stress. Archives Anim Nutr，70：141-154.

Hoehler D, Lemme A, Jensen S K, et al, 2005. Relative effectiveness of methionine sources in diets for broiler chickens. J Appl Poultry Res, 14: 679-693.

Hu X F, Guo Y M, 2006. Corticosterone administration alters small intestinal morphology and function of broiler chickens. Poult Sci, 85: 1535-1540.

Hurwitz S, Weiselberg M, Eisner U, et al, 1980. The energy requirements and performance of growing chickens and turkeys, as affected by environmental temperature. Poult Sci, 59: 2290-2299.

Jamroz D, Wiliczkiewicz A, Lemme A, et al, 2009. Effect of increased methionine level on performance and apparent ileal digestibility of amino acids in ducks. J Anim Physiolo ANN, 93: 622-630.

Jankowski J, Kubińska M, Zduńczyk Z, 2014. Nutritional and immunomodulatory function of methionine in poultry diets-a review. Ann Anim Sci, 14 (1): 17-31.

Jin S Z, Masahiko Y, Yoko I, et al, 2006. Expression profile of heat shock protein 108 during retinal development in the chick. Neuroscience Letters, 397: 10-14.

Juliann G, Kiang, George C, et al, 1998. Heat shock protein 70kDa: molecular biology, biochemistry, and physiology. Pharmacol Ther, 80 (2): 183-201.

Kazim S, Nurhan S, Muhittin O, et al, 2002. Optimal dietary concentration of chromium for alleviating the effect of heat stress on growth, carcass qualities, and some serum metabolites of broiler chickens. Biological Trace Element Research, 89: 53-64.

Komorowski J R, Loveday K, 1999. Rat chromosomes are unharmed by orally administered chromium picolinate. J Am Coll Nutr, 18: 527.

Luo M, Li L, Xiao C, et al, 2016. Heat stress impairs mice granulosa cell function by diminishing steroids production and inducing apoptosis. Mol Cell Biochem, 412: 81-90.

Maddineni S, Nichenametla S, Sinha R, et al, 2013. Methionine restriction affects oxidative stress and glutathione-related redox pathways in the rat. Exp Biol Med, 238: 392-399.

Mashaly M M, Hendricks G L, Kalama M A, 2004. Effect of heat stress on production parameters and immune responses of commercial laying hens. Poultry Science, 83: 889-894.

Mertz W, Toepfer E W, Roginski E E, et al, 1974. Present knowledge of the role of chromium. Fed Proc, 33: 2275-2280.

Métayer S, Seiliez I, Collin A, et al, 2008. Mechanisms through which sulfur amino acids control protein metabolism and oxidative status. J Nutr Biochem, 19: 207-215.

Mitsuaki F, Akira N, 2010. The heat shock factor family and adaptation to proteotoxic stress. Febs Journal, 277: 4112-4125.

Morales A, Grageola F, García H, et al, 2014. Performance, serum amino acid concentrations and expression of selected genes in pair-fed growing pigs exposed to high ambient temperatures. J Anim Physiol A Anim Nutr, 98: 928-935.

Morales A, Hernández L, Buenabad L, et al, 2016. Effect of heat stress on the endogenous intestinal loss of amino acids in growing pigs. J Anim Sci, 94: 165-172.

Murphy K G, Bloom S R, 2006. Gut hormones and the regulation of energy homeostasis. Nature, 444: 854-859.

Ooue A, Ichinose-Kuwahara T, Shamsuddin M, et al, 2007. Changes in blood flow in a conduit artery and superficial vein of the upper arm during passive heating in humans. Eur J Appl Physiol, 101: 97-103.

Pearce S C, Mani V, Weber T E, et al, 2013. Heat stress and reduced plane of nutrition decreases intestinal integrity and function in pigs. J Anim Sci, 91: 5183-5193.

Pearce S C, Sanz Fernandez M V, Torrison J, et al, 2015. Dietary organic zinc attenuates heat stress-induced changes in pig intestinal integrity and metabolism. J Anim Sci, 93: 4702-4713.

Poosuwan K, Bunchasak C, Thiengtham J, et al, 2015. Effects of varying levels of liquid DL-methionine hydroxy analog free acid in drinking water on production performance and gastrointestinal tract of broiler chickens at 42 days of age. The Thai J Vete Med, 45: 581.

Radwan Z M, Nasser Yamamah G A, Shaaban H H, et al, 2010. Effect of different monotherapies on serum nitric oxide and pulmonary functions in children with mild persistent asthma. Archi Med Sci, 6: 919-925.

Rao S V, Raju M V L N, Panda A K, et al, 2011. Effect of dietary supplementation of organic chromium on performance, carcass traits, oxidative parameters, and immune responses in commercial broiler chickens. Biological

Trace Element Research，147：135-141.

Reinald P，David C，2011. Molecular and structural antioxidant defenses against oxidative stress in animals. Am J Physiol Regul Integr Comp Physiol，301：843-863.

Richa S，Upreti R K，Seth P K，et al，2002. Effects of chromium on the immune system. FEMS Immunology and Medical Microbiology，34：1-7.

Richards J D，Atwell C A，Vázquezañón M，et al，2005. Comparative *in vitro* and *in vivo* absorption of 2-hydroxy 4 (methylthio) butanoic acid and methionine in the broiler chicken. Poultry Sci，84：1397-1405.

Robert P A，Wallin，Andreas L，et al，2002. Heat-shock proteins as activators of the innate immune system. Trends in Immunology，23 (3)：130-135.

Sahin K，Sahin N，Sari M，et al，2002. Effects of vitamins E and A supplementation on lipid peroxidation and concentration of some mineral in broilers reared under heat stress (32℃) . Nutrition Research，22：723-731.

Sahin N，Sahin K，Onderci M，et al，2005. Chromium picolinate，rather than biotin，alleviates performance and metabolic parameters in heat-stressed quail. British Poultry Science，46 (4)：457-463.

Sahin M，Akdemir F，Tuzcu M，et al，2010. Effects of supplemental chromium sources and levels on performance，lipid peroxidation and proinflammatory markers in heat-stressed quails. Animal Feed Science and Technology，159：143-149.

Saikat S，Sudipto H，Vijay B，et al，2008. Chromium picolinate can ameliorate the negative effects of heat stress and enhance performance，carcass and meat traits in broiler chickens by reducing the circulatory cortisol level. Journal of the Science of Food and Agriculture，88 (5)：787-796.

Sanchez de Medina F，Romero-Calvo I，Mascaraque C，et al，2014. Intestinal inflammation and mucosal barrier function. Inflammatory bowel diseases：2394-2404.

Saunderson C L，1985. Comparative metabolism of L-methionine，DL-methionine and DL-2-hydroxy 4-methylthiobutanoic acid by broiler chicks. Brit J Nutr，54：621-633.

Selhub J，Troen A M，2016. Sulfur amino acids and atherosclerosis：a role for excess dietary methionine. Ann Ny Acad Sci，1363：18-25.

Setyarani M，Zinellu A，Carru C，et al，2014. High dietary taurine inhibits myocardial apoptosis during an atherogenic diet：association with increased myocardial HSP70 and HSF-1 but not caspase 3. Eur JNutr，53：929-937.

Shoveller A K，Stoll B，Ball R O，et al，2005. Nutritional and functional importance of intestinal sulfur amino acid metabolism. J Nutr，135：1609-1612.

Siegel H S，1995. Stress，strains and resistance. Br Poult Sci，36：3-20.

Stipanuk M H，2004. Sulfur amino acid metabolism：pathways for production and removal of homocysteine and cysteine. Annu Rev Nutr，24：539-577.

Tang X，Yang Y，Shi Y，et al，2011. Comparative in vivo antioxidant capacity of DL-2-hydroxy-4-methylthiobutanoic acid (HMTBA) and DL-methionine in male mice fed a high-fat diet. J Sci Food Agr，91：2166-2172.

Tapia-Rojas C，Lindsay C B，Montecinos-Oliva C，et al，2015. Is L-methionine a trigger factor for Alzheimer's-like neurodegeneration?：Changes in Aβ oligomers，tau phosphorylation，synaptic proteins，Wnt signaling and behavioral impairment in wild-type mice. Mol Neurodegener，10：62.

Temim S，Chagnean A M，Guillaumin S，et al，1999. Effects of continuous heat exposure and protein intake on growth performance，nitrogen retention and muscle development inbroiler chickens. Reproduction Nutrition Development，39 (1)：145-156.

Tsukita S，Furuse M，Itoh M，2001. Multifunctional strands in tight junctions. Nature Reviews Molecular Cell Biology，2：285-293.

Vázquez-Añón M，González-Esquerra R，Saleh E，et al，2006. Evidence for 2-hydroxy-4 (methylthio) butanoic acid and dl-methionine having different dose responses in growing broilers. Poultry Sci，85：1409-1420.

Willemsen H，Swennen Q，Everaert N，et al，2011. Effects of dietary supplementation of methionine and its hydroxy analog dl-2-hydroxy-4-methylthiobutanoic acid on growth performance，plasma hormone levels，and the redox status of broiler chickens exposed to high temperatures. Poultry Sci，90：2311-2320.

Xie M，Hou S S，Huang W，et al，2007. Effect of excess methionine and methionine hydroxy analogue on growth performance and plasma homocysteine of growing Pekin ducks. Poultry Sci，86：1995-1999.

Yenari M A，Liu J L，Zheng Z，et al，2005. Antiapoptotic and anti-inflammatory mechanisms of heat-shock protein protection. Neuroprotective Agents，1053：74-83.

Yu J，Yin P，Liu F，et al，2010. Effect of heat stress on the porcine small intestine：a morphological and gene expression study. Comp Biochem Physiol A，156：119-128.

Zeng Q F，Zhang Q，Chen X，et al，2015. Effect of dietary methionine content on growth performance，carcass traits，and feather growth of Pekin duck from 15 to 35 days of age. Poultry Sci，94：1592-1599.

第二章

奶牛乳腺炎症与动物营养调控理论和技术

第一节　奶牛乳腺炎及分类

奶牛乳腺炎是牧场中常见且多发的一种疾病，主要是由外伤、挤奶技术不正确等原因导致病原菌侵入乳腺组织，进而诱发炎症。乳腺炎一方面使奶牛乳腺组织受损影响牛奶产量，另一方面还会降低牛奶的品质（Halasa，2012）。此外乳腺炎导致的兽医诊疗费用、奶牛淘汰损耗等问题也给奶牛养殖行业的发展带来了沉重的经济负担（Seegers et al，2003）。乳腺炎疾病每年对我国畜牧业造成的经济损失高达6亿元人民币（高春生等，2019）。因此减少奶牛乳腺炎症的发生、提高治疗成功率和降低防治成本，对于推动奶牛养殖行业的发展有重要意义。

一、临床乳腺炎

临床乳腺炎和亚临床乳腺炎是奶牛乳腺炎的两种主要类型。临床乳腺炎的典型特征表现在：乳房表面出现明显的潮红和肿胀；乳房可能会出现发热和疼痛的症状；乳汁异常，乳汁可能变为脓性、含有血凝块或絮状物；体细胞数升高，乳汁中的体细胞数量高于50万个/mL（Gruet et al，2001）。临床乳腺炎通过对乳腺组织造成炎症损伤影响乳腺分泌乳汁，降低奶牛的产奶量。此外乳腺炎也会导致乳品质下降。具有临床乳腺炎症状的奶牛往往伴有精神状态不佳、体温上升等症状。

二、亚临床乳腺炎

亚临床乳腺炎也称为隐性乳腺炎，隐性乳腺炎奶牛乳汁理化性质已经改变且乳中体细胞数增加，但无明显的临床乳腺炎症状。亚临床乳腺炎奶牛产奶量和所产牛奶外观都比较正常，因此容易被忽视，直至恶化为临床乳腺炎才被干预（Ruegg，2017）。亚临床乳腺炎的发生率是临床乳腺炎的15～40倍（Seegers et al，2003）。及时对乳中体细胞数（高于20万个/mL）和pH值进行检查，不但可以防止隐性乳腺炎升级为临床乳腺炎，而且可以预防患病牛携带的致病菌继续在牛群中传播（Ndahetuye et al，2019）。为了减少亚临床乳腺炎的发生，需要加强对奶牛的管理，提高饲养水平，增强牛群免疫力，并采取有效的防治措施，以保障奶牛养殖的经济效益。

第二节　奶牛乳腺炎的评价标准

一、美国国家乳腺炎委员会标准

乳腺炎根据症状不同可区分为临床乳腺炎和亚临床乳腺炎。奶牛临床乳腺炎发作突然，乳房出现红、肿、热、痛等症状，乳汁状态发生改变，乳汁稠度降低、出现凝块（Gruet et al，2001）。奶牛表现为明显嗜睡、食欲不佳并伴有体温升高，检测乳中体细胞数可发现体细胞数高于 50 万个/mL。临床乳腺炎又可依据乳腺的炎症程度分为 4 种，即最急性乳腺炎、急性乳腺炎、亚急性乳腺炎和慢性乳腺炎。虽然临床乳腺炎危害较大，但其发病率远远低于亚临床乳腺炎，研究表明亚临床乳腺炎的发生率是临床乳腺炎的 15~40倍，炎症持续时间也长于临床乳腺炎（Seegers et al，2003）。亚临床乳腺炎的特点是缺乏肉眼可见的体征（Ruegg，2017），它会导致产奶量减少和乳汁中体细胞数升高（Khan and Khan，2006）。由于亚临床乳腺炎特征不明显，被检测发现的难度较高，若不能尽早发现并进行治疗，患病奶牛将在牛群中扮演病原体传播者的角色。研究表明牛群中感染乳腺炎的主要方式并不是环境中的病原体的传播，而是亚临床乳腺炎奶牛的传播（Ndahetuye et al，2019）。

二、国际乳业联盟标准

乳腺炎可根据致病因素分为感染性乳腺炎和非感染性乳腺炎。感染性乳腺炎又可根据来源分为环境性乳腺炎和传染性乳腺炎。环境性乳腺炎是由周围环境中的致病性微生物引起的（Klaas and Zadoks，2018），而传染性乳腺炎是由其他受感染的区域的病菌传播引起的。环境性乳腺炎的致病微生物包括大肠杆菌、肺炎克雷伯菌、产气肠杆菌和链球菌等。这些致病性微生物存在于垫料区等奶牛居住的生活区域，通过入侵乳头管感染乳房（Eberhart，1984）。传染性乳腺炎是由金黄色葡萄球菌、无乳链球菌等具有传染性的致病菌通过多种途径传播（Sharif et al，2009），例如已感染奶牛的传染、因挤奶过程中的不良卫生状况导致的传染以及粪便、尿液和其他污染物等的间接传染。非感染性乳腺炎是由病原微生物以外的其他因素导致的奶牛乳腺炎的总称，由于无传染性病原微生物的参与，不具有传染性，危害较小。

第三节　奶牛乳腺炎的发病原因

一、病原微生物

（一）大肠杆菌

大肠杆菌是引起环境性乳腺炎最主要的病原微生物。大肠杆菌细胞壁含有的内毒素被认为是革兰氏阴性细菌的主要毒力因子，可对乳腺组织造成损害（Dosogne et al，2002）。大肠杆菌在入侵乳房后一般不会入侵乳腺组织，而是停留在乳头管和泌乳窦中，此时乳腺上皮细胞在内毒素的刺激下产生和释放大量促炎介质，引起乳腺产生炎症反应，若炎症反应过于剧烈就会损伤乳腺组织（Plaks et al，2015）。大肠杆菌通常在奶牛泌乳早期对乳腺造成损伤（Burvenich et al，2003），若未及时治疗，急性大肠杆菌乳腺炎会导致奶牛死亡（Menzies et al，1995）。研究表明大肠杆菌引起乳腺炎的最高风险时期为干奶后的前两周和怀孕后的最后两周（Smith et al，1985）。大肠杆菌感染引发的乳腺炎最开始往往是亚临床乳腺炎，在泌乳早期发展为临床乳腺炎，奶牛乳腺炎症会在挤奶期持续一百多天（Bradley et al，2002）。因此，加强奶牛干奶期管理是防控大肠杆菌引起的乳腺炎的有效方式。

（二）肺炎克雷伯菌

肺炎克雷伯菌是引起环境性乳腺炎的一种病原微生物，主要存在于奶牛生活的周围环境中并通过周围环境进行传播，但偶尔也会通过感染的奶牛传染给健康的奶牛（Schukken et al，2011）。肺炎克雷伯菌最常见于垫料（Unnerstad et al，2009），特别是在木屑中，水和土壤也是它生存的介质（Fuenzalida and Ruegg，2020）。奶牛感染肺炎克雷伯菌后乳腺炎的发展过程与感染大肠杆菌较为相似，均是在干奶期时从亚临床乳腺炎开始，然后在泌乳期初期发展为临床乳腺炎（Bradley et al，2002）。肺炎克雷伯菌引起的乳腺炎会造成牛奶产量明显降低，研究表明由肺炎克雷伯菌引起的临床乳腺炎奶牛与未受感染的奶牛相比每天损失约 4.9kg 牛奶（Hertl et al，2014）。另外肺炎克雷伯菌不仅入侵乳腺，还会入侵肺部，有研究称在患有严重临床乳腺炎奶牛的肺部微生物培养物中发现了肺炎克雷伯菌（Ribeiro et al，2008）。

（三）金黄色葡萄球菌

金黄色葡萄球菌是引起奶牛乳腺炎最常见的菌株。金黄色葡萄球菌菌株在体外对多种抗生素敏感，但是抗生素对于奶牛体内金黄色葡萄球菌的治疗效果却非常有限。金黄色葡萄球菌具有很强的生存能力（Mullarky et al，2001），可以侵入乳腺上皮细胞（Lammers et al，1999），诱导乳腺纤维化。金黄色葡萄球菌会使乳房的分泌组织永久性损失，损失的分泌组织会被非分泌组织所替代，这也是金黄色葡萄球菌引起奶牛产奶能力永久性下降的原因（Zhao and Lacasse，2008）。奶牛感染金黄色葡萄球菌后的治愈率非常低，患病奶牛还会通过挤奶机、挤奶工作人员的手和擦拭奶牛乳房的毛巾将金黄色葡萄球菌传染给其他奶牛。为了防止患病奶牛不断将金黄色葡萄球菌传染给健康奶牛对牛场造成更大的经济损失，及时对感染金黄色葡萄球菌的奶牛进行鉴别并完成扑杀是很有必要的。

（四）乳房链球菌

乳房链球菌与肺炎克雷伯菌类似，主要存在于稻草等垫料中。奶牛在感染乳房链球菌后的第 6d，乳腺腺泡组织纤维化，与金黄色葡萄球菌损害乳房的方式相似，这也是抗生素治疗乳房链球菌导致的乳腺炎效果不佳的原因（Unnerstad et al，2009）。由乳房链球菌引起的乳腺炎大多发生在干奶期，通常持续 16～46d（McDougall et al，2004），表现为亚临床乳腺炎。

(五)　无乳链球菌

无乳链球菌以传染性强和传播速度快著称。在奶牛感染后无乳链球菌出现在乳腺组织中，附着在乳腺管壁上，引起奶牛乳腺炎症。与金黄色葡萄球菌以及其他传染性病原体不同，无乳链球菌无法在乳房外繁殖和生长，只能在挤奶人员的手上、挤奶机和乳头表面短暂存活（Merl et al，2003），因此无乳链球菌很容易存在于管理不善和卫生条件较差的牛群中。

二、自身因素

奶牛对乳腺炎的防御通常比较依赖自身的先天免疫能力，大多数乳腺炎症是致病菌穿过了乳头管所导致。如果牛体的先天免疫能力不够，进入乳头池的致病菌将在乳腺组织中复制增殖（Rainardand Riollet，2006）。在奶牛的生产过程中，通常分娩前后和泌乳早期容易发生乳腺炎症反应，其原因是在这段时间奶牛乳腺的免疫能力较低（Burvenich et al，2003）。奶牛自身乳腺的结构功能也会影响乳腺炎的发病率，乳房体积小的奶牛更不容易受到乳房损伤，并且乳房的凹凸形态、乳房间距和乳头管松紧度均影响乳腺炎的发病率（张月，2016）。通常年龄较大的奶牛更容易患乳腺炎，这是因为奶牛在日常生产中挤奶次数不断累积导致乳腺组织松弛，致病菌更容易侵入（刘玉平等，2009）。也有研究指出产第一胎的奶牛的乳腺炎患病率较低，在生产第四胎后奶牛乳腺炎的发病率达到高峰（杨章平等，1998）。

三、饲养管理

在奶牛饲养管理的过程中，也有诸多因素易导致乳腺炎。奶牛场的规划设计不科学导致场区雨水、粪便、旧垫料处理不当，容易使奶牛乳腺炎症等疾病在牛群中传播（罗齐英和陆龙燕，2010）。在给奶牛挤奶的过程中，乳头药浴消毒不彻底、挤奶仪器不干净均会导致乳腺炎患病率的增加（郭蕾和李术勇，2007）。此外饲料营养成分应当均衡，饲料的精粗比例应当处在适宜范围，维生素和微量元素需供给充足，奶牛对乳腺炎症的抗病力才更高（古丽热·吾甫尔，2015）。不同的气候对奶牛的乳腺炎患病情况也有显著的影响，高温高湿的环境下奶牛容易发生热应激，这种状态下更容易患乳腺炎，气候较为凉爽干燥的条件下奶牛患乳腺炎的概率更低（胡文洁等，2013）。

四、环境因素

清洁的环境对于改善奶牛乳房健康、消除乳腺炎有很重要的作用。环境性乳腺炎的发生与牛舍卫生水平低有关，许多环境性乳腺炎致病微生物生存在牛舍的垫料中，不及时更换牛舍垫料、清理粪便会导致链球菌等病菌滋生，进而使奶牛感染乳腺炎。日常饲养管理过程中，奶牛在挤奶期间最容易患乳腺炎，特别是挤奶室器具消毒频率较低时病原微生物很容易传播至健康奶牛。除了确保环境干净卫生之外，也要保证奶牛身体的清洁卫生，尤其是乳房部位的卫生，在每次挤奶时应使用消毒后的干净毛巾对乳房进行清洁，并在挤奶后药浴。药浴后奶牛乳头末端会形成物理屏障，进而防止病原微生物进入乳房。

第四节　乳腺炎对奶牛生产和健康的影响

一、乳腺炎对奶牛生产性能的影响

乳腺炎不仅使奶牛产奶量显著下降，同时会改变乳成分，降低乳品质量（金亚东等，2016）。毛永江等（2011）研究表明，临床乳腺炎或亚临床乳腺炎均会导致奶牛的产奶量显著下降，并且引起乳中乳糖含量显著下降，SCC 显著增加。Boujenane 等（2015）通过分析 1725 头奶牛生产性能测定（dairy herd improvement，DHI）数据探究首次乳腺炎发生时间对荷斯坦奶牛生产性能的影响，发现产奶高峰前患乳腺炎的奶牛产奶量和乳脂率均显著低于产奶高峰后患乳腺炎的奶牛，这提示奶牛场应该特别注意产后早期乳腺炎。Kalorey 等（2001）研究了不同程度的亚临床乳腺炎对杂交奶牛泌乳生化指标的影响，发现乳汁中 SCC 和总蛋白浓度随着亚临床乳腺炎程度的加重呈线性增加趋势。Hogarth 等（2004）发现乳腺炎奶牛乳清中血清转铁蛋白和白蛋白的浓度增加，而 α-乳清蛋白和 β-乳球蛋白的浓度降低。常玲玲等（2011）发现与正常奶牛相比，隐性乳腺炎奶牛乳中不同种类的脂肪酸含量及脂肪酸总含量普遍下降，并且脂肪酸组成也发生了变化。这些研究揭示了奶牛乳腺炎对产奶量和乳中乳糖、脂肪、蛋白质和脂肪酸等方面造成的影响，这也是奶牛乳腺炎受到广泛关注的原因。

二、乳腺炎对奶牛乳腺功能的影响

细胞凋亡是乳腺炎发生时细胞的一种死亡形式，在乳腺炎的发病机制中起重要作用。Chen 等（2017）在诺卡氏菌性乳腺炎中发现诺卡氏菌能促进线粒体细胞色素 c 释放，提高 caspase-9 和 caspase-3 以及细胞 LDH 水平，造成大量细胞凋亡。透射电镜下凋亡/坏死细胞表现出特定的超微结构特征，如内质网肿胀，线粒体嵴变性、肿胀，细胞表面形成囊泡，细胞膜和核膜破裂、结块、碎裂以及染色质边集等。Jia 等（2020）利用金黄色葡萄球菌诱导奶牛乳腺炎后，也发现乳腺上皮细胞凋亡率和坏死率显著升高，并且这一变化与细胞内杀白细胞素的大量表达有关。Hu 等（2014）研究证明金黄色葡萄球菌诱导牛乳腺上皮细胞（BMECs）凋亡具有时间和剂量依赖性，金黄色葡萄球菌通过 Fas 和 Fas 相关死亡域受体诱导原代 BMECs 凋亡，并随后触发 caspase-8 依赖的信号转导。Shi 等（2020）研究发现大肠杆菌感染 BMECs 后，BMECs 凋亡显著增加，并表现为基质金属蛋白酶表达降低，ROS 过度生成，Bax/Bcl-2 表达上调，caspase-3 裂解，TUNEL 检测阳性细胞增多。

乳腺炎会导致乳腺组织损伤或坏死，血乳屏障完整性被破坏。乳腺炎会增加奶牛机体内 ROS 和 MDA 等物质的浓度，引起氧化应激，造成乳腺组织氧化损伤（Shaukat et al，2021）。在急性乳腺炎中，乳导管被纤维蛋白、白细胞和细菌堵塞，细菌繁殖和扩散产生微小的感染灶,导致组织退化和坏死,BMECs 由于牛奶成分的积聚而变成空泡状,最终从基膜脱落;慢性乳腺炎表现为因小导管阻塞而引起的散在性感染灶(Akers and Nickerson,2011)。血乳屏障是上皮细胞通过不同的结构(如紧密连接蛋白 occludin 和 claudin)紧密地连接在一起形成的,完整的血乳屏障阻止了乳腺中血液和乳汁之间细胞成分的交换,对牛奶成分的稳定性有重要作用,但在乳腺炎期间,血乳屏障的完整性降低(Wellnitz and Bruckmaier,2021)。Zheng 等(2021)的 BMECs 试验表明,大肠杆菌诱导乳腺炎后,BMECs 紧密连接蛋白 claudin-1、claudin-4、occludin 和 ZO-1 表达显著下降;小鼠模型试验表明大肠杆菌诱导乳腺炎小鼠乳腺组织损伤,显著降低紧密连接蛋白 claudin-3、occludin 和 ZO-1 的表达量。Xu 等(2018)通过体外和体内试验均证实了乳腺炎发生后 IL-1β 的增加造成 BMECs 紧密连接渗透性增加,破坏血乳屏障的完整性,而这一变化通过 IL-1β-ERK1/2-MLCK 轴介导。

三、乳腺炎对奶牛繁殖性能的影响

乳腺炎导致奶牛发情间隔时长增加、黄体期缩短,影响奶牛妊娠的建立和维持并阻碍胚胎的发育(Edelhoff et al,2020)。将乳腺炎奶牛与健康奶牛繁殖记录进行比较发现,乳腺炎奶牛首次配种天数和受孕天数均大于健康奶牛(Nava-Trujillo et al,2010)。体细胞数高的奶牛在人工授精前怀孕率较低(Lavon et al,2011)。这些结果均表明乳腺炎对奶牛繁殖性能造成负面影响。乳腺炎主要通过机体免疫系统和内分泌系统的变化影响生殖器官,从而对奶牛生殖系统产生影响。乳腺炎奶牛乳腺上皮细胞(Bannerman,2009)和乳(Slebodziński et al,2002)中 TNF-α 和 IL-6 浓度升高。TNF-α 使内细胞团数量减少,损害胚胎干细胞的分化潜力,降低胚胎的存活率(Soto et al,2003)。TNF-α 干扰颗粒细胞和膜细胞类固醇的分泌,使卵泡液的组成发生改变,卵泡中卵母细胞发育的环境受到破坏,影响受精和胚胎发育(Deb et al,2011)。乳腺炎奶牛往往营养不良,缺乏维生素和微量元素等必需营养素,使肠道菌群失调、功能受损,免疫功能受抑制,性激素水平改变,使生殖能力受损。病原微生物可通过血液发生转移,乳腺中的有害细菌可能会转移到子宫或阴道,子宫微生物感染会导致早产,阴道菌群紊乱可引起阴道萎缩或阴道干涩,影响性欲和生殖质量(Jeon et al,2017)。

四、乳腺炎对奶牛免疫功能的影响

奶牛发生乳腺炎后会激活 NF-κB 和 MAPK 等炎症相关通路,导致乳腺上皮细胞 TNF-α、IL-1β 和 IL-6 mRNA 表达丰度和分泌水平均显著升高(An et al,2021;Jia et al,2021)。Akhtar 等(2020)发现患乳腺炎奶牛的乳腺组织中 TLR-2 和 TLR-4 过度表达并激活 NF-κB/MAPK 通路,进而介导促炎细胞因子 TNF-α、IL-1β 和 IL-6 的基因表达。Rai 等(2015)研究发现临床和亚临床乳腺炎奶牛血浆中一氧化氮和 TNF-α 水平均显著高于健康奶牛。Huma 等(2020)发现亚临床和临床乳腺炎奶牛血清和乳清中 IL-8 和 Hp 水平显著高于健康奶牛,这两者可以作为奶牛乳腺炎的诊断标志物。

奶牛乳腺发生炎症时会伴随免疫球蛋白分泌的变化。Kalorey 等(2001)的研究表明乳中免疫球蛋白的浓度随亚临床乳腺炎程度的加重呈线性增加。Galfi 等(2016)的研究表明，亚临床乳腺炎奶牛的乳铁蛋白和 IgG 浓度显著高于正常泌乳奶牛，并且乳铁蛋白和 IgG 浓度呈显著正相关，乳铁蛋白可以通过与铁离子螯合发挥抑菌活性，IgG 可以通过补体激活、细菌调理素作用和凝集作用发挥抑菌效果。Krukowski 等（1998）研究发现临床乳腺炎奶牛的乳中 IgG 浓度显著高于健康奶牛和亚临床乳腺炎奶牛。Zhang 等（2018）通过乳导管灌注无乳链球菌的方法诱导荷斯坦奶牛发生乳腺炎，使用抗体微阵列以及同位素标记相对和绝对定量法来比较健康和乳腺炎奶牛乳腺组织的转录组和蛋白质组，发现无乳链球菌引起的乳房内感染引发了复杂的宿主先天免疫反应，包括补体和凝血级联反应、细胞外基质-受体相互作用、局灶性黏附以及上皮细胞的细菌入侵途径，为进一步研究奶牛乳腺炎的预防和靶向治疗提供了候选基因或蛋白质。

五、乳腺炎对奶牛胃肠道健康的影响

反刍动物体内微生物数量是细胞数量的 120 倍（Zhao et al，2022），这些微生物大部分存在于动物胃肠道中，胃肠道微生物有助于营养物质的降解、消化和吸收，与动物的健康和生产性能密切相关。传统观点认为病原微生物通过乳导管进入乳房引起乳腺感染是奶牛发生乳腺炎的主要途径。研究报道患有乳腺炎奶牛的胃肠道中与炎症相关微生物群落的结构和代谢物丰度发生了显著改变（Zhong et al，2018）。最近的研究表明当胃肠道菌群失调时，胃肠道菌群可通过淋巴和血液循环扩散到乳腺，导致奶牛乳腺炎的发生（Wang et al，2021）。Ma 等（2018）发现将乳腺炎奶牛粪便微生物移植到小鼠肠道中可导致小鼠出现乳腺炎症，若在粪菌移植的同时让小鼠摄入益生菌则可缓解小鼠的乳腺炎症状。致病微生物除了通过乳导管使奶牛感染乳腺炎，也可以通过内源性途径感染乳腺引起炎症，即存在肠-乳腺途径。当奶牛患有乳腺炎时紧密连接蛋白表达被阻碍，乳腺上皮完整性受到损害，血乳屏障被破坏，肠道中的细菌可以通过肠细胞转移到乳腺中（Schwarz et al，2018）。胃肠道微生物及其毒素也可通过肠黏膜上皮转运至肠系膜淋巴结、周围组织和远处器官（Nagpal and Yadav，2017），影响乳腺组织健康。

六、不同乳腺健康状况对奶牛生产性能和肠道微生物的影响研究

用综合法和回归法研究不同乳腺健康状况对奶牛生产性能和肠道微生物的影响，通过奶牛试验探究乳腺炎奶牛机体免疫机能的变化和乳腺炎对肠道菌群的影响，为乳腺炎的有效防治提供科学指导。选取体重、泌乳量、泌乳天数（50～150d）、胎次（2～5 胎）相近的泌乳早期荷斯坦奶牛 18 头（均由河北省行唐县林华牧场提供），所选奶牛均饲喂相同的全混合日粮（total mixed rations，TMR），根据乳中 SCC 水平分为健康组（H 组，SCC<$2×10^5$ 个/mL）、亚临床乳腺炎组（SM 组，$2×10^5$ 个/mL≤SCC≤$5×10^5$ 个/mL）和临床乳腺炎组（CM 组，SCC>$5×10^5$ 个/mL），每组 6 头奶牛。共进行为期 45d 的饲养试验，其中 10d 预试期，35d 正试期。

从表 2-1 中可以得知乳腺炎的严重程度对奶牛生产性能产生了不同程度的影响。与 H 组相比，SM 组产奶量、乳脂率、乳蛋白率、脂蛋比和乳糖率均显著下降（$P<0.05$），体细胞数显著上升（$P<0.05$）。而 CM 组与 H 组相比，产奶量、乳脂率、乳蛋白率、脂蛋比、乳

糖率、总固形物和尿素氮等指标显著下降（$P<0.05$）。CM组和SM组相比，随着乳腺炎严重程度的加深，产奶量、乳糖率指标显著下降（$P<0.05$），体细胞数显著上升（$P<0.05$）。

表2-1 不同乳腺健康状况对奶牛生产性能的影响

指标	H组	SM组	CM组	标准误	P值
产奶量/(kg/d)	52.38[a]	42.52[b]	34.88[c]	1.93	<0.001
乳脂率/%	4.08[a]	3.51[b]	3.05[b]	0.12	<0.001
乳蛋白率/%	3.30[a]	2.98[b]	2.96[b]	0.06	0.018
脂蛋比F/P	1.24[a]	1.18[ab]	1.03[b]	0.03	0.009
乳糖率/%	5.29[a]	5.04[b]	4.74[c]	0.06	<0.001
总固形物/%	12.43[a]	11.05[b]	10.52[b]	0.27	0.005
尿素氮/(mg/dL)	12.22[a]	14.12[ab]	14.73[b]	0.43	0.033
体细胞/(×10⁴ 个/mL)	3.67[a]	31.05[b]	125.15[c]	14.82	<0.001

如表2-2所示，乳腺炎的严重程度对奶牛乳清炎症因子水平产生了不同程度的影响。与H组相比，SM组中ALP和MPO含量显著上升（$P<0.05$）。而CM组与H组相比，IL-6、ALP和MPO含量显著上升（$P<0.05$）。但SM组与CM组相比，只有IL-6存在显著差异（$P<0.05$）。其他指标差异不显著（$P>0.05$）。

表2-2 不同乳腺健康状况奶牛乳清炎症因子水平

指标	H组	SM组	CM组	标准误	P值
N-乙酰葡糖胺(NAG)/(ng/mL)	12.28	14.59	13.10	0.58	0.291
IL-1β/(pg/mL)	191.91	201.90	213.79	9.66	0.694
IL-6/(pg/mL)	89.46[a]	88.34[a]	112.60[b]	4.86	0.052
ALP/(pg/mL)	1533.05[a]	2045.80[b]	2120.86[b]	90.83	0.002
LDH/(ng/mL)	85.52	92.14	88.68	4.10	0.834
MPO/(ng/mL)	15.55[a]	22.12[b]	21.01[b]	1.02	0.003
TNF-α/(pg/mL)	93.34	99.52	94.05	3.97	0.817

如表2-3所示，乳腺炎的严重程度对奶牛血清免疫因子水平产生了影响。SM组与H组相比，SAA含量显著上升（$P<0.05$），IgA含量显著下降（$P<0.05$）。CM组与H组相比，SAA含量显著上升（$P<0.05$），IgA含量显著下降（$P<0.05$），但与SM组相比含量变化不显著。其他指标差异不显著（$P>0.05$）。

表2-3 不同乳腺健康状况奶牛血清免疫因子水平

指标	H组	SM组	CM组	标准误	P值
SAA/(pg/mL)	1897.32[a]	1969.74[b]	2087.03[b]	193.27	<0.001
IgA/(ng/mL)	10.49[a]	9.24[b]	9.64[b]	0.43	0.451
IgG/(μg/mL)	19.37	16.89	17.22	0.81	0.423
IgM/(ng/mL)	18.14	16.76	17.27	0.64	0.700
HP/(ng/mL)	391.23	341.27	329.40	18.17	0.358

本研究中，随着乳腺炎严重程度的加深，SCC 显著增加，而产奶量、乳蛋白和乳脂肪等指标显著下降。SCC 是反映乳腺组织损伤程度的指标之一，其升高引起的产奶量降低可能是由于致病菌的繁殖导致内毒素在乳腺组织蓄积，破坏了泌乳组织的正常生理结构，影响了乳腺细胞营养的正常供应和代谢功能。除此以外，乳腺炎还会引起乳腺组织中炎症细胞的浸润和堆积，同时会引发炎症介质的释放，如白细胞介素和肿瘤坏死因子等，这些物质会破坏乳腺上皮细胞，并抑制乳腺上皮细胞的分泌功能。此时乳中的营养物质如乳蛋白和乳脂肪等含量就会随着乳腺炎严重程度的增加而降低。此外，乳腺炎还会影响奶牛的食欲和消化吸收能力，从而影响其营养状态，进而影响乳腺细胞的代谢和合成能力。本研究中，牛奶尿素氮含量随乳腺炎严重程度的增加显著上升，可能是因为乳腺炎引起的炎症反应会引起机体应激反应，从而导致蛋白质分解和合成失衡。此外，乳腺炎还可能导致奶牛的食欲减退和消化功能受损，进而导致蛋白质的摄入和消化能力下降，也可能导致尿素氮含量上升。尿素氮的含量还与奶牛饲料中的蛋白质含量和质量有关，如果奶牛饲料中蛋白质含量过高或质量不佳，也会导致尿素氮含量上升。

血清炎症因子水平是衡量机体炎症反应的一种指标，其包括 IL-1β、IL-6 和 TNF-α 等。许多研究表明，乳腺炎和血清炎症因子水平之间存在关系。在乳腺炎的初期，机体会释放一些炎症因子，如 IL-1β、IL-6 和 TNF-α 等，以引发免疫反应并抵御细菌感染。这些炎症因子的水平在乳腺炎发作时会升高，反映了机体的炎症反应程度。本研究中，TNF-α、IL-1β 和 IL-6 的含量变化却不符合预期，这可能是由于炎症反应的持续和加剧使机体免疫系统逐渐发生变化，细胞因子的产生可能会逐渐减少，从而导致乳清中 TNF-α 含量的下降。本研究中，亚临床组与临床组乳清中 ALP 含量相比健康组显著上升。ALP 是一种酶，在乳腺炎发生时，乳腺组织的正常生理结构受到损伤，乳腺上皮细胞被破坏，免疫细胞如中性粒细胞、巨噬细胞等会聚集到乳腺组织中，以应对感染，这些免疫细胞活动的增加会导致 ALP 的释放增加。MPO 是一种由中性粒细胞释放的酶类物质，在炎症反应中扮演着重要的角色。本研究中，随着乳腺炎严重程度的加深，乳清中 MPO 含量显著上升。乳清 LDH 是乳腺细胞内酶的一种，是细胞内氧化还原酶中的一种同工酶。在乳腺炎的早期阶段，乳腺组织受到细菌感染，导致细胞死亡和破坏，这些死亡和破坏的细胞会释放 LDH。因此，在乳腺炎初期，乳清中的 LDH 含量通常会升高。然而，在乳腺炎发作后的一段时间内，机体免疫系统会对乳腺组织进行修复，破坏的细胞也会被机体清除掉。这会导致乳清中 LDH 含量的下降，因为没有新的细胞受到破坏，也就没有新的 LDH 被释放到乳清中。

SAA 是一种急性时相蛋白质，也是一种炎症标志物，在动物机体发生急性炎症反应时往往会显著升高。本研究中，随着乳腺炎严重程度的加重，CM 组奶牛血清中 SAA 水平显著上升，在乳腺炎奶牛的炎症过程中，由于病原菌的侵入和乳腺组织的受损，机体会产生大量的炎症介质和细胞因子，这些因子可以刺激肝脏合成和分泌 SAA，从而导致血清中 SAA 水平的升高。本研究中，IgA、IgG 和 IgM 的水平变化并不符合预期，这可能是由于乳腺炎会引起机体免疫系统失调，从而影响抗体的生成和分泌。在乳腺炎发生过程中，病原菌或病原体的抗原刺激机体免疫系统产生抗体，其中包括 IgA、IgM 和 IgG 等。但是，如果机体免疫系统的功能出现紊乱，可能会导致 IgA 等免疫因子的生成和分泌减少，血清中免疫因子含量就会下降。

综上所述，随着乳腺炎严重程度的加深，奶牛的产奶性能显著下降，乳清中炎症指标 IL-6 和 ALP 显著上升，血清中免疫指标 SAA 显著上升，免疫球蛋白水平下降，导致奶牛肠道微生物群落结构发生改变。

第五节　奶牛乳腺炎的防治

一、奶牛乳腺炎的物理防治措施

奶牛乳腺炎对奶牛的健康和生产都会产生严重的影响。为了有效防控奶牛乳腺炎，可以从以下几个方面入手：合理的饲养管理是防控奶牛乳腺炎的基础，包括保持乳房清洁，定期进行清洗和消毒，避免磨损和挤压乳房，避免奶牛受到寒冷、潮湿、刺激等因素的影响，合理安排饮食和饮水等（Sjostrom et al，2019）；及时进行预防接种，奶牛乳腺炎的病原菌主要是革兰氏阳性球菌，通过进行预防接种可以有效地控制疾病的发生，根据当地病情和疫苗情况，可以选择针对主要病原菌的疫苗进行接种；定期对奶牛进行乳腺炎的检测，包括 CMT 试验和乳中酶学检测等方法，及时发现患病奶牛并进行隔离和治疗，以避免疾病的传播和扩散；为了使高产奶牛在产奶期间能够更加健康和产出更加优质的牛奶，可以在一个产奶周期结束后对奶牛进行干奶处理，在干奶期时，奶牛可以得到很好的休息和营养补充，以应对下一个产奶周期（Bucher and Bleul，2019）；在进行治疗时，应该根据病原菌的种类和对药物的敏感性进行合理用药，避免滥用抗生素和激素等药物，以避免药物残留和抗药性的产生；为了更好地防控奶牛乳腺炎，需要对养殖场的管理人员进行相关的培训，提高他们的防疫意识和技能，从而更好地开展防疫工作（Mein，2012）。

二、奶牛乳腺炎的营养调控防治措施

目前，使用抗生素是对抗致病菌和治疗乳腺炎的主要方法，但是随着抗生素滥用带来的负面影响的增加以及禁抗策略的提出和实施，寻找一种安全、环保、有效的抗生素替代物以治疗奶牛乳腺炎已经刻不容缓。随着对抗生素替代物的不断研究，已经有越来越多的物质被证实对乳腺炎具有抗炎效果，并有望投入实际生产中。

（一）植物提取物

植物提取物中含有大量的酚类、酸类、生物碱和黄酮类等生物活性物质，具有杀菌及抗炎等功能，且副作用小，有望在将来成为抗生素的替代物。白藜芦醇是从葡萄、松树中提取的多酚类化合物，具有抗氧化和抗炎等生物学功能（Zhang et al，2013）。研究发现，白藜芦醇能通过对 NF-κB 通路的调控抑制 LPS 诱导的牛乳腺上皮细胞中 TNF-α、IL-6 和 IL-β 的分泌（王永生等，2019）。青蒿是一种用于治疗疟疾、黄疸和发热的传统中药，其提取物具有抗菌和抗炎等作用（Rolta et al，2021）。Song 等经过研究发现，青蒿提取物能抑制 NF-κB 信号通路以及 CD36 蛋白的表达，从而对 LPS 诱导的 BMECs 炎症进行缓解，保护细胞间的紧密连接（Song et al，2022）。茶多酚是茶叶中酚类化合物的总称，具有抗炎、抗癌和抗氧化等生物学功能（Yan et al，2020）。有研究结果显示，茶多酚能减少 ROS 产生，抑制 Caspase/Bax 凋亡通路并激活 ERK1/2-NFE2L2-HMOX1 信号通路以治疗 H_2O_2 诱导的 BMECs 氧化应激、炎症和凋亡（Ma et al，2022）。

1. 红景天苷

（1）红景天苷的概述

红景天是一种多年生草本植物，属于景天科红景天属，主要生长在海拔 1800～2700m 的低温高海拔地区，在我国已经有长达一千多年的药用历史，更享有"高原人参"的美誉（周彬彬等，2023）。红景天苷（salidroside，SAL）是从植物红景天的干燥根茎中提取出的一种苯丙素苷，是一种天然的酚类化合物，化学名称为 2-(4-羟基苯基)乙基-β-D-葡萄糖苷，分子式 $C_{14}H_{20}O_7$（裴铮等，2024）。当纯度较低时，红景天苷粉末呈现出浅棕色或棕色；当纯度≥99％时，红景天苷粉末则呈现为白色，且极易溶于水（张定然，2023）。

由于 SAL 具有多种药理活性，目前已被广泛应用于制药领域。传统的 SAL 提取方法是通过超临界 CO_2 萃取和双水相法从天然的红景天植物中进行提取，提取率能高达 99％，但由于自然界中红景天中 SAL 质量分数仅为 0.8％～1％，再加上市场需求量日益增多、环境污染以及中草药生长速度缓慢等原因，传统方法已经无法满足 SAL 的需求量（Jiang et al，2018），因此酪氨酸糖苷反应合成、保护后酪氨酸的酚羟基糖苷反应合成以及基因克隆、基因转化逐渐受到研究人员的关注（刘久茜，2022）。红景天苷化学结构如图 2-1 所示。

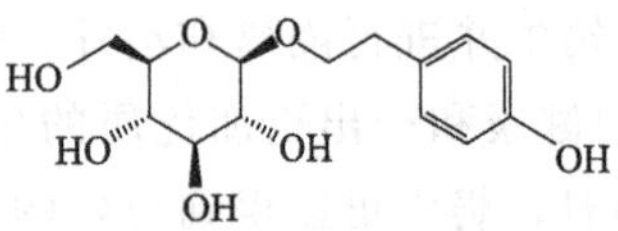

图 2-1　红景天苷化学结构

（2）红景天苷的生物学功能

近年来，大量体内、体外试验证明 SAL 对癌症，心血管疾病，肝脏和肾脏等器官病变过程中的炎症、氧化应激、细胞凋亡及细胞和组织损伤具有积极调控作用，这使其受到广泛关注。

红景天苷的抗炎作用：SAL 在多种疾病中均被证明具有抑制炎症的作用。Hu 等（2021b）研究发现 SAL 通过 AMP 依赖的蛋白激酶［adenosine 5′-monophosphate(AMP)-activated protein kinase，AMPK］依赖机制缓解高脂/高胆固醇饮食诱导的肝细胞脂质积累和炎症反应，抑制促炎细胞因子 IL-6、IL-1β 和 TNF-α 的 mRNA 表达以及 NF-κB 信号通路的激活，减轻脂肪性肝炎。Sa 等（2020）的研究表明 SAL 可以减轻骨关节炎模型大鼠急性期疼痛和关节肿胀，减少滑膜液中促炎介质，下调滑膜中促炎基因的表达，抑制滑膜 NF-κB 的激活和氧化应激反应，有效缓解骨关节炎模型大鼠的急性症状和体征。在内毒素诱导的小鼠肺泡上皮Ⅱ型细胞损伤模型中，SAL 处理降低了细胞 IL-1β、IL-6、TNF-α 和 IL-18 等炎性细胞因子的分泌水平，从而抑制 LPS 诱导的细胞损伤（Tan et al，2022）。Fan 等（2022）发现 SAL 能使小胶质细胞缺氧炎症过程中 NF-κB p65、TNF-α、IL-1β 和 IL-6 的水平降低，发挥缓解炎症的作用。

红景天苷的抗氧化活性：当细胞内外环境中活性氧化物质（超氧离子、过氧化氢和自由基等）过多时，这些活性氧化物会与细胞内脂质、蛋白质、核酸等生物大分子相互作用，进而造成氧化损伤。有研究表明，SAL 能调控抗氧化体系、抑制活性氧积累从而缓解 CCl_4 诱导的小鼠肝脏损伤（Lin et al，2019）。Sun 等通过试验发现，SAL 能抑制 MDA、CAT 和 SOD 活性并清除线粒体中的活性氧，进而增强大鼠抗氧化能力以抵抗因辐射导致的大鼠颌下腺损伤（Sun et al，2022）。干眼症（DED）的原因多种多样，而氧化应激则是引发干眼症的重要因素，有研究通过体内、外试验发现，SAL 能上调 AMPK-SIRT1 通路激活自噬，并促进 Nrf-2 核转位以增强抗氧化酶活性，减少 ROS 积累从而缓解干眼症小鼠的氧化应激（Liang et al，2023）。Li 等通过试验发现，SAL 能通过 Nrf-2/Trx-1 途径缓解氧化应激，并抑制 ASK1/MAPK 途径以减少脑缺血再灌注损伤（CIRI）诱导的细胞凋亡（Li et al，2022）。

红景天苷调控细胞凋亡的作用：SAL 可以通过诱导或抑制细胞凋亡发挥疾病调控作用。Zhang 等（2018）采用大脑中动脉闭塞模型模拟脑损伤和再灌注（injury and reperfusion，I/R），发现 SAL 通过提高细胞活力、降低 LDH 活性以及调控 PI3K/AKT 凋亡通路抑制神经元凋亡，发挥神经保护作用，从而减轻 I/R 引起的损伤。Li 等（2022）发现腹腔注射 SAL 能有效降低脑缺血再灌注损伤中的脑梗死率，加强对 caspase-3 和 Bax/Bcl-2 蛋白的抑制，减少 MDA 的形成，并降低凋亡信号调节激酶-1 和 MAPK 家族蛋白的表达，从而抑制细胞凋亡。Wang 等（2022）研究发现 SAL 可以恢复内稳态，改善呋喃诱导肝损伤过程中胆汁酸代谢紊乱和肝紧密连接被破坏的情况，缓解呋喃诱导的肝细胞凋亡。

红景天苷缓解细胞和器官损伤的作用：SAL 可通过多种形式缓解疾病过程中的细胞和组织损伤，对细胞和组织起到保护作用。Hu 等（2021a）在研究中发现 SAL 通过减少线粒体自噬和保存线粒体形态对脑缺血模型氧糖剥夺诱导的神经元损伤起到保护作用。Tian 等（2022）发现 SAL 预处理大鼠 H9C2 心肌细胞可以显著改善脑缺血再灌注过程中的心功能，减少梗死面积，改善线粒体功能并减少线粒体裂变。Li 等（2020）研究发现 SAL 可以使高脂饮食诱导的肝脏脂肪变性、甘油三酯含量升高和血清促炎细胞因子含量增加等症状得到改善，减轻肝脏损伤程度，并可明显缓解肠道微生物和胆汁酸代谢紊乱及法尼醇 X 受体缺乏症症状。You 等（2021）发现 SAL 通过抑制 NLR 家族 Pyrin 域蛋白 3（NLR family pyrin domain-containing protein 3，NLRP3）通路和增强自噬来保护内皮细胞免受 LPS 引起的损伤。Ma 等（2021）的研究表明 SAL 保护肺泡基底癌上皮细胞免受 LPS 诱导的 ROS 产生和 NLRP3 炎性小体激活的影响，从而缓解组织损伤。

红景天苷调节能量代谢的作用：近年来，SAL 因对某些能量代谢过程具有良好的生物活性而受到广泛关注。Yan 等（2020）发现 SAL 可以通过激活 AMPK/PI3K/AKT 通路和上调葡萄糖转运蛋白 4 的表达来调节能量代谢，以剂量依赖的方式减轻细胞胰岛素抵抗。SAL 还可通过激活 AMPK/SIRT1 信号通路降低胰岛素抵抗，调控线粒体质量和 ROS 产生（You et al，2020）。Zheng 等（2015）发现 SAL 激活 AMPK 抑制磷酸烯醇式丙酮酸羧激酶和葡萄糖-6-磷酸酶的表达，从而增加乙酰辅酶 A 羧化酶的磷酸化，减少外周组织中脂质的积累。在高脂饮食诱导的非酒精性脂肪肝大鼠模型中，SAL 改善了高脂饮食饲喂下大鼠的葡萄糖和胰岛素耐受量，降低了血清和肝脏脂质水平以及肝脏中固醇调节元件结合蛋白（SREBP）-1、SREBP-2 和脂肪酸合成酶的表达，对肝脏起到保护作用（Almohawes et al，2022）。此外，有报道称 SAL 可通过抑制肥胖小鼠附睾白色脂肪组织的脂肪生成和炎症，刺激下丘脑瘦素信号转导，改善葡萄糖稳态，预防糖尿病（Wang et al，2016）。

（3）红景天苷对奶牛乳腺炎调控作用的研究

① 红景天苷在奶牛生产中的应用效果

收集牛场中泌乳量（健康奶牛 19.93kg±2.21kg，乳腺炎奶牛 15.96kg±1.45kg）、泌乳天数（50～150d）和胎次（1～3胎）相近的荷斯坦奶牛 DHI 信息，根据体细胞数选取健康奶牛（SCC$<2\times10^5$ 个/mL）10 头为健康组（CON 组），临床乳腺炎奶牛（SCC$>5\times10^5$ 个/mL）20 头，并将临床乳腺炎奶牛随机分为乳腺炎组（CM 组）和红景天苷组（SAL 组），每组 10 头奶牛。所有试验奶牛试验前均饲喂相同的 TMR，每日 5：30、17：30 饲喂两次，自由饮水。每日 5：30 饲喂时，将三组试验奶牛分别用颈夹固定，SAL 组奶牛的 TMR 中混入含 3%SAL（湖北省饲料质量监督检测站，检测编号 CS20220340）的红景天粉 4g，CON 组和 CM 组奶牛 TMR 不做处理。

炎症指标检测结果表明，乳腺炎发生后奶牛机体多种乳腺炎症标志物和血乳屏障完整性标志物发生改变，在 TMR 中添加 SAL 不仅能降低血清中炎症因子 IL-1β、IL-6、TNF-α 水平，还能减少乳中乳腺炎症标志物 MPO、LDH、NAG 和 ALP 表达量，缓解奶牛乳腺炎症，同时还能保护血乳屏障完整性。

如表 2-4 所示，健康组奶牛日产奶量显著高于乳腺炎组奶牛（$P<0.05$），红景天苷组奶牛日产奶量与健康组和乳腺炎组相比无显著差异（$P>0.05$）。乳腺炎组奶牛乳中乳糖率显著低于健康组和红景天苷组（$P<0.05$），乳腺炎组奶牛乳中体细胞数显著高于健康组和红景天苷组（$P<0.05$）。乳腺炎组和红景天苷组奶牛乳脂率、乳蛋白率以及非乳脂固体率与健康组相比无显著差异（$P>0.05$）。乳腺炎组和红景天苷组奶牛乳中总固形物率与健康组无显著差异（$P>0.05$），但乳腺炎组奶牛乳中总固形物率显著高于红景天苷组（$P<0.05$）。

表 2-4　日粮中添加红景天苷对乳腺炎奶牛乳成分的影响

指标	健康组	乳腺炎组	红景天苷组	P 值
日产奶量/(kg/d)	16.10^a±0.98	11.30^b±0.39	14.73^{ab}±1.75	0.047
乳脂率/%	2.59±0.25	2.18±0.22	2.30±0.50	0.701
乳蛋白率/%	3.67±0.19	3.49±0.13	3.45±0.14	0.588
乳糖率/%	4.86^a±0.07	4.16^b±0.17	4.47^a±0.12	0.008
非乳脂固体率/%	8.49±0.18	8.32±0.17	8.05±0.06	0.162
总固形物率/%	11.50^a±0.17	11.84^{ab}±0.40	10.66^{ac}±0.46	0.100
体细胞数/(×10⁴ 个/mL)	5.70^a±1.27	322.60^b±71.67	119.40^a±3.35	0.005

如表 2-5 所示，在第 0d、40d 时，乳腺炎组和红景天苷组奶牛血清中促黄体生成素、催乳素与健康组相比无显著差异（$P>0.05$），乳腺炎组和红景天苷组奶牛血清中皮质醇含量均显著高于健康组奶牛（$P<0.05$）。在第 0d 时，三组奶牛组间血清中孕酮、肾上腺素水平无明显差异（$P>0.05$）。在第 40d 时，乳腺炎组和红景天苷组奶牛血清中肾上腺素水平显著高于健康组奶牛（$P<0.05$）。在第 40d 时，乳腺炎组和红景天苷组奶牛血清中孕酮含量与健康组奶牛无显著差异（$P>0.05$），红景天苷组奶牛血清中孕酮含量显著高于乳腺炎组奶牛（$P<0.05$）。在第 0d 时，乳腺炎组和红景天苷组奶牛血清中免疫球蛋白 A(IgA) 含量显著低于健康组奶牛；在第 40d 时，红景天苷组奶牛 IgA 含量与健康组无显著性差异（$P>0.05$），乳腺炎组奶牛 IgA 水平显著低于健康组和红景天苷组奶牛（$P<0.05$）。

表 2-5　日粮中添加红景天苷对乳腺炎奶牛血清生化指标的影响

指标	时间	健康组	乳腺炎组	红景天苷组	P 值
促黄体生成素 /(pg/mL)	第 0d	34.61±1.50	33.79±1.14	34.38±0.50	0.871
	第 40d	44.34±2.36	44.56±0.72	44.16±1.70	0.987
皮质醇 /(μg/L)	第 0d	135.70[a]±3.77	150.38[b]±3.53	153.19[b]±4.92	0.049
	第 40d	135.00[a]±6.11	149.32[b]±1.69	151.67[b]±2.25	0.046
催乳素 /(ng/L)	第 0d	1658.75±68.24	1550.42±23.17	1646.25±48.87	0.298
	第 40d	1767.78±66.38	1842.78±21.70	1831.67±20.97	0.447
肾上腺素 /(ng/L)	第 0d	55.13±0.93	60.39±4.04	60.87±1.82	0.299
	第 40d	53.03[a]±0.21	60.39[b]±0.37	61.04[b]±1.03	0.00021
孕酮 /(pmol/L)	第 0d	1295.00±75.61	1257.50±14.43	1357.50±41.61	0.422
	第 40d	1491.88[ab]±48.78	1365.31[a]±41.49	1532.50[b]±40.34	0.058
免疫球蛋白 A /(μg/mL)	第 0d	184.72[a]±3.47	149.86[b]±7.70	157.64[b]±2.06	0.002
	第 40d	215.74[a]±10.27	187.04[b]±14.14	196.30[a]±2.61	0.208

如表 2-6 所示，在第 0d 和第 40d 时，乳腺炎组和红景天苷组奶牛超氧化物歧化酶、谷胱甘肽过氧化物酶、过氧化氢酶以及丙二醛含量与健康组奶牛无显著差异（$P>0.05$）。在第 0d 时，乳腺炎组和红景天苷组奶牛总抗氧化能力均显著低于健康组奶牛（$P<0.05$）。在第 40d 时，健康组奶牛总抗氧化能力显著高于乳腺炎组和红景天苷组（$P<0.05$），红景天苷组奶牛总抗氧化能力显著高于乳腺炎组（$P<0.05$）。乳腺炎组奶牛总抗氧化能力第 40d 与第 0d 相比下降 74%，红景天苷组奶牛总抗氧化能力第 40d 与第 0d 相比下降 26%。

表 2-6　日粮中添加红景天苷对乳腺炎奶牛抗氧化功能的影响

指标	时间	健康组	乳腺炎组	红景天苷组	P 值
超氧化物歧化酶 /(U/mL)	第 0d	16.54±0.19	16.80±0.40	16.78±0.23	0.78
	第 40d	18.75±0.21	18.84±0.18	18.97±0.16	0.723
谷胱甘肽过氧化物酶 /(U/0.1mL)	第 0d	46.92±12.40	35.38±5.25	57.69±8.83	0.287
	第 40d	22.84±2.57	31.34±10.98	35.37±7.03	0.524
过氧化氢酶 /(U/mL)	第 0d	60.19±5.45	47.82±10.39	39.37±14.83	0.433
	第 40d	56.95±12.27	55.48±10.48	62.55±21.53	0.944
总抗氧化能力 /(U/mL)	第 0d	4.32[a]±0.80	1.88[b]±0.11	2.10[b]±0.33	0.014
	第 40d	3.73[a]±0.38	0.49[c]±0.05	1.54[b]±0.42	0.0002
丙二醛 /(nmol/mL)	第 0d	21.25±8.70	25.00±4.03	20.00±7.91	0.878
	第 40d	38.50±2.22	38.00±2.94	44.00±10.03	0.754

② 红景天苷对奶牛乳腺炎调控作用的机制研究

细胞试验中，根据细胞活力检测结果选取 $10\mu g/mL$ LPS 和 $100\mu mmol/L$ SAL 进行试验，结果发现 SAL 能有效缓解 LPS 诱导的奶牛乳腺上皮细胞炎症。

主成分分析（principle component analysis，PCA）是通过数学降维方法，将原本的变量根据各种因素按重要性排序后，重新组合成一组新的互相无关的综合变量（即主成分），这种分析可以忽略影响较小的因素，从而降低数据的复杂程度，深入挖掘样品之间的关系和变异大小。如图 2-2(A)，本试验中根据各样本所有基因绘制的 PCA 分析图显示 CM 组与 SAL 组在基因表达方面有明显不同。维恩（Venn）图可以直观展示不同处理组之间的数学或者逻辑联系，显示其共有和特有的基因数据。在本试验中，采用交集筛选方式过滤每个样本中表达量 FPKM＜1 的基因后所得结果如图 2-2(B)，CM 组与 SAL 组共有的基因为 10796 个，其中 CM 组特有基因数为 524 个，SAL 组特有基因数为 55 个。

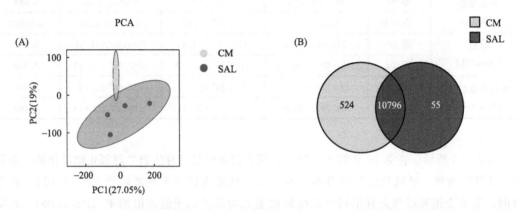

图 2-2　CM 组和 SAL 组基因表达 PCA 分析（A）和 Venn 图（B）
CM 为 LPS 组，SAL 为 LPS＋SAL 组

火山图可以直观反映不同组之间的差异表达基因（DEGs）上调和下调的情况。如图 2-3(A) 所示，与 LPS 组相比，SAL 组显著上调的基因有 84 个，显著下调的基因有 135 个。图 2-3(B) 展示了 CM 组与 SAL 组各样本排名靠前的 DEGs。

如图 2-4，GO 注释图包含 3 个一级功能，图中展示了本试验中基于全部表达基因和基于 DEGs 的富集情况。GO 分析显示本试验差异基因主要集中在生物学过程一级功能分类中，其中 DEGs 数量排前 5 位的为：细胞过程（cellular process）、生物学调控（biological regulation）、代谢过程（metabolic process）、应激反应（response to stimulus）和多细胞生物过程（multicellular organismal process）。分子功能一级功能分类中 DEGs 数量排名前 5 的为：结合（binding）、催化活性（catalytic activity）、分子功能调节（molecular function regulator）、转录调控活性（transcription regulator activity）和转运活性（transporter activity）。细胞组分一级功能分类中包括：细胞解剖实体（cellular anatomical entity）、细胞内（intracellular）和蛋白质复合体（protein-containing complex）。此外，当 DEGs 和全部表达基因的富集趋势不同时，二者的富集比例表现出明显的差距。本试验中 DEGs 的富集程度明显高于全部表达基因的二级功能有生物矿化（biominerilization）、翻译调控活性（translation regulator activity）和货物受体活性（cargo receptor activity）等；DEGs 的富集程度明显低于全部表达基因的二级功能有解毒（detoxinfication）、色素沉着（pigmentation）、分子转导活性（molecular transducer activity）和抗氧化活性（antioxidant activity）等。

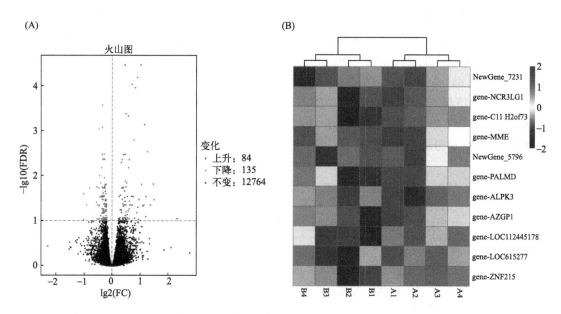

图 2-3　CM 组和 SAL 组差异基因火山图（A）及差异表达基因热图（B）

A1～A4 为 CM（LPS 处理）组，B1～B4 为 SAL（LPS＋SAL 处理）组

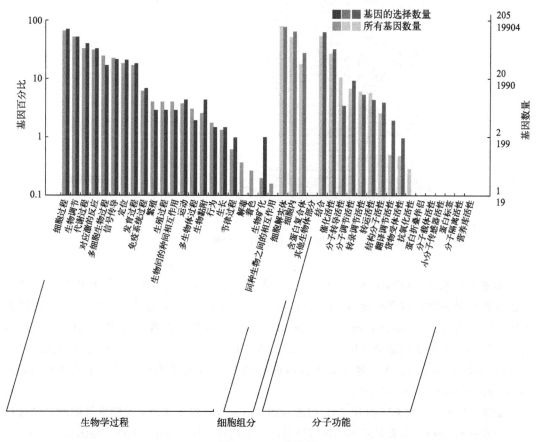

图 2-4　GO 分类图

KEGG 富集通路有 7 个分支，分别是代谢（metabolism）、遗传信息处理（genetic information processing）、环境信息处理（environment information processing）、细胞过程（cellular process）、生物体系统（organism systems）、人类疾病（human diseases）和药物开发（drug development）。如图 2-5 所示，本试验中差异基因主要富集在人类疾病、细胞过程和环境信息处理等方面。在环境信息处理分支中显示了本试验 DEGs 所富集的部分信号通路，如 MAPK 信号通路、PI3K-AKT 信号通路、磷脂酶 D 信号通路、细胞黏附信号通路、FoxO 信号通路和 NF-κB 信号通路等。

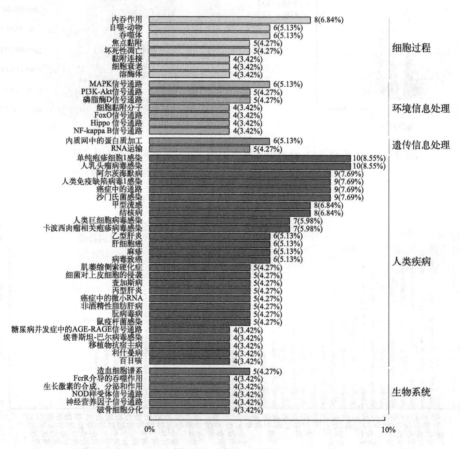

图 2-5   KEGG 分类图

如图 2-6 所示，KEGG 富集图显示了 20 条 KEGG 通路的富集因子、富集基因数量多少以及富集显著性的可靠程度（q-value）。本试验中 DEGs 富集因子最高的 KEGG 通路为 2-氧代羧酸代谢（2-oxocarboxylic acid metabolism），富集基因数目最多的 KEGG 通路为人类免疫缺陷病毒 1 型感染（human immunodeficiency virus 1 infection）和沙门氏菌感染（Salmonella infection）等，富集显著性最可靠的 KEGG 通路为细菌侵入上皮细胞（bacterial invasion of epithelial cells）。

如图 2-7 所示，对 CM 组和 SAL 组细胞的 DEGs 与乳腺炎症相关关键事件的信号转导过程进行 KEGG 分析，结果显示 Notch 信号通路、细胞外基质（extracellular matrix，ECM）受体交流、紧密连接和黏附连接相关信号转导过程在 SAL 组的富集程度呈现上调状态。

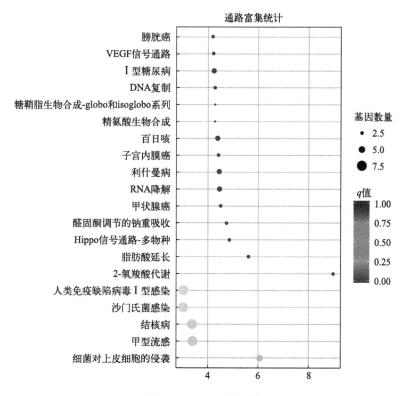

图 2-6 KEGG 富集图

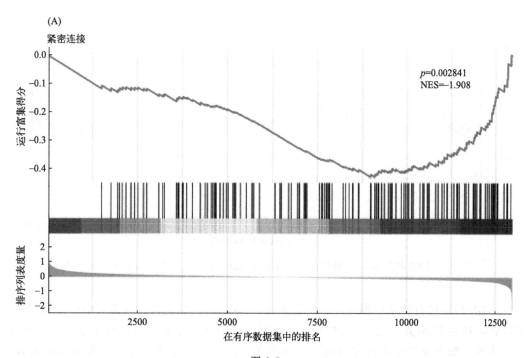

图 2-7

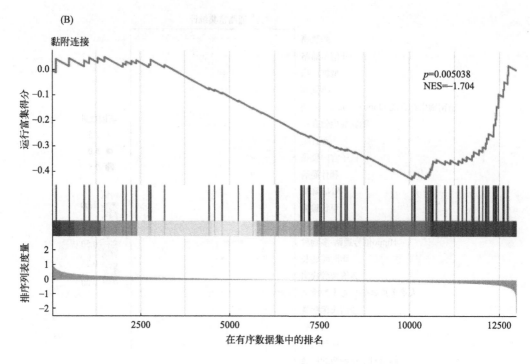

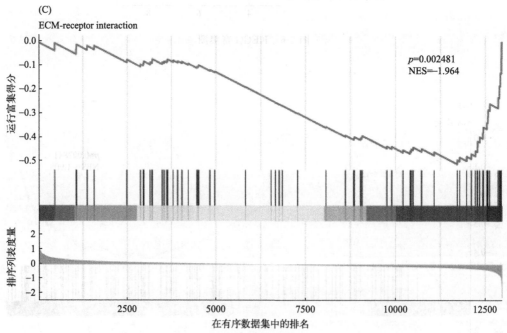

图 2-7　LPS 刺激和 SAL 处理的细胞转录组乳腺炎症相关信号转导的 KEGG 分析

　　对 BMECs 进行转录组测序及分析后发现：SAL 对 LPS 诱导的乳腺炎的保护作用可能与多个信号通路相关，包括 AMPK、MAPK、NF-κB、PI3K/AKT 和 FoxO 等，此外，SAL 发挥乳腺炎调控作用可能与细胞自噬有关。同时，差异表达基因富集分析还发现多个与细胞-细胞间交流、运动和黏附有关的信号通路。

在上述试验基础上，添加了自噬抑制剂 3-MA 后发现，SAL 对 BMECs 炎症的缓解作用被显著抑制，且 SAL 能激活 BMECs 中的自噬活动，但在 AMPK 抑制剂 CC 和 Nrf-2 抑制剂 ML385 处理后，BMECs 中的自噬活动显著降低，且 SAL 对 BMECs 炎症的缓解作用被显著抑制了，因此可以得出结论，SAL 能通过 AMPK/Nrf-2 通路缓解奶牛乳腺上皮细胞的炎症。

2. 二氢杨梅素

(1) 二氢杨梅素的概述

二氢杨梅素（dihydromyricetin，DMY）也被称为白蔹素，属于植物黄酮类化合物。DMY 首次被发现是在 20 世纪 40 年代，由 Purrmann 等从楝叶玉葡萄植物中分离得到（Purrmann，2006）。DMY 是一种微溶于水、易溶于有机溶剂的多酚类化合物，在传统中药中用于治疗咳嗽、发热、疼痛和黄疸等疾病，但目前被用作酒精中毒的拮抗剂（Shen et al，2012）。DMY 的分子式为 $C_{15}H_{12}O_8$，由苯环和苯并吡喃环组成，其结构包含 6 个羟基，其中苯环上连接有三个易被氧化的酚羟基。DMY 在 pH 值较大的条件下容易加速氧化变质，而在酸性条件下更容易稳定存在（林淑英等，2003）。DMY 具有多种药理作用和较高的生物安全性，DMY 的大多数有益药理作用都是通过抑制 ROS 生成和增强抗氧化防御系统的能力来实现的（Ma et al，2014）。此外，DMY 还能通过负向调节刺激炎症相关的 NF-κB 基因表达，发挥强大的抗炎作用（Zhang et al，2018）。在最近的一项研究中，DMY 通过抑制 TLR-4/NF-κB 炎症信号通路，减轻了氨甲蝶呤引起的肝毒性（Matouk et al，2022）。

(2) 二氢杨梅素的抗炎作用

目前 DMY 已在神经系统、肝脏器官和骨关节中表现出显著的抗炎效果。王佳奇等（2016）的研究指出 5mg/L、10mg/L、20mg/L 的 DMY 使 LPS 诱导的 RAW264.7 细胞 IL-1β、IL-6、TNF-α 等炎症因子的分泌量显著降低，并且抑制效果随着 DMY 剂量的增加而更强。丁锦屏（2022）的研究表明 50μmol/L 的 DMY 使 LPS 诱导的细胞炎症因子 IL-1β、TNF-α、IL-6 水平相比对照组下调了 74.5%、75.2%、87.5%。Hou 等（2015）通过 LPS 诱导的小鼠炎症模型探究 DMY 的抗炎效果，结果显示 DMY 通过缓解 p38 抑制 JNK 磷酸化进而抑制 NF-κB 的活化，从而达到缓解炎症的效果。DMY 也可以通过促进核因子 IκBα 磷酸化抑制 p65 核异位和转录激活来抑制 NF-κB 信号通路（Zhang et al，2018）。前人的研究指出 DMY 能够抑制 MAPK 信号通路，减少细胞凋亡（张帆等，2021）。DMY 能够透过血脑屏障，抑制神经系统中的炎症，减轻炎症因子对神经组织的损伤（邓之婧等，2016）。此外 DMY 还能通过抑制 NLRP3 炎性小体的激活进而对体内的脏器炎症发挥治疗作用（Sun et al，2020）。吴菁（2020）的研究指出 DMY 能够明显减轻大鼠关节炎，并减轻关节炎引起的全身性炎症反应。

(3) 二氢杨梅素在畜牧业中的应用

韩爱云等（2006）在肉公雏鸡日粮中添加不同浓度的 DMY，结果显示 0.05% 的 DMY 添加组肉鸡饲料转化率显著提高。郭航等（2008）在肉鸡日粮中添加 0.025% 的 DMY 进行饲养试验，发现 DMY 添加组肉仔鸡的日采食量和日增重显著提高。以上结果表明 DMY 可以促进肉雏鸡的生长发育并且显著提高肉雏鸡的饲料效率。还有研究指出肉鸡日粮中添加 0.025% 的 DMY 可以显著提高腿肌率，并且肉鸡 DMY 添加水平高于

0.05％的组别全净膛率显著高于对照组，这表明 DMY 显著提高肉鸡肉品质（谢鹏等，2004）。常轶聪（2022）的研究指出 DMY 可以通过抑制 ROS，进而调节鸡 NLRP3 炎症小体的活化，最终有效控制 IL-1β 和 IL-18 的分泌，对肠上皮细胞膜通透性起到保护作用。DMY 对鸡肝损伤也具有缓解作用，张瑞琛（2022）通过 LPS 诱导的鸡肝损伤模型进行试验，发现 DMY 可以缓解 GSK872 对 RIPK3 的抑制作用，保护 TRIF/RIPK3/MLKL 信号通路，进而缓解 LPS 诱导的鸡肝细胞损伤。也有研究指出 DMY 可以通过抑制 miR-138-5p 的表达、增强 SIRT1 的表达缓解炎症反应并增强抗氧化能力，进而修复 LPS 诱导的鸡肝脏损伤（张园园，2023）。

魏川（2022）采用 0.01％、0.03％、0.05％ DMY 添加水平的饲粮饲喂体况相似的同批阉公猪，得出结论 0.05％浓度 DMY 可以显著降低生长育肥猪 65kg 后直至出栏这段时期的料重比。试验结果也指出，DMY 增强生长育肥猪肠道抗氧化能力是通过激活了 ERK/Nrf2/HO-1 信号通路实现的。Guo 等（2022）在生长育肥猪日粮中添加 DMY，结果显示 5mg/kg 的 DMY 可以降低生长育肥猪料重比，并且可以提高猪肉的感官品质（剪切力和肉色）和改善猪肉氨基酸组成。也有研究指出 DMY 可缓解呕吐毒素诱导的猪空肠上皮细胞炎症反应和氧化应激（龙红荣，2022）。最新的研究指出 DMY 可以通过调节 TLR-4/MyD88/MAPK/NF-κB 信号通路缓解非洲猪瘟病毒导致的炎症，同时 DMY 减少了非洲猪瘟病毒诱导的活性氧积累，通过抑制 NLRP3 炎症小体激活进一步减少细胞焦亡（Chen et al，2023）。

（二）微生态调控

1. 微生态制剂

（1）微生态制剂防治奶牛乳腺炎的作用机理

微生态制剂是一种活菌制剂，通过改善宿主的微生态平衡来改善宿主的健康状态。益生菌开发的关键技术是筛选出优良的生产菌株，这将直接影响益生菌的应用效果和产品质量。美国食品药品监督管理局（FDA）批准了 43 种用于直接饲喂动物的微生态制剂。1999 年 6 月，我国农业部门公布了 12 种可直接饲喂动物的微生态制剂，分别为干酪乳杆菌、植物乳杆菌、乳酸乳球菌、屎链球菌、粪链球菌、乳酸链球菌、枯草芽孢杆菌、纳豆芽孢杆菌、嗜酸乳杆菌、啤酒酵母、产朊假丝酵母和沼泽红假单胞菌（胡东兴等，2001）。

① 抑制有害微生物生存

正常情况下，肠道菌群及其数量处于动态平衡状态，在由微生物、动物有机体和环境组成的微生态系统中，优势菌群对整个微生物群起着至关重要的作用。当机体受到某些外界因素或应激刺激时，这种平衡可能会被打破，动物机体中的菌群平衡失调，好氧或兼性厌氧菌的比例逐渐增加，如果此时饲喂微生态制剂，原先优势菌如厌氧菌逐渐增加并恢复正常，而需氧菌和兼性厌氧菌逐渐减少维持原有状态（李桂杰等，2000）。此外，微生态制剂含有有益微生物，对体内致病微生物具有生物拮抗作用，这些有益微生物可以竞争性地抑制病原微生物对肠上皮细胞的黏附，并与病原微生物竞争有限的营养和生态位点，从而抑制病原微生物的生长和繁殖。

② 降低肠道 pH 值

当动物的微生态平衡被破坏时，体内菌群比例失调，大肠杆菌等有害细菌增加，蛋白质被分解释放出胺和氨等有害物质，动物性能降低，出现腹泻等病理状况。研究发现，在日粮中添加芽孢杆菌可以产生蛋白质肽类抗菌物质并拮抗肠道中的病原微生物，同时，芽孢杆菌作为好氧细菌可以通过生物氧清除过程支持厌氧细菌的生长并维持优势菌群（郭小华等，2010）。此外，挥发性脂肪酸中乙酸和丙酸的含量以及体内空肠内容物中的乳酸含量增加，导致肠道 pH 降低，从而抑制病原微生物的生长。酵母菌可直接为机体提供菌体蛋白和维生素，刺激瘤胃中纤维素分解细菌和乳酸利用菌的增殖（Malekkhahi et al，2016）。Daw（1990）发现在将酵母制剂加入奶牛日粮后，纤维素分解菌的量比对照组高 5～40 倍，酵母菌增加了微生物分解纤维素的速度，从而提高了饲料的消化率。乳酸菌可以产生乳酸、乙酸、丙酸、多种维生素和生长促进因子，并改善纤维素和精料的水解速率，提高饲料利用率，增强动物消化能力，增加营养素吸收的同时调节肠道菌群，抑制病原菌，增强免疫力。同时，乳酸菌还可以产生大量物质，如有机酸、过氧化氢、酶和细菌素，可以拮抗病原微生物，降低肠道 pH 值，抑制病原微生物的增殖，稳定优势菌群。研究表明，双歧杆菌和乳酸杆菌也可以产生胞外糖苷酶，降解肠黏膜上皮中的特定碳水化合物，从而防止病原菌和毒素侵入上皮细胞（王瑜等，2005）。

③ 提高动物消化酶活性

益生菌可以产生多种酶，参与动物消化道中"酶池"的形成，促进营养物质的消化和吸收。刘涛等（2013）通过在肉鸡日粮中添加枯草芽孢杆菌 J-4 菌剂发现，饲喂 J-4 菌剂可以促进机体分泌各种消化酶，如蛋白酶、纤维素酶、脂肪酶和淀粉酶，降解植物饲料中的非淀粉多糖，提高蛋白质的利用效率，且对肉鸡肠道中的常见病原体（如大肠杆菌）有明显的抑制作用，使肉鸡日增重显著增加，料重比显著降低，直接或间接影响肠道中各种消化酶的活性。陈惠等（1994）和潘康成等（1997）表明，用不同种类的芽孢杆菌制备的微生态制剂可以提高肠道的消化酶活性，这是微生态制剂促进动物生长的重要因素。

④ 促进动物生长

微生态制剂在进入机体后会产生各种营养素，如维生素、氨基酸和促生长因子等。凝结芽孢杆菌、芽孢乳杆菌和乳酸菌等在体内肠道形成致密的膜，它们在厌氧条件下产生大量的乳酸，具有很强的耐酸性，可增加 Ca、P、Fe 和维生素 D 的吸收，同时，减少了大肠杆菌和金黄色葡萄球菌等有害细菌的定植。安永义等（1996）表明，添加芽孢杆菌、酵母菌和乳酸杆菌可使肉鸡的饲料转化率分别提高 7.1%、15.7% 和 32.2%。此外，一些有益菌会在体内形成重要的营养因子，减少应激的影响，促进矿物质的吸收。

⑤ 提高机体免疫力

提高机体的免疫力是将微生态制剂添加到日粮中的主要作用效果。研究发现，凝结芽孢杆菌鸡饲料添加组与对照组相比，免疫器官迅速生长，血液中 T 细胞含量增加（刘克琳等，1994）。益生菌可诱导细胞因子如干扰素和白介素通过淋巴循环以激活全身免疫功能，调节肠道菌群平衡。益生菌口服给药后，使肠道微生态系统处于最佳状态，激活肠黏膜相关淋巴组织，并诱导巨噬细胞、T 细胞和 B 细胞释放大量抗炎性细胞因子，增强免疫力（潘康成等，1997）。酵母菌细胞壁中含有酵母多糖，其有效成分是葡聚糖、甘露聚糖和几丁质，可以提高免疫力，促进动物健康（胡东兴，2001）。

（2）微生态制剂在奶牛乳腺炎中的应用

在日粮中添加抗生素可以促进动物生长，预防动物疾病，并增加畜产品的产量。但是，长期使用抗生素产生的耐药性、药物残留和环境污染等问题已成为当前国内外关注的焦点。微生态制剂是一种无污染、无毒副作用、无抗性并且无残留的饲料添加剂，目前的研究发现它可以成为理想的抗生素替代品（汪文忠，2018）。

微生态制剂通常是由枯草芽孢杆菌、酵母菌、乳酸菌和其他有益菌组成。进入奶牛机体后，这些有益菌在繁殖过程中产生许多小分子肽，可以杀死乳腺中的致病菌。有研究给感染金黄色葡萄球菌的隐性乳腺炎奶牛饲喂 20d 微生态制剂并收集其乳样进行实验室诊断，结果发现超过 90% 的隐性乳腺炎奶牛已经变为阴性（王春璇，2012）。微生态制剂可有效维持菌群的稳定性，防止肠毒血症、梭菌性肠炎和梭菌引起的全身感染，降低其发病率。范伟辉等（2012）发现用含有芽孢杆菌和乳酸杆菌的益刍宝饲喂奶牛，显著提高了奶牛消化粗饲料的能力，减缓了奶产量的下降，并减少了热应激造成的损失。可能是因为益刍宝可以改善牛瘤胃的发酵功能和肠道消化功能。

乳酸菌是动物消化道中的主要益生菌，帮助机体在厌氧条件下形成正常菌群并产生乳酸，形成特殊的抗生素——乳酸菌素和乳链菌肽，可有效抑制大肠杆菌、沙门氏菌和金黄色葡萄球菌的生长（Cao et al，2007）。乳酸菌可以激活巨噬细胞、B 淋巴细胞和 NK 细胞，以增加炎性细胞因子如 IL-1、IL-2、IL-5、IL-6 和 TNF-α 的分泌，并改善动物的免疫功能（王海珍等，2005）。Jost 等（2013）对人乳中微生物和肠道微生物进行宏基因组测序，通过分析两者的构成发现，肠道菌群可能来源于乳中。Carme 等（2013）在奶牛乳中分离出一株乳杆菌并验证了其对乳腺组织的安全性，表明其可在奶牛乳腺炎的治疗中发挥作用。Gao 等（2014）在 14 个牧场的 2624 头荷斯坦奶牛日粮中添加 $25 \sim 200g/(d \cdot 头)$ 干酪乳杆菌 HM-09 和植物乳杆菌 HM-10（活菌数为 $2.5 \times 10^8 CFU/g$），结果发现，乳中体细胞数量由 895.1 万个/mL 减少到 394.9 万个/mL，呈现极显著降低，降低 55.88%，说明乳酸杆菌可以降低奶牛乳中体细胞数并预防和治疗奶牛的隐性乳腺炎。

（3）微生态制剂对乳腺炎奶牛生产性能和血液参数的影响研究

用综合法和回归法研究了微生态制剂对乳腺炎奶牛生产性能和血液参数的影响，以期探究添加酵母菌、乳酸球菌及其混合菌微生态制剂对乳腺炎奶牛的影响。选择 30 头奶牛均饲喂相同的 TMR，根据乳中 SCC 分为 5 组，其中健康组（H 组，$SCC < 50 \times 10^4$ 个/mL）奶牛 6 头，乳腺炎患病奶牛 24 头。将 24 头乳腺炎奶牛随机分为 4 组，每组 6 头：乳腺炎组（M 组，$SCC > 50 \times 10^4$ 个/mL）、乳腺炎+酵母菌组 [M+Y 组，$SCC > 50 \times 10^4$ 个/mL，8g/（头·d）酵母菌]、乳腺炎+乳酸球菌组 [M+L 组，$SCC > 50 \times 10^4$ 个/mL，8g/（头·d）乳酸球菌]、乳腺炎+酵母菌+乳酸球菌组 [M+Y+L 组，$SCC > 50 \times 10^4$ 个/mL，4g/（头·d）酵母菌+4g/（头·d）乳酸球菌]。试验期共 55d。整个试验期间平均每天的 THI 为 71.4。

微生态制剂对乳腺炎奶牛乳成分的影响见表 2-7。第 40d M+Y+L 组中的乳脂率和乳蛋白率高于 M 组和 H 组（$P < 0.05$），而 M+L 组和 M+Y+L 组的乳糖率极显著高于 M 组（$P < 0.01$）。M+Y 组、M+L 组和 M+Y+L 组体细胞数明显降低（$P < 0.05$），各组间 TS 和尿素氮含量没有差异（$P > 0.05$）。

微生态制剂对奶牛乳中相关酶的影响见表 2-8，第 0d 时，M+Y 组和 M+L 组乳中的 LDH 水平显著高于 H 组（$P < 0.05$），第 40d 时，乳中的 MPO 和 N-乙酰-β-D-氨基葡萄糖苷酶（NAGase）水平极显著低于 M 组（$P < 0.01$）。

表 2-7　微生态制剂对乳腺炎奶牛乳成分的影响

指标	日龄/d	H 组	M 组	M+Y 组	M+L 组	M+Y+L 组	SEM	P 值
体细胞数 /(10^4/mL)	0	41.00[B]	229.43[A]	199.33[AB]	217.83[A]	247.17[A]	21.56	0.01
	20	95.33[b]	352.14[a]	136.50[b]	174.67[b]	172.50[b]	27.87	0.02
	40	90.67[b]	294.43[a]	112.83[b]	129.67[b]	121.33[b]	23.04	0.02
乳脂率 /%	0	3.27	2.68	2.21	2.47	2.83	0.12	0.06
	20	3.17	2.00	2.76	2.70	3.41	0.14	0.06
	40	3.29[b]	2.66[b]	3.30[b]	3.41[b]	4.23[a]	0.14	0.03
乳蛋白率 /%	0	3.43	3.53	3.23	3.30	3.42	0.06	0.49
	20	3.55	3.65	3.37	3.43	3.71	0.06	0.33
	40	3.54[b]	3.57[b]	3.46[b]	3.62[b]	4.03[a]	0.06	0.04
乳糖率 /%	0	4.95	5.09	4.87	5.08	4.93	0.05	0.59
	20	5.21	4.94	5.01	5.19	5.03	0.04	0.11
	40	4.97[AB]	4.80[B]	5.12[AB]	5.28[A]	5.35[A]	0.05	0.00
总固形物(TS) /%	0	9.21	9.44	8.88	9.18	9.19	0.08	0.31
	20	9.59	9.39	9.23	9.34	9.25	0.07	0.48
	40	9.25	9.54	9.41	9.41	9.61	0.08	0.69
尿素氮 /%	0	12.07	12.60	11.43	11.55	11.52	0.29	0.66
	20	11.58	10.67	11.68	11.65	13.42	0.34	0.12
	40	13.35	11.70	13.50	12.72	13.72	0.28	0.11

表 2-8　微生态制剂对奶牛乳中相关酶的影响

指标	日龄/d	H 组	M 组	M+Y 组	M+L 组	M+Y+L 组	SEM	P 值
LDH /(U/L)	0	3533.73[c]	4129.25[bc]	6507.89[a]	6051.62[ab]	5130.87[abc]	342.71	0.02
	40	4529.75	5661.56	4484.27	3954.33	4029.85	231.52	0.10
ALP/(金氏单 位/100mL)	0	22.63	28.94	31.64	31.92	31.59	1.75	0.44
	40	29.80	39.52	26.31	23.84	21.09	2.59	0.16
MPO /(U/L)	0	29.01[b]	38.35[ab]	38.89[ab]	44.17[a]	33.94[ab]	1.66	0.04
	40	36.38[B]	47.06[A]	34.11[B]	36.67[B]	29.50[B]	1.65	0.00
NAGase /(U/L)	0	26.21[B]	111.13[A]	63.48[AB]	115.84[A]	59.71[AB]	8.33	0.00
	40	63.72[BC]	130.80[A]	40.00[CD]	84.27[B]	27.59[D]	8.49	0.00

微生态制剂对奶牛血液参数的影响见表 2-9。第 40d M 组的 SAA 含量极显著高于 H 组（$P<0.01$）；与 M 组相比，M+Y 组、M+L 组和 M+Y+L 组 SAA 含量极显著降低（$P<0.01$）。此外，第 0d 时，M 组、M+Y 组、M+L 组和 M+Y+L 组的 Hp 含量显著高于 H 组（$P<0.05$）。第 40d 时，M+Y 组、M+L 组奶牛血清中 PRL 和 P4 含量显著高于 M 组（$P<0.05$），且相较于第 0d 有明显上升，有利于机体产奶。第 40d 时，M+Y 组、M+L 组和 M+Y+L 组的 TNF-α 和 IgG 均极显著低于 M 组（$P<0.01$），M+Y+L

组 IL-1β 含量与 M 组相比显著下降（$P<0.05$），M＋Y＋L 组 IL-6 含量极显著低于 M 组（$P<0.01$），M＋Y 组 IgM 和 IgA 水平显著下降（$P<0.05$）。

表 2-9　微生态制剂对奶牛血液参数的影响

指标	日龄/d	H 组	M 组	M＋Y 组	M＋L 组	M＋Y＋L 组	SEM	P 值
LDH /(U/L)	0	3533.73^c	4129.25^{bc}	6507.89^a	6051.62^{ab}	5130.87^{abc}	342.71	0.02
	40	4529.75	5661.56	4484.27	3954.33	4029.85	231.52	0.10
ALP/(金氏单位/100mL)	0	22.63	28.94	31.64	31.92	31.59	1.75	0.44
	40	29.80	39.52	26.31	23.84	21.09	2.59	0.16
MPO /(U/L)	0	29.01^b	38.35^{ab}	38.89^{ab}	44.17^a	33.94^{ab}	1.66	0.04
	40	36.38^B	47.06^A	34.11^B	36.67^B	29.50^B	1.65	0.00
NAGase /(U/L)	0	26.21^B	111.13^A	63.48^{AB}	115.84^A	59.71^{AB}	8.33	0.00
	40	63.72^{BC}	130.80^A	40.00^{CD}	84.27^B	27.59^D	8.49	0.00
SAA /(pg/mL)	0	1573.67	1728.93	1954.40	1750.02	1950.72	52.80	0.10
	40	1742.57^B	2123.00^A	1509.44^{BC}	1361.09^C	1519.01^{BC}	56.87	0.00
Hp /(ng/mL)	0	296.55^b	343.92^{ab}	406.01^a	382.26^a	390.73^a	12.10	0.02
	40	342.00	386.15	357.86	291.16	319.56	12.41	0.14
雌激素 /(pg/mL)	0	171.37	159.66	152.79	151.73	149.60	4.31	0.52
	40	159.95	153.96	168.52	181.82	168.05	4.76	0.44
PRL /(pg/mL)	0	407.54^a	324.76^b	353.10^{ab}	323.22^b	312.07^b	10.60	0.02
	40	376.35^a	300.01^b	397.12^a	377.63^a	359.10^{ab}	10.53	0.03
P4 /(ng/mL)	0	11.33	10.29	11.19	10.85	10.45	0.26	0.68
	40	10.21^b	9.86^b	12.40^a	12.20^a	11.47^{ab}	0.32	0.02
TNF-α /(pg/mL)	0	85.26	95.85	105.39	108.47	96.08	3.17	0.16
	40	91.30^{AB}	117.34^A	82.87^B	87.68^B	80.46^B	3.87	0.01
IL-6 /(pg/mL)	0	80.80^B	97.88^{AB}	104.45^{AB}	123.08^A	105.37^{AB}	3.81	0.00
	40	83.87^{AB}	107.90^A	86.30^{AB}	91.69^{AB}	59.67^B	4.33	0.00
IL-1β /(pg/mL)	0	157.63^b	180.19^{ab}	207.53^a	179.76^{ab}	185.76^{ab}	4.89	0.02
	40	161.61^{ab}	188.67^a	162.88^{ab}	160.34^{ab}	143.54^b	4.85	0.04
IgA /(ng/mL)	0	8.52^C	8.92^{BC}	8.93^{BC}	10.31^{AB}	11.23^A	0.24	0.00
	40	9.07^{ab}	9.77^b	8.11^a	9.20^{ab}	9.66^b	0.19	0.03
IgM /(ng/mL)	0	13.20^C	16.25^B	17.48^{AB}	19.02^A	18.52^{AB}	0.46	0.00
	40	14.04^a	17.34^b	15.04^a	15.94^{ab}	15.60^{ab}	0.32	0.01
IgG /(μg/mL)	0	15.64^b	19.48^a	19.82^a	18.39^a	18.98^a	0.47	0.03
	40	18.27^{AB}	20.42^B	16.67^A	15.86^A	16.66^A	0.43	0.00

在本研究中，第 0d 时 H 组奶牛的产奶量高于四个乳腺炎组。M 组奶牛的产奶量随着试验的进行逐渐减少，而 M＋Y 组、M＋L 组和 M＋Y＋L 组均有不同程度的增加。因此，添加上述三种微生态制剂可以不同程度地增加乳腺炎奶牛的产奶量，同时改变乳成分。添

加三种微生态制剂可以显著减少奶牛体细胞数量，影响乳蛋白、乳脂和乳糖的比例。本研究中乳腺炎奶牛产奶量和乳品质降低，在添加微生态制剂后有所改善。微生态制剂是在特定工艺条件和特定培养基下通过相应细菌的充分厌氧发酵形成的微生态产品，因此在发酵过程中可以产生大量有益物质，如细胞壁多糖和次级代谢物等，可促进动物胃肠道有益菌的生长，调节胃肠道菌群的平衡，提高动物消化饲料的能力，从而提高动物机体免疫力，促进动物生长。

在本研究中，ALP 的含量在 M＋Y 组和 M＋L 组不受影响，而 MPO、SAA 和 NA-Gase 的含量显著减少。第 0d 时，M 组、M＋Y 组、M＋L 组和 M＋Y＋L 组四个乳腺炎组奶牛的 LDH 含量高于 H 组奶牛，说明乳腺炎奶牛乳中 LDH 含量会明显升高。然而，在第 40d 时，尽管各组之间的差异不明显，但添加三种微生态制剂均可以不同程度地降低 LDH 含量，趋于 H 组奶牛水平。据报道，NAGase 和 LDH 可以联合作为早期诊断奶牛亚临床乳腺炎的指标，LDH 活性在诊断前 8d 会增加，在诊断和治疗完成后，其活性会逐渐恢复。Hp 和 SAA 对于奶牛是两种最敏感的急性期蛋白质，它们的浓度在患有临床乳腺炎的奶牛和慢性亚临床金黄色葡萄球菌乳腺炎奶牛的乳和血清中均明显增加。奶牛乳中的 Hp 和 SAA 可作为慢性亚临床乳腺炎的诊断指标。试验组血清中雌激素的含量增加，孕酮水平升高，催乳素含量显著高于对照组。乳腺炎奶牛血清中泌乳相关激素与健康奶牛相比较低，但添加微生态制剂后催乳素和孕酮的含量显著升高，饲喂微生态制剂可以调节血清中泌乳相关激素的含量，进而提高奶牛产奶量。在本研究中，日粮中添加酵母菌、乳酸球菌及其混合菌剂显著降低了 TNF-α 的含量，混合菌剂对降低乳中 IL-6 和 IL-1β 的水平效果明显，降低了促炎因子的水平。在本研究中，M 组奶牛乳汁中 IL-6 水平增加，但添加酵母菌降低了乳中 IgA 和 IgM 水平。

综上所述，添加酵母菌和乳酸球菌微生态制剂对减少乳腺炎奶牛体细胞数，改善生产性能，增强泌乳相关激素代谢和提升免疫机能具有明显作用。

（4）微生态制剂防治奶牛乳腺炎的发展前景

微生态制剂是由正常微生物或促进微生物生长的物质制成的活菌制剂，可促进正常微生物群落的生长和繁殖并抑制病原菌的生长和繁殖。微生态制剂具有调节肠道和快速建立肠道微生态平衡的能力，可预防和治疗婴儿、老年人及新生动物的腹泻和便秘。微生态制剂有其他药物所不具有的优点，可有效地改善畜禽消化道中的菌群平衡，增强畜禽对饲料的消化和吸收能力，提高免疫力，从而达到促进生长和预防消化道疾病等多重目的。杨慧娟等（2014）以不同牧场中的荷斯坦奶牛为研究对象，以 100～200g/（头·d）的剂量添加干酪乳杆菌 HM-09 和植物乳杆菌 HM-10 及其代谢产物的复合乳酸菌微生态制剂，牛奶中平均体细胞数显著降低 23.8%～62.8%，免疫机能有所提高。在基础日粮中添加微生态制剂可改善断奶仔猪血清中免疫球蛋白 IgG、IgM 的水平（Li，2009）。微生态制剂在治疗乳腺炎的同时，可以通过调节机体机能、通脉活血和活络通乳等增加奶牛的产奶量。微生态制剂毒副作用小，在牛奶中有害物质残留量小，长期使用不会产生耐药性，即使健康的人和动物也可以服用。

微生态制剂在一定程度上通过影响宿主正常肠道菌群的结构和组成而发挥重要作用。如果动物体本身处于非自然生长状态或病理状态，则饲喂微生态制剂可促进其生长发育。在目前可用的微生态制剂中，一些制剂效果不明显，因此无法起到应有的作用，其中一个原因是它们组成相对简单，不可能准确或完全地补偿正常菌群的缺陷。事实上，动物可能只缺少一种或几种正常菌株，微生态制剂是否含有正确菌株取决于动物是否缺乏这种菌株。

微生态制剂种类多样，对于特定动物，某种类型可能比其他类型更合适。如果微生态制剂必须在肠道定植后才能发挥作用，那么应注意细菌具有的各种宿主特征（郭国强，2005）。为了排除定植对微生态制剂功效的影响，可以进行连续饲喂，并尝试使用不需要在肠中定植就可保持效果的微生态制剂。例如，米曲霉不能在瘤胃中增殖，但它有利于反刍动物的代谢，此时只能连续给药，但仍需要最大限度地提高微生态制剂在肠道的存活率。

在微生态制剂的生产中，应严格控制生产过程，确保产品质量符合标准，减少高温、高酸和高盐环境等各种因素对其活性的影响。微生态制剂作为一种活菌制剂，在使用过程中，应注意不要与抗生素同步使用。如果动物的肠道中有更多的致病菌或有害微生物，并且微生态制剂不能代替肠道微生物，则可以在使用微生态制剂之前先使用抗生素，但必须有一定的时间间隔（徐凌峰等，2014）。此外，还应根据不同的动物选择不同类型的微生态制剂，并应保证微生态制剂的储存条件得到满足，以确保所用产品含有足够数量和活力的益生菌，在饲喂动物后仍能保持其活性。

2. 益生菌

益生菌是一类对机体有益的且能调节动物肠道微生物稳态的活性微生物（Ahmadi-Noorbakhsh and Dardashti，2005）。有研究表明，益生菌具有抵抗外源微生物感染和增强免疫力的能力，且发挥效用的部位主要集中在胃肠道、阴道和乳腺（Cross，2002）。有试验针对酵母菌和乳酸菌对奶牛乳腺炎和微生物群组成的影响进行了分析，结果表明乳酸菌和酵母菌均对乳腺炎有治疗作用，且乳酸菌的效果更好（Gao et al，2020）。Pellegrino 等将乳酸菌 CRL1655 和乳杆菌 CRL1724 进行混合后对干奶期的奶牛进行了注射，并观察其在奶牛体内的作用情况。结果显示，被注射益生菌的奶牛血液和乳汁中的金黄色葡萄球菌丰度有下降趋势，且免疫球蛋白增加，这说明该复合益生菌添加剂能对干奶期奶牛进行免疫调节并预防乳腺炎的发生（Pellegrino et al，2017）。

3. 粪菌移植

（1）粪菌移植的基本概念和原理

粪菌移植（fecal microbiota transplantation，FMT）通过将健康个体的肠道微生物菌群悬浮液移植到另一个患有相关疾病个体的肠道中的方法来治疗疾病（Bakken et al，2011）。基本原理是：受体肠道微生物菌群结构由于多种因素影响（如病原菌感染等）而失衡，失去对病原菌的抵抗能力，导致肠炎和腹泻等疾病的发生（Hoque et al，2020），而健康个体的粪便悬浮液中的微生物菌群结构相对正常、稳定，将该微生物菌群移植到患畜体内可以帮助其重新建立肠道菌群平衡，同时还可以通过改善肠道黏膜屏障的功能减少肠道炎症和渗透性（Hamilton et al，2013）。另外肠道微生物菌群还可以通过调节肠道免疫系统改善肠道免疫功能、抑制炎症反应、恢复肠道正常功能和机体健康。

（2）粪菌移植的应用

FMT 的最早记录可以追溯到 4 世纪的中国，当时人类的粪便被称为黄汤，可用于治疗严重腹泻患者（Zhang et al，2012）。GS 等在 1958 年使用 FMT 成功地治疗了假膜性结肠炎患者，这是医学文献中使用 FMT 的第一篇报道（Eiseman et al，1958）。Van 等人在 2013 年进行了第一次随机对照试验，其研究表明在复发性艰难梭菌感染患者中，十二指肠输注健康供体粪便比单独使用抗生素治疗对缓解症状有更显著的效果（Van Nood et al，2013）。在牛乳腺炎的病理生理学中，牛奶微生物菌群的生态失调会导致条件致病菌数量增加，同时健康牛奶的共生微生物数量减少。这种失调使得肠道中的机会致病菌能够采用高效的策略来逃避宿主防御，定植和入侵乳腺组织。有研究表明，将小鼠粪便微生物菌群移植至牛肠道中可以导致牛肠道微生物菌群失调，这是乳腺炎发生的原因之一（Ma et al，2018）。因此，乳腺炎奶牛-小鼠肠道菌群移植可能有助于进一步利用小鼠模型进行乳腺炎的分子生物学研究。

（3）粪菌移植的基本操作流程

粪菌移植在动物实验中通常用于研究肠道微生物菌群对宿主健康的影响。以下是在实验动物上进行粪菌移植的基本操作流程。

① 筛选供体动物

选择健康的供体动物，并从其粪便中采集纯净的粪便样品。供体动物的种类、年龄和饮食等因素都会影响粪便样品的质量和菌群组成。

② 处理供体粪便

将采集到的供体粪便进行处理，以去除固体物质和潜在的有害菌群。处理方法包括离心、过滤或离子交换等方法。

③ 制备粪菌移植物

将处理后的供体粪便样品制备成粪菌移植物，可以采用液态、固态或冻干等不同形式的制备方法。制备时需要控制好菌群的比例和浓度。

④ 确定接受动物和移植方式

根据实验设计，选择接受粪菌移植的动物种类、数量和移植方式。常用的移植方式包括口服、灌肠或经胃管移植等。

⑤ 进行粪菌移植

按照选择的移植方式进行粪菌移植，同时需要控制移植物的剂量和移植频次。移植后需要对接受动物进行监测和随访，以评估移植效果和安全性。

⑥ 检测和评估移植效果

对接受粪菌移植的动物进行肠道微生物菌群分析和相关指标的检测，以评估移植效果和对宿主健康的影响。检测方法包括基因测序、实时荧光定量 PCR 等。

（三）氨基酸

氨基酸是构成多肽和蛋白质的基本单位，同时也是动物机体不可或缺的营养物质。氨基酸和多肽可以参与多种生物学作用的发挥，如提供能量、信息传递和代谢等。蛋氨酸是许多动物（禽类、鱼类和奶牛等）的第一限制性氨基酸，研究显示，在奶牛围产期时增加蛋氨酸供应量可以缓解其炎症反应和氧化应激水平（Batistel et al，2018）。精氨酸是半必需氨基酸，同时也是一种功能性氨基酸，在免疫和抗炎方面具有关键作用（Fagiani et al，2019）。有试验表明，精氨酸能增加 LPS 处理的 BMECs 中 β-酪蛋白表达量，并通过抑制 NF-κB 信号通路缓解 BMECs 炎症反应（Zhao et al，2018）。同时也有研究表明，精氨酸可以改善哺乳期奶牛的生产性能并减轻乳腺炎症反应（Dai et al，2020）。

参考文献

安永义，王新谋，刘春燕，等，1996. 活菌添加剂对肉仔鸡粪臭和肉仔鸡生产性能影响的研究. 饲料研究（12）：2-4，17.

常玲玲，杨章平，吴海涛，等，2011. 奶牛正常乳与隐性乳房炎乳中脂肪酸组成的比较研究. 畜牧兽医学报，42：44-47.

常轶聪，2022. 二氢杨梅素通过调节 ROS/NLRP3 炎症小体干预 LPS 诱导鸡肠损伤的机制研究. 哈尔滨：东北农业大学.

陈惠，朱继喜，吕道俊，1994. 芽孢杆菌对生长育肥猪肠道菌群及酶活性的影响. 四川农业大学学报，（S1）：550-553.

邓之婧，陈家欢，黄志明，等，2016. 二氢杨梅素对小鼠局灶性脑缺血再灌注损伤炎症反应的影响. 中风与神经疾病杂志，33（11）：973-975.

丁锦屏，2022. 藤茶提取物和二氢杨梅素抗炎功能评估及机理研究. 长沙：中南林业科技大学.

范伟辉，张斌，高婷婷，2012. 微生态制剂在夏季奶牛生产中的应用. 中国奶牛（14）：51-53.

高春生，白翠，马晓媛，等，2019. 奶牛乳房炎的研究进展. 吉林畜牧兽医，40（11）：58-59.

古丽热·吾甫尔，2015. 奶牛乳房炎的发病原因及防治. 新疆畜牧业（12）：52-53.

郭国强，2005. 浅谈使用微生态制剂时应注意的问题. 科学养鱼：65-66.

郭航，王永军，谢鹏，等，2008. 日粮添加二氢杨梅素对肉仔鸡肠黏膜形态结构、碱性磷酸酶及生产性能的影响. 中国饲料（6）：19-22.

郭蕾，李术勇，2007. 奶牛乳房炎的综合预防措施. 中国畜牧兽医（1）：46-48.

郭小华，赵志丹，2010. 饲用益生芽孢杆菌的应用及其作用机理的研究进展. 中国畜牧兽医，37：27-31.

韩爱云，黄仁录，张国强，等，2006. 二氢杨梅素对肉仔鸡生长性能、免疫器官指数及血液生化指标的影响. 中国饲料（10）：20-22.

胡东兴，潘康成，2001. 微生态制剂及其作用机理. 中国饲料，1：14-16.

胡文洁，周孝发，刘静，2013. 热应激对奶牛生产性能的影响及缓解措施. 中国畜牧兽医文摘，29（12）：85-86.

金亚东，李艳艳，徐晓锋，2016. 奶牛乳中体细胞数对乳产量及乳成分的影响. 中国乳品工业，44：28-31.

李桂杰，张钧利，2000. 动物微生态制剂的研究进展. 饲料工业，21：16-18.

林淑英，张友胜，郭清泉，等，2003. 天然抗氧化剂二氢杨梅素的热稳定性及抗氧化性质研究. 现代化工，23（S1）：188-190.

刘久茜，2022. 基于结肠炎探究红景天苷对肠黏膜屏障的保护作用及机制研究. 长春：吉林大学.

刘克琳，何明清，余成瑶，等，1994. 鸡微生物饲料添加剂对肉鸡免疫功能影响的研究. 四川农业大学学报：606-612.

刘涛，张冬冬，姜军坡，等，2013. 枯草芽孢杆菌 J-4 制剂对肉鸡肠道酶活力及消化性能的影响. 河南农业科学，42：133-136.

刘玉平，李慧敏，谷国英，2009. 浅谈奶牛乳房炎的病因分析及防治对策. 山东畜牧兽医，30（4）：24.

龙红荣，2023. 二氢杨梅素缓解呕吐毒素对猪空肠上皮细胞损伤的研究. 广州：华南农业大学.

罗齐英，陆龙燕，2010. 奶牛乳房炎防治技术. 中国畜禽种业，6（4）：89-92.

毛永江，陈莹，陈仁金，等，2011. 乳房炎对中国荷斯坦牛测定日泌乳性能及体细胞数变化的影响. 畜牧兽医学报，42：1787-1794.

潘康成，何明清，1997. 微生物添加剂对鲤鱼生长和消化酶活性的影响研究. 饲料工业，18（10）：41-45.

潘康成，杨汉博，1997. 饲用芽孢菌作用机理的研究进展. 饲料工业：32-34.

裴铮，赵芳，张红，2024. 红景天苷防治眼科疾病的研究进展. 环球中医药，17：365-372.

汪文忠，2018. 浅谈微生态制剂对奶牛的作用. 中国饲料添加剂，（1）：26-28.

王春璇，2012. 微生态制剂在奶牛乳房炎疾病防控中的应用. 北方牧业，（5）：41-47.

王海珍，王加启，黄庆生，2005. 乳酸菌类微生物制剂的作用机理及其应用. 养殖与饲料，（3）：9-11.

王佳奇，陈凯，王月亮，等，2016. 二氢槲皮素与二氢杨梅素抗炎活性对比研究. 中国兽药杂志，50（7）：46-52.

王永生，张琴，王奔，等，2019. 白藜芦醇对 lps 诱导的牛乳腺上皮细胞分泌炎性因子的影响研究. 黑龙江畜牧兽医，（21）：139-142.

王瑜，温万，洪龙，等，2005. 酵母培养物、复合酶饲喂奶牛试验. 中国奶牛，（4）：22-25.

魏川，2022. 二氢杨梅素对生长育肥猪生产性能、肠道屏障和抗氧化功能的影响及机制. 成都：四川农业大学.

吴菁，2020. 二氢杨梅素对大鼠胶原性关节炎的治疗及机制. 上海：上海交通大学.

谢鹏，张敏红，郭晔，等，2004. 二氢杨梅素对肉鸡免疫机能和胴体品质的影响. 中国兽医杂志，40（5）：41-43.

徐凌峰，郜伟斌，2014. 微生态制剂在畜牧中的应用. 新农业：16.

杨慧娟，张善亭，崔景丽，等，2014. 乳酸菌微生态制剂防治奶牛隐性乳房炎应用研究. 中国奶牛，17：51-54.

杨章平，王健，丁焕峰，等，1998. 奶牛隐性乳房炎发生规律的研究. 中国奶牛（1）：18-21.

张定然，2023. 红景天苷对小鼠脂质沉积和炎症反应的调控机制研究. 武汉：华中农业大学.

张帆，彭密军，邓百川，2021. 二氢杨梅素抗炎作用研究进展. 饲料研究，44（18）：117-121.

张瑞琛，2022. 二氢杨梅素通过抑制 TRIF/RIPK3/MLKL 程序性坏死信号通路缓解 LPS 致鸡肝损伤. 哈尔滨：东北农业大学.

张园园，2023. 二氢杨梅素通过 miR-138-5p/SIRT1 缓解 LPS 诱导鸡肝脏氧化应激损伤的机制研究. 哈尔滨：东北农业大学.

张月，2016. 河北省不同地区奶牛乳房炎主要病原菌的分离鉴定和耐药性研究. 保定：河北农业大学.

周彬彬，郑雪蕊，谢志扬，等，2023. 红景天苷对 LPS 诱导的脑内炎症反应的抑制作用机制研究. 中国药理学通报，39：2096-2101.

Ahmadi-Noorbakhsh S，Dardashti A D，2005. Probiotics in human and animals. 6th Congress of Iranian Veterinary Students.

Akers R M，Nickerson S C，2011. Mastitis and its impact on structure and function in the ruminant mammary gland. J Mammary Gland Biol，16：275-289.

Akhtar M，Guo S，Guo Y F，et al，2020. Upregulated-gene expression of pro-inflammatory cytokines（TNF-alpha，IL-1 beta and IL-6）via TLRs following NF-kappa B and MAPKs in bovine mastitis. Acta Trop，207：105458.

Almohawes Z N，El-Kott A，Morsy K，et al，2022. Salidroside inhibits insulin resistance and hepatic steatosis by downregulating miR-21 and subsequent activation of AMPK and upregulation of PPAR alpha in the liver and muscles of high fat diet-fed rats. Arch Physiol Biochem，130（3）：11-18.

Bakken J S，Borody T，Brandt L J，et al，2011. Treating *Clostridium difficile* infection with fecal microbiota transplantation. Clin Gastroenterol Hepatol，9：1044-1049.

Bannerman D D，2009. Pathogen-dependent induction of cytokines and other soluble inflammatory mediators during intramammary infection of dairy cows. J Anim Sci，87（13）：10-25.

Batistel F，Arroyo J M，Garcés C，et al，2018. Ethyl-cellulose rumen-protected methionine alleviates inflammation and oxidative stress and improves neutrophil function during the periparturient period and early lactation in holstein dairy cows. J Dairy Sci，101：480-490.

Boujenane I，El Aimani J，By K，2015. Effects of clinical mastitis on reproductive and milk performance of Holstein cows in Morocco. Trop Anim Health Pro，47：207-211.

Bradley A J，Leach K A，Green M J，et al，2018. The impact of dairy cows' bedding material and its microbial content on the quality and safety of milk—a cross sectional study of UK farms. Int J Food Microbiol，269：36-45.

Bucher B，Bleul U，2019. The effect of selective dry cow treatment on the udder health in Swiss dairy farms. SAT Schweizer Archiv für Tierheilkunde，161：533-544.

Burvenich C，Van Merris V，Mehrzad J，et al，2003. Severity of *E-coli* mastitis is mainly determined by cow factors. Vet Res，34（5）：521-564.

Cao L T，Wu J Q，Xie F，et al，2007. Efficacy of nisin in treatment of clinical mastitis in lactating dairy cows. Journal of Dairy Science，90：3980-3985.

Chen W，Liu Y X，Zhang L M，et al，2017. Nocardia cyriacigeogica from bovine mastitis induced in vitro apoptosis of bovine mammary epithelial cells via activation of mitochondrial-caspase pathway. Front Cell Infect Mi，7：194.

Chen Y，Song Z B，Chang H，et al，2023. Dihydromyricetin inhibits African swine fever virus replication by downregulating toll-like receptor 4-dependent pyroptosis in vitro. Vet Res，54（1）：58-72.

Cross M，2002. Microbes versus microbes：immune signals generated by probiotic lactobacilli and their role in protection against microbial pathogens. Fems Immunology and Medical Microbiology，34：245-253.

Dai H，Coleman D N，Hu L，et al，2020. Methionine and arginine supplementation alter inflammatory and oxidative stress responses during lipopolysaccharide challenge in bovine mammary epithelial cells in vitro. J Dairy Sci，103：676-689.

Dawson K A，Newman K E，Boling J A，1990. Effects of microbial supplements containing yeast and lactobacilli on roughage-fed ruminal microbial activities. Journal of Animal Science，68：3392-3398.

Deb G，Dey S，Bang J，et al，2011. 9-cis retinoic acid improves developmental competence and embryo quality during in vitro maturation of bovine oocytes through the inhibition of oocyte tumor necrosis factor-α gene expression. J Anim Sci，89（9）：2759-2767.

Dosogne H，Meyer E，Sturk A，et al，2002. Effect of enrofloxacin treatment on plasma endotoxin during bovine *Escherichia* coli mastitis. Inflammation Res，51（4）：201-205.

Eberhart R J，1984. Coliform mastitis. Vet Clin N Am-Large，6（2）：287-300.

Edelhoff I N F，Pereira M H C，Bromfield J J，et al，2020. Inflammatory diseases in dairy cows：risk factors and associations with pregnancy after embryo transfer. J Dairy Sci，103（12）：11970-11987.

Eiseman B，Silen W，Bascom G S，et al，1958. Fecal enema as an adjunct in the treatment of pseudomembranous enterocolitis. Surgery，44：854-859.

Fagiani M D A B，Fluminhan A，Mello A D F，et al，2019. L-arginine minimizes immunosuppression and prothrombin time and enhances the genotoxicity of 5-fluorouracil in rats. Nutrition，66：94-100.

Fan F F，Xu N，Sun Y C，et al，2022. Uncovering the metabolic mechanism of salidroside alleviatingmicroglial hypoxia inflammation based on microfluidic chip-massspectrometry. J Proteome Res，21：921-929.

Fuenzalida M J，Ruegg P L，2020. Molecular epidemiology of nonsevere clinical mastitis caused by *Klebsiella pneumoniae* occurring in cows on 2 Wisconsin dairy farms. J Dairy Sci，103（4）：3479-3492.

Galfi A，Radinovic M，Milanov D，et al，2016. Lactoferrin and immunoglobulin G concentration in bovine milk from cows with subclinical mastitis during the late lactation period. Acta Sci Vet，44：1377.

Gao J，Liu Y，Wang Y，et al，2020. Impact of yeast and lactic acid bacteria on mastitis and milk microbiota composition of dairy cows. Amb Express，10（1）：22.

Gao P F，Cheng B，Zhang S T，et al，2014. The study of the combined lactic acid bacteria on prevention bovine mastitis. Chinese Journal of Animal Science，12：41-47.

Gruet P，Maincent P，Berthelot X，et al，2001. Bovine mastitis and intramammary drug delivery：review and perspectives. Adv Drug Deliv Rev，50（3）：245-259.

Guo Z Y，Chen X L，Huang Z Q，et al，2022. Dihydromyricetin improves meat quality and promotes skeletal muscle fiber type transformations via AMPK signaling in growing-finishing pigs. Food Funct，13（6）：3649-3659.

Halasa T，2012. Bioeconomic modeling of intervention against clinical mastitis caused by contagious pathogens. J Dairy Sci，95：5740-5749.

Hamilton M J，Weingarden A R，Unno T，et al，2013. High-throughput DNA sequence analysis reveals stable engraftment of gut microbiota following transplantation of previously frozen fecal bacteria. Gut Microbes，4：125-135.

Hertl J A，Schukken Y H，Welcome F L，et al，2014. Pathogen-specific effects on milk yield in repeated clinical mastitis episodes in Holstein dairy cows. J Dairy Sci，97（3）：1465-1480.

Hogarth C J，Fitzpatrick J L，Nolan A M，et al，2004. Differential protein composition of bovine whey：a comparison of whey from healthy animals and from those with clinical mastitis. Proteomics，4：2094-2100.

Hoque M N，Istiaq A，Rahman M S，et al，2020. Microbiome dynamics and genomic determinants of bovine mastitis. Genomics，112：5188-5203.

Hou X L，Tong Q，Wang W Q，et al，2015. Suppression of inflammatory responses by dihydromyricetin，a flavonoid from ampelopsis grossedentata, via inhibiting the activation of NF-κB and MAPK signaling pathways. J Nat Prod, 78 (7): 1689-1696.

Hu C Y, Zhang Q Y, Chen J H, et al, 2021a. Protective effect of salidroside on mitochondrial disturbances via reducing mitophagy and preserving mitochondrial morphology in OGD-induced neuronal injury. Curr Med Sci, 41: 936-943.

Hu M L, Zhang D R, Xu H Y, et al, 2021b. Salidroside activates the AMP-activated protein kinase pathway to suppress nonalcoholic steatohepatitis in mice. Hepatology, 74: 3056-3073.

Hu Q L, Cui X J, Tao L, et al, 2014. Staphylococcus aureus induces apoptosis in primary bovine mammary epithelial cells through Fas-FADD death receptor-linked caspase-8 signaling. DNA Cell Biol, 33: 388-397.

Huma Z I, Sharma N, Kour S, et al, 2020. Putative biomarkers for early detection of mastitis in cattle. Anim Prod Sci, 60: 1721-1736.

Jeon S J, Cunha F, Vieira-Neto A, et al, 2017. Blood as a route of transmission of uterine pathogens from the gut to the uterus in cows. Microbiome, (5): 109.

Jia F, Zhang X J, Ma W W, et al, 2021. Cytotoxicity and anti-inflammatory effect of a novel diminazene aceturate derivative in bovine mammary epithelial cells. Res Vet Sci, 137: 102-110.

Jiang J J, Yin H, Wang S A, et al, 2018. Metabolic engineering of Saccharomyces cerevisiae for high-level production of salidroside from glucose. J Agr Food Chem, 66: 4431-4438.

Jost T, Lacroix C, Braegger C, et al, 2013. Assessment of bacterial diversity in breast milk using culture-dependent and culture-independent approaches. British Journal of Nutrition, 110 (7): 1253-1262.

Kalorey D R, Kurkure N V, Nigot N K, et al, 2001. Effect of subclinical mastitis on milk of cross bred Sahiwal x Jersey cows: a biochemical study. Asian Austral J Anim, 14: 382-383.

Khan M, Khan A, 2006. Basic facts of mastitis in dairy animals: a review. Pak Vet J, 26 (4): 204.

Klaas I C, Zadoks R N, 2018. An update on environmental mastitis: challenging perceptions. Transbound Emerg Dis, 65: 166-185.

Krukowski H, Majewski T, Popiolek M, 1998. The changes of the level of IgG during udder inflammation in cows. Med Weter, 54: 770-771.

Lammers A, Nuijten P J M, Smith H E, 1999. The fibronectin binding proteins of Staphylococcus aureus are required for adhesion to and invasion of bovine mammary gland cells. FEMS Microbiol Lett, 180 (1): 103-109.

Lavon Y, Ezra E, Leitner G, et al, 2011. Association of conception rate with pattern and level of somatic cell count elevation relative to time of insemination in dairy cows. J Dairy Sci, 94 (9): 4538-4545.

Li F Y, Mao Q Q, Wang J Y, et al, 2022. Salidroside inhibited cerebral ischemia/reperfusion-induced oxidative stress and apoptosis via Nrf2/Trx1 signaling pathway. Metab Brain Dis, 37: 2965-2978.

Li H S, Xi Y F, Xin X, et al, 2020. Salidroside improves high-fat diet-induced non-alcoholic steatohepatitis by regulating the gut microbiota-bile acid-farnesoid X receptor axis. Biomed Pharmacother, 124: 109915.

Li J, Li J, Fang H, et al, 2022. Isolongifolene alleviates liver ischemia/reperfusion injury by regulating ampk-pgc1α signaling pathway-mediated inflammation, apoptosis, and oxidative stress. Int Immunopharmacol, 113: 109185.

Li Z, 2009. Effect of microecological preparation on the growth performance and immune function of weaned rabbits. Chinese Journal of Microecology, 29: 718-720.

Liang J, Xu Z X, Ding Z, et al, 2015. Myristoylation confers noncanonical ampk functions in autophagy selectivity and mitochondrial surveillance. Nature Communications, 6: 7926.

Lin S, Xu D, Du X, et al, 2019. Protective effects of salidroside against carbon tetrachloride (ccl4) -induced liver injury by initiating mitochondria to resist oxidative stress in mice. International Journal of Molecular Sciences, 20: 3187.

Ma C, Sun Z, Zeng B, et al, 2018. Cow-to-mouse fecal transplantations suggest intestinal microbiome as one cause of mastitis. Microbiome, 6: 1-17.

Ma W D, Wang Z Y, Zhao Y, et al, 2021. Salidroside suppresses the proliferation and migration of human lung cancer cells through AMPK-dependent NLRP3 inflammasome regulation. Oxid Med Cell Longev, 2021: 6614574.

Ma Y, Ma X, An Y, et al, 2022. Green tea polyphenols alleviate hydrogen peroxide-induced oxidative stress, inflammation, and apoptosis in bovine mammary epithelial cells by activating ERK1/2-NFE2L2-HMOX1 pathways. Front Vet Sci, 8: 804241.

Ma Y, Zeng M, Sun R J, et al, 2014. Disposition of flavonoids impacts their efficacy and safety. Curr Drug Metab, 15 (9): 841-864.

Malekkhahi M, Tahmasbi A M, Naserian A A, et al, 2016. Effects of supplementation of active dried yeast and malate during sub-acute ruminal acidosis on rumen fermentation, microbial population, selected blood metabolites, and milk production in dairy cows. Animal Feed Science & Technology, 213: 29-43.

Matouk A I, Awad E M, El-Tahawy N F G, et al, 2022. Dihydromyricetin alleviates methotrexate-induced hepatotoxicity via suppressing the TLR4/NF-κB pathway and NLRP3 inflammasome/caspase 1 axis. Biomed Pharmacother, 155: 113752.

Mcdougall S, Parkinson T J, Leyland M, et al, 2004. Duration of infection and strain variation in *Streptococcus uberis* isolated from cows' milk. J Dairy Sci, 87 (7): 2062-2072.

Mein G A, 2012. The role of the milking machine in mastitis control. Vet Clin North Am Food Anim Pract, 28: 307-320.

Menzies F D, Bryson D G, Mccallion T, et al, 1995. A study of mortality among suckler and dairy-cows in Northern-Ireland in 1992. Vet Rec, 137 (21): 531-536.

Merl K, Abdulmawjood A, Lammler C, et al, 2003. Determination of epidemiological relationships of *Streptococcus agalactiae* isolated from bovine mastitis. FEMS Microbiol Lett, 226 (1): 87-92.

Mullarky I K, Su C, Frieze N, et al, 2001. *Staphylococcus aureus agr* genotypes with enterotoxin production capabilities can resist neutrophil bactericidal activity. Infect Immun, 69 (1): 45-51.

Nagpal R, Yadav H, 2017. Bacterial translocation from the gut to the distant organs: an overview. Ann Nutr Metab, 71 (Suppl. 1): 11-16.

Nava-Trujillo H, Soto-Belloso E, Hoet A E, 2010. Effects of clinical mastitis from calving to first service on reproductive performance in dual-purpose cows. Anim Reprod Sci, 121 (1/2): 12-16.

Ndahetuye J B, Persson Y, Nyman A K, et al, 2019. Aetiology and prevalence of subclinical mastitis in dairy herds in peri-urban areas of Kigali in Rwanda. Trop Anim Health Prod, 51 (7): 2037-2044.

Pellegrino M S, Berardo N, Giraudo J, et al, 2017. Bovine mastitis prevention: humoral and cellular response of dairy cows inoculated with lactic acid bacteria at the dry-off period. Benef Microbes, 8: 589-596.

Plaks V, Boldajipour B, Linnemann J R, et al, 2015. Adaptive immune regulation of mammary postnatal organogenesis. Dev Cell, 34 (5): 493-504.

Purrmann R, 2006. Über die Flügelpigmente der Schmetterlinge. Ⅶ. Synthese des Leukopterins und Natur des Guanopterins. Liebigs Annalen, 544: 182-190.

Rai K, Ashutosh M, Singh S, et al, 2015. Immunological profiles of lactating and mastitis crossbred cattle. Indian J Anim Res, 49: 834-836.

Rainard P, Riollet C, 2006. Innate immunity of the bovine mammary gland. Vet Res, 37 (3): 369-400.

Ribeiro M G, Motta R G, Paes A C, et al, 2008. Peracute bovine mastitis caused by *Klebsiella pneumoniae*. Arq Bras Med Vet Zootec, 60 (2): 485-488.

Rolta R, Sharma A, Sourirajan A, et al, 2021. Combination between antibacterial and antifungal antibiotics with phytocompounds of artemisia annual: a strategy to control drug resistance pathogens. J Ethnopharmacol, 266: 113420.

Ruegg P L, 2017. A 100-year review: mastitis detection, management, and prevention. J Dairy Sci, 100 (12): 10381-10397.

Sa L N, Wei X L, Huang Q, et al, 2020. Contribution of salidroside to the relieve of symptom and sign in the early acute stage of osteoarthritis in rat model. J Ethnopharmacol, 259: 112883.

Schukken Y H, Bennett G J, Zurakowski M J, et al, 2011. Randomized clinical trial to evaluate the efficacy of a 5-day ceftiofur hydrochloride intramammary treatment on nonsevere gram-negative clinical mastitis. J Dairy Sci, 94 (12): 6203-6215.

Schwarz D, Shoyama F, Oliveira L, et al, 2018. Rapid baso-apical translocation of *Mycobacterium avium* ssp. paratuberculosis in mammary epithelial cells in the presence of *Escherichia coli*. J Dairy Sci, 101 (7): 6287-6295.

Seegers H，Fourichon C，Beaudeau F，2003. Production effects related to mastitis and mastitis economics in dairy cattle herds. Vet Res，34（5）：475-491.

Sharif A，Umer M，Muhammad G，2009. Mastitis control in dairy production. J Agric Soc Sci，5：102-105.

Shaukat A，Shaukat I，Rajput S A，et al，2021. Ginsenoside Rb1 protects from-induced oxidative damage and apoptosis through endoplasmic reticulum-stress and death receptor-mediated pathways. Ecotox Environ Safe，219：112353.

Shen Y，Lindemeyer A K，Gonzalez C，et al，2012. Dihydromyricetin as a novel anti-alcohol intoxication medication. J Neurosci，32（1）：390-401.

Shi Y X，Chen P，Huo W L，et al，2020. ESBL-producing *Escherichia coli* from bovine mastitis induced apoptosis of bovine mammary epithelial cells via alteration of ROS/MMP/bax/bcl-2 signaling pathway. Pak Vet J，40：307-312.

Sjostrom L，Heins B，Endres M，et al，2019. Effects of winter housing system on hygiene，udder health，frostbite，and rumination of dairy cows. J Dairy Sci，102：10606-10615.

Slebodziński A，Malinowski E，Lipczak W，2002. Concentrations of triiodothyronine（T3），tumour necrosis factor-alpha（TNF-alpha）and interleukin-6（IL-6）in milk from healthy and naturally infected quarters of cows. Res Vet Sci，72（1）：17-21.

Smith K，Todhunter D，Schoenberger P，1985. Symposium：environmental effects on cow health and performance. J Dairy Sci，68（6）：1531-1553.

Song J，Hu Y，Wang L，et al，2022. Ethanol extract of artemisia annua prevents lps-induced inflammation and blood-milk barrier disruption in bovine mammary epithelial cells. Animals（Basel），12：1228.

Soto P，Natzke R，Hansen P，2003. Identification of possible mediators of embryonic mortality caused by mastitis：actions of lipopolysaccharide，prostaglandin F2α，and the nitric oxide generator，sodium nitroprusside dihydrate，on oocyte maturation and embryonic development in cattle. Am J Reprod Immunol，50（3）：263-272.

Sun Y，Wang X Y，Zhou X R，et al，2022. Salidroside ameliorates radiation damage by reducing mitochondrial oxidative stress in the submandibular gland. Antioxidants（Basel），11：1414.

Sun Z Z，Lu W Q，Lin N，et al，2020. Dihydromyricetin alleviates doxorubicin-induced cardiotoxicity by inhibiting NLRP3 inflammasome through activation of SIRT1. Biochem Pharmacol，175：113888.

Tan Y，Zou Y F，Zhang H B，et al，2022. The protective mechanism of salidroside modulating miR-199a-5p/TNFAIP8L2 on lipopolysaccharide-induced MLE-12 cells. Int J Immunopath Ph，36：1-13.

Tian X，Huang Y，Zhang X F，et al，2022. Salidroside attenuates myocardial ischemia/reperfusion injury via AMPK-induced suppression of endoplasmic reticulum stress and mitochondrial fission. Toxicol Appl Pharm，448：116093.

Unnerstad H E，Lindberg A，Waller K P，et al，2009. Microbial aetiology of acute clinical mastitis and agent-specific risk factors. Vet Microbiol，137（1/2）：90-97.

Van Nood E，Vrieze A，Nieuwdorp M，et al，2013. Duodenal infusion of donor feces for recurrent *Clostridium difficile*. N Engl J Med，368：407-415.

Wang M H，Luo L，Yao L L，et al，2016. Salidroside improves glucose homeostasis in obese mice by repressing inflammation in white adipose tissues and improving leptin sensitivity in hypothalamus. Sci Rep，6：1-13.

Wang Y，Nan X，Zhao Y，et al，2021. Rumen microbiome structure and metabolites activity in dairy cows with clinical and subclinical mastitis. J Anim Sci Biotechnol，12（1）：1-21.

Wang Z Y，Liu H，Li L，et al，2022. Modulation of disordered bile acid homeostasis and hepatic tight junctions using salidroside against hepatocyte apoptosis in furan-induced mice. J Agr Food Chem，70：10031-10043.

Wellnitz O，Bruckmaier R M，2021. Invited review：the role of the blood-milk barrier and its manipulation for the efficacy of the mammary immune response and milk production. J Dairy Sci，104：6376-6388.

Xu T，Dong Z J，Wang X X，et al，2018. IL-1 beta induces increased tight junction permeability in bovine mammary epithelial cells via the IL-1-ERK1/2-MLCK axis upon blood-milk barrier damage. J Cell Biochem，119：9028-9041.

Yan T X，Nian T T，Li F Y，et al，2020. Salidroside from *Rhodiola wallichiana* var. cholaensis reverses insulin resistance and stimulates the GLP-1 secretion by alleviating ROS-mediated activation of MAPKs signaling pathway and mitigating apoptosis. J Food Biochem，44：e13446.

Yan Z，Zhong Y，Duan Y，et al，2020. Antioxidant mechanism of tea polyphenols and its impact on health bene fits. Anim Nutr, 6：115-123.

You B Y，Dun Y S，Zhang W L，et al，2020. Anti-insulin resistance effects of salidroside through mitochondrial quality control. J Endocrinol, 244 (2)，383-393.

You L J，Zhang D，Geng H，et al，2021. Salidroside protects endothelial cells against LPS-induced inflammatory injury by inhibiting NLRP3 and enhancing autophagy. Bmc Complement Med, 21：146.

Zhang F，Luo W，Shi Y，et al，2012. Should we standardize the 1,700-year-old fecal microbiota transplantation? Am J Gastroenterol, 107 (11)：1755.

Zhang W，Xue J，Ge M，et al，2013. Resveratrol attenuates hepatotoxicity of rats exposed to arsenic trioxide. Food Chem Toxicol, 51：87-92.

Zhang X，Du Q M，Yang Y，et al，2018. Salidroside alleviates ischemic brain injury in mice with ischemic stroke through regulating BDNK mediated PI3K/Akt pathway. Biochem Pharmacol, 156：99-108.

Zhang X J，Li X，Fang J G，et al，2018. (2R, 3R) Dihydromyricetin inhibits osteoclastogenesis and bone loss through scavenging LPS-induced oxidative stress and NF-κB and MAPKs pathways activating. J Cell Mol Med, 119 (11)：8981-8995.

Zhao F F，Wu T Y，Wang H R，et al，2018. Jugular arginine infusion relieves lipopolysaccharide-triggered inflammatory stress and improves immunity status of lactating dairy cows. J Dairy Sci, 101：5961-5970.

Zhao L，Li X D，Atwill E R，et al，2022. Dynamic changes in fecal bacterial microbiota of dairy cattle across the production line. BMC Microbiol, 22 (1)：132.

Zhao X，Lacasse P，2008. Mammary tissue damage during bovine mastitis：causes and control. J Anim Sci, 86 (13)：57-65.

Zheng T，Yang X Y，Wu D，et al，2015. Salidroside ameliorates insulin resistance through activation of a mitochondria-associated AMPK/PI3K/Akt/GSK3 pathway. Brit J Pharmacol, 172：3284-3301.

Zheng Y H，Liu G，Wang W，et al，2021. *Lactobacillus casei* Zhang counteracts blood-milk barrier disruption and moderates the inflammatory response in *Escherichia coli*-induced mastitis. Front Microbiol, 12：1-12.

Zhong Y，Xue M，Liu J，2018. Composition of rumen bacterial community in dairy cows with different levels of somatic cell counts. Front Microbiol, 9：3217.

第三章

动物脂肪肝与动物营养调控理论和技术

第一节　反刍动物脂肪肝与营养调控

一、脂肪肝概述

脂肪肝是典型代谢紊乱性疾病，疾病范围从简单的脂肪变性到脂肪性肝炎和肝纤维化，最终是肝硬化和肝细胞癌等。在动物生产中，通过化学或组织学分析评估肝脏甘油三酯（TG）或总脂质的含量，以此将脂肪肝分为正常肝及轻度、中度和重度脂肪肝。正常肝脏的 TG 湿重含量低于 1%；轻度脂肪肝动物肝脏的 TG 湿重范围为 1%～5%，伴有尿酮水平的轻微上升，肝小叶中心有 TG 浸润；中度脂肪肝动物肝脏的 TG 湿重范围为 1%～5%，尿酮水平明显上升，TG 浸润整个肝脏；重度脂肪肝动物肝脏的 TG 湿重大于 10%，尿酮水平大幅度增加，远远高于轻度和中度脂肪肝动物，肝脏肿大坏死（Bobe et al，2004）。

二、脂肪肝的诊断

组织活检是评估疾病严重程度的黄金标准，也是根据组织学结果诊断脂肪肝的最准确方法，在临床实践中最多被应用于脂肪肝的诊断（豁银强，2011）。发生严重脂肪肝病变的肝脏组织为黄色，肉眼即可辨别。组织活检对临床操作有较高的依赖性，操作不善很可能造成严重的并发症，如细菌感染、出血、免疫功能降低等，同时取样位置的偏差可能造成诊断结果的不可信。

在脂肪肝的不同阶段，包括脂质积累、脂肪变性、炎症和纤维化等，动物机体发生大量激素和小分子的紊乱，这些紊乱可以在血液中检测到，并作为诊断和预测疾病进展的生物标志物。谷氨酸脱氢酶（GLDH）被认为是评估动物肝细胞损伤的最有用的酶之一，其血清中浓度的升高可能与肝炎症、坏死或脂肪浸润等有关（Gerspach et al，2016）。AST 和 ALT 在肝脏中高活性表达，其血清中的浓度随着急性和慢性肝损伤的发生而增加，可用于监测肝脏疾病的进展（Moreira et al，2012）。血清中的游离脂肪酸（FFA）是反应动物机体代谢和能量状态的有用指标。大多数 FFA 来源于脂肪储存，它们在血液循环中浓度的增加反映了脂肪组织的过度动员，提示了畜禽患有脂肪肝的可能性（Adewuyi et al，2005）。脂肪肝动物的免疫系统受到不利影响时炎性细胞因子浓度上升，如肿瘤坏死因子、白细胞介素等，其在一定程度上也能作为脂肪肝的血清生物标志物。血清生物标志物容易检测，但其敏感性和特异性不高，检测血清生物标志物可作为其他方法的辅助手段，为脂肪肝的疑似诊断提供支持证据。

影像学诊断作为一种无创方法，为识别脂肪肝、跟踪疾病过程和监测治疗效果提供了新的思路。超声检查、磁共振成像（MRI）、弹性成像和计算机断层扫描（CT）是临床上用于诊断脂肪肝的最常用的影像学工具。超声检查相比其他成像技术实际操作更简便，价格更便宜，但对操作者的依赖性高，评估不够客观且量化脂肪浸润量的能力有限（Yu et al，2019）。MRI因其高敏感性和定量评估肝脏脂肪的能力而受到重视，缺点是成本过高、采集时间较长以及规划程序和后处理复杂（Schaapman et al，2021）。弹性成像有助于预测脂肪肝中肝纤维化的严重程度（Hsu et al，2019）。CT对中度和重度脂肪肝的敏感性高，其诊断准确性随脂肪变性严重程度的降低而降低（Zhang et al，2018）。

脂肪肝作为养殖行业发展的制约因素之一，早预防、早发现、早诊断和早治疗对于降低发病率、减少经济损失是必不可少的。目前对于脂肪肝的检测多通过组织活检、观察临床体征的变化和测定血液生化指标等方式，但都存在一定的局限性。脂肪肝的检测技术在不断地创新发展，以期建立一种无创伤、敏感特异、操作简便、分析简单的早期诊断方法。

三、脂肪肝的发病机制

动物生产中高发的脂肪肝疾病是一种典型的非酒精性脂肪性肝病（NAFLD），其发病机制复杂，涉及多种因素，包括炎症、胰岛素抵抗、能量负平衡等，关于脂肪肝发展的机制研究将有助于发现NAFLD的新防控靶点。

（一）炎症

炎症是NAFLD的关键驱动因素，促炎细胞因子和转录因子在患病动物的脂肪组织和肝脏中高度表达。Kupffer细胞（KC）是肝脏中的常驻巨噬细胞，位于肝窦、门静脉道和肝淋巴结中，约占肝脏细胞组成的15%，构成了体内最大的组织特异性巨噬细胞库（Duarte et al，2015）。健康的生理状态下，KC对来自门静脉循环的病原体或细菌衍生产物具有吞噬作用，可防止病原体等扩散进入外周循环，发挥着重要的免疫屏障功能。KC还具有吞噬清除邻近细胞碎片和向T细胞呈递抗原的功能（Lanthier，2015）。肝细胞的脂肪超载可诱导脂肪毒性和损伤相关分子模式（DAMP）的释放，DAMP可激活KC，活化的KC反过来产生炎性细胞因子和趋化因子，如TNF-α、IL-1β、IL-6、C-C基序配体2（CCL2）和C-C基序配体（CCL5）等，促进肝细胞损伤和炎症性坏死（Arrese et al，2016）。抑制KC的过度活化能够减轻NAFLD的疾病进程。

脂肪肝发展中积累的中性粒细胞通过释放MPO、ROS和弹性蛋白酶等，促进肝脏中巨噬细胞的募集，并与抗原呈递细胞相互作用，最终加剧持续的炎症状态（Xu et al，2014）。B细胞和T细胞还通过分泌促炎细胞因子刺激促炎性KC激活，从而促进前馈炎症回路的形成。功能失调的脂肪组织扰乱各种脂肪因子的分泌，包括脂联素、IL-6、瘦素、TNF-α 和抵抗素，从而促进肝脏炎症发展和肝脂肪沉积。

(二) 胰岛素抵抗

胰岛素是胰岛 β 细胞分泌的肽激素，可促进细胞摄取葡萄糖，调节碳水化合物、脂质和蛋白质代谢，维持正常血糖水平。胰岛素抵抗 (insulin resistance，IR) 是指靶细胞或靶组织对胰岛素的敏感性降低，失去对胰岛素作用的正常生理反应 (Lebovitz，2001)。骨骼肌、脂肪组织和肝脏组织的 IR 在 NAFLD 的发病机制中起着重要作用。骨骼肌外周 IR 引起葡萄糖摄取减少，从而导致高血糖。在脂肪组织中，IR 破坏胰岛素的抗脂解作用，导致 FFA 的释放增加，最终使血浆中胰岛素、葡萄糖和脂肪酸浓度升高，通过负反馈调节抑制脂肪酸的 β-氧化，并促进肝脏对 FFA 和 TG 的吸收摄取以及肝脏中脂质的从头合成。IR 还通过促进糖酵解和减少载脂蛋白 B-100 的表达，增加肝细胞内脂肪酸的浓度。IR 的发生很可能与脂联素和抗胰岛素细胞因子 (如 TNF-α) 的紊乱失衡有关，尤其是脂肪组织分泌的细胞因子。过量 FFA 通过下调胰岛素受体底物 1 (IRS1) 信号通路和激活 IκB 激酶 β (IKK-β)/NF-κB 通路导致肝脏发生 IR (Alam et al，2016)。脂蛋白代谢的改变是肝脏发生 IR 的主要表现，过量的脂质输送到肝脏吸收，脂肪细胞对极低密度脂蛋白 (VLDL) 的分解代谢减少，导致肝脏 TG 含量和 VLDL 分泌增加 (Krauss and Siri，2004)。此外，IR 常与慢性轻度炎症有关，脂肪细胞或免疫细胞释放的许多调节因子可反过来促进 IR，包括 TNF-α、IL-6、IL-1。

(三) 内质网应激

内质网 (ER) 应激是指因未折叠或错误折叠的蛋白质积累而引起的细胞应激，ER 应激被激活以调节蛋白质合成并恢复稳态平衡。然而，ER 应激的延迟或不足可能会将生理机制转化为病理后果，包括脂肪堆积、IR、炎症和细胞凋亡，促进 NAFLD 的疾病进程 (Zhang et al，2014)。ER 应激通过激活脂肪生成和限制 VLDL 的形成及分泌直接干扰肝脂代谢。ER 应激还通过促进肝脏和脂肪组织中的 IR 间接作用于肝脏 TG 的积累。此外，ER 应激促进转录因子 Nrf2、JNK、NF-κB、CREBH 和 CHOP 的激活，参与炎症过程和细胞死亡。研究表明，在高脂饮食条件的大鼠中，ER 应激早于脂肪肝的发生 (Wang et al，2006)。SREBP1 是脂肪生成的主要转录调节因子之一。抑制 SREBP1c 蛋白裂解可减缓脂肪生成，减弱 ob/ob 小鼠肝脏的 ER 应激，从而改善肝脂肪变性和胰岛素敏感性 (Kammoun et al，2009)。奶牛体外试验表明，脂肪酸可诱发犊牛原代肝细胞的 ER 应激，上调脂质基因的表达，促进肝细胞的脂质积累，此外抑制犊牛肝细胞中的 ER 应激可通过下调脂质基因的表达来缓解脂肪酸诱导的脂质积累。在严重脂肪肝奶牛肝脏中，ER 应激传感器 (PERK、IRE1α 和 ATF6) 被激活，未折叠蛋白反应 (UPR) 的下游基因 (GRP78、ATF4 和 sXBP1) 的表达呈现上调状态 (Zhu et al，2019)。

(四) 氧化应激

氧化应激反映了 ROS 的产生与抗氧化剂系统的清除能力之间的不平衡，ROS 的产生超过了机体抗氧化的能力 (Takaki et al，2013)。正常水平的 ROS 作为信号分子，通过调控转录因子和表观遗传途径参与细胞的代谢、生存、免疫防御、增殖和分化。在氧化应激的情况下，过量的 ROS 会触发病理氧化还原信号，导致各种疾病中的细胞损伤（Chen et al，2020）。FFA 有三种不同的氧化方式：α-氧化、β-氧化和 ω-氧化。线粒体中的 β-氧化是细胞的主要能量来源，脂质需要从细胞质运输到线粒体中进行氧化。通常，极长链脂肪酸的氧化发生在过氧化物酶体中，而其他脂肪酸则在线粒体中通过简单扩散或借助肉碱棕榈酰转移酶 1 被氧化。线粒体 β-氧化和过氧化物酶体 α-氧化、β-氧化均发生在正常生理条件下。而当这两种途径被破坏时，ω-氧化被认为是一种重要的补救途径（Wanders et al，2011）。Kupffer 细胞是肝脏中通过还原型烟酰胺腺嘌呤二核苷酸磷酸（NADPH）氧化酶产生 ROS 的主要来源。当游离脂肪酸过载时，过氧化物酶体中的 β-氧化和内质网中的 ω-氧化倾向于在肝细胞中进行并产生 ROS。在 NAFLD 患者中两种氧化过程加剧，导致 ROS 的发生和线粒体 β-氧化的抑制。氧化应激导致细胞核和线粒体的 DNA 损伤，并促进与炎症和膜破坏相关的细胞因子的释放（Yu et al，2019）。

（五）能量负平衡

当动物遭受生理应激，短期内各器官和系统状态发生巨大变化，对能量的摄入无法满足营养能量的需求，最终造成机体的能量负平衡（NEB）。在 NEB 期间，动物自身采食量无法满足泌乳和运动等的能量需求，TG 从脂肪组织中被大量分解动员进行能量补偿。在脂肪组织中，激素敏感性脂肪酶（HSL）通过蛋白激酶 A 级联激活，导致磷酸化的 HSL 易位到脂滴，并将 TG 水解为 FFA 和甘油，释放进入循环系统（Koltes and Spurlock，2011）。血清中 FFA 水平升高是机体 NEB 状态的典型指标，其他指标还包括血浆中 β-羟基丁酸浓度的增加、血糖浓度降低、胰岛素和 IGF-1 减少、血浆瘦素浓度降低和身体状况评分（BCS）下降等（Adewuyi et al，2005）。循环 FFA 能够为机体各组织提供能量，然而过量的 FFA 会对机体代谢产生沉重负担。肝脏是 FFA 代谢的重要场所，血浆中 FFA 的激增和血流速度的增加，导致肝组织对 FFA 的摄取增加。脂质的大量摄取超过动物肝脏对其的需要及氧化和分泌输出能力会造成 TG 的再酯化，导致过量的脂质储存在肝脏中，发展成脂肪肝（Shi et al，2020）。此外，脂肪肝的发展也损害了肝脏组织的糖异生活性，减少了血糖和胰岛素的分泌。反过来，这又将促进脂质动员和提高肝脏对脂肪酸的摄取率，造成恶性循环。

四、动物生产中脂肪肝的营养防控

本课题组针对奶牛脂肪肝问题进行了相关研究，选取红景天苷作为营养调控物质，探究其对小鼠（细胞）脂肪肝炎模型的影响及调控机制。

（一）红景天苷调控小鼠肝脏脂质代谢的研究

1. 红景天苷对脂质沉积的影响

（1）红景天苷对 PO 刺激的细胞脂质沉积的影响

分离小鼠原代肝细胞，在用棕榈酸/油酸（PO）刺激的情况下，用红景天苷（50μmol/L 和 100μmol/L）处理 12h，然后进行尼罗红染色，观察脂滴的积累情况。结果表明，红景天苷处理显著减少了 PO 刺激导致的细胞内脂质积累，且呈现剂量依赖性（图 3-1）。

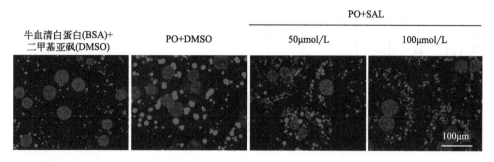

图 3-1　红景天苷对 PO 刺激的细胞脂质积累的影响

（2）红景天苷对 HFHC 饮食诱导的小鼠肝脏脂质沉积的影响

选择 40 只 SPF 级、8～10 周龄、体重 22～25g 的 C57BL6/J 雄性小鼠，随机分为四组（$n=10$）：对照组（NC-Vehicle）、模型组（HFHC-Vehicle）、HFHC-SAL-L 组［HFHC＋SAL 100mg/(kg·d)］和 HFHC-SAL-H 组［HFHC＋SAL 200mg/(kg·d)］。小鼠脂肪肝炎模型由高脂/高胆固醇（HFHC）饲料连续饲喂 16 周诱导，HFHC 饲料含 2% 胆固醇，能量构成比为 14% 蛋白质、42% 脂肪、44% 碳水化合物。对照组小鼠平行饲喂正常饲料，能量构成比为 20.6% 蛋白质、12% 脂肪、67.4% 碳水化合物。第 9 周开始，HFHC-SAL-L 组和 HFHC-SAL-H 组小鼠饲喂 HFHC 饲粮的同时每天灌胃不同剂量的红景天苷［低剂量 100mg/(kg·d)，高剂量 200mg/(kg·d)］，连续灌胃 8 周。

对小鼠肝脏脂质代谢相关基因的表达量进行测定，结果表明，与 HFHC-Vehicle 组相比，红景天苷高低剂量（SAL-L 组和 SAL-H 组）的给药都显著降低了 CD36 和 FABP1 的 mRNA 表达水平（$P<0.01$），这与脂肪酸的摄取有关［图 3-2(A)］。与 HFHC-Vehicle 组相比，红景天苷给药显著降低了 FASN（脂肪酸合成酶）基、过氧化物酶体增殖物激活受体（PPARγ）基、硬脂酰辅酶 A 去饱和酶 1（SCD1）基和 SREBP1 基的 mRNA 表达水平（$P<0.01$），它们与脂肪酸的合成有关［图 3-2(B)］。

2. 红景天苷在转录组学层面上对小鼠肝脏脂质代谢的影响

（1）红景天苷对 PO 刺激的细胞脂质代谢的影响

收集 Salidroside-PO 组（试验组，红景天苷剂量为 100μmol/L）和 DMSO-PO 组（模型组）的细胞样本，进行转录组测序。

结果表明，Salidroside-PO 组和 DMSO-PO 组的三个样本分别显示出更好的分组聚类相似性［图 3-3(A)］。与 DMSO-PO 组相比，Salidroside-PO 组中与脂质代谢相关关键事件的信号转导过程呈现下调状态，包括脂肪酸的转运［图 3-3(B)］、脂肪酸代谢过程［图 3-3(C)］和脂质生物合成过程［图 3-3(D)］。

（2）红景天苷对 HFHC 饮食小鼠的肝脏脂质代谢的影响

聚类结果显示，红景天苷给药组（Salidroside-HFHC 组）和 HFHC 饮食模型组（Vehicle-HFHC 组）的三个样本分别显示出更好的相似性［图 3-4(A)］。GO 分析结果显示，与 Vehicle-HFHC 组相比，Salidroside-HFHC 组小鼠肝脏组织中与脂质代谢相关关键事件的信号转导过程呈现下调的状态，包括脂肪酸的转运［图 3-4(B)］、脂肪酸代谢过程

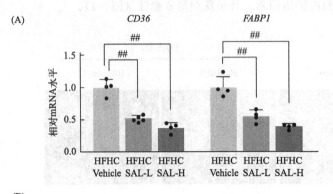

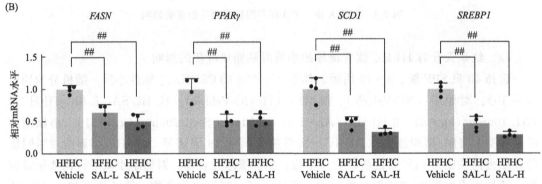

图 3-2　红景天苷对 HFHC 饮食小鼠肝脏中脂质代谢相关基因 mRNA 水平的影响

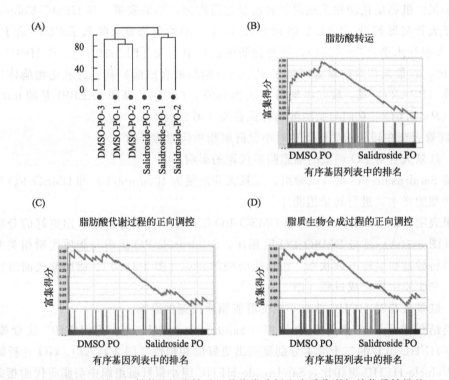

图 3-3　红景天苷处理的 PO 刺激的细胞转录组的聚类分析和脂质代谢相关信号转导的 GO 分析

[图 3-4(C)] 和脂质生物合成过程 [图 3-4(D)]。

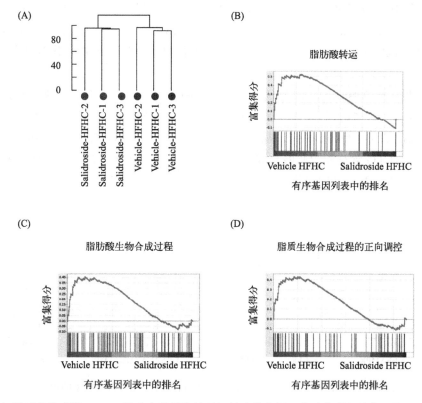

图 3-4　红景天苷处理的 HFHC 饮食小鼠肝脏转录组的聚类分析和脂质代谢相关信号转导的 GO 分析

3. 红景天苷通过调节 AMPK 信号通路调控脂质代谢

（1）红景天苷促进代谢应激下细胞和小鼠肝脏中 AMPK 的激活

采用 Western blotting 检测 AMPK 信号通路在体内外试验中的激活情况，探究红景天苷对 AMPK 信号通路的调控作用。结果表明，PO 刺激后，原代肝细胞中 AMPKα 的磷酸化受到抑制，然而红景天苷处理促进了 PO 刺激下 AMPKα 的磷酸化 [图 3-5(A)]，显著增强了 HFHC 饮食小鼠肝组织中 AMPKα 的磷酸化 [图 3-5(B)]。

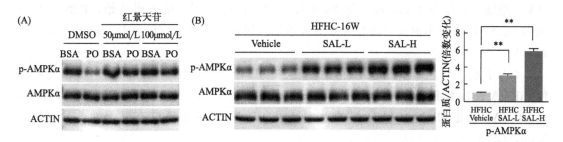

图 3-5　红景天苷促进 PO 刺激的肝细胞和 HFHC 饮食小鼠肝脏中 AMPK 的激活

（2）原代肝细胞中 AMPK 沉默对红景天苷缓解作用的影响

将沉默 AMPK（AdshAMPK）的小鼠原代肝细胞和未沉默 AMPK（AdshRNA）的小鼠原代肝细胞分为四组：AdshRNA-DMSO 组（仅 PO 刺激）、AdshRNA-SAL 组（PO＋SAL100μmol/L）、AdshAMPK-DMSO 组（PO＋AMPK 沉默）和 AdshAMPK-SAL 组（PO＋AMPK 沉默＋SAL100μmol/L）。每组均进行 PO 处理，DMSO 作为药物红景天苷的对照处理。

结果表明，与 AdshRNA-DMSO 组相比，AdshRNA-SAL 组中 PO 刺激下肝细胞 TG 的含量显著降低（$P<0.01$），以及脂肪酸合成相关基因的 mRNA 表达水平显著降低（$P<0.01$），包括 SCD1 基因、ACC 基因和 FASN 基因。AdshAMPK-SAL 组与 AdshANPK-DMSO 组的 TG 含量和脂肪酸合成相关基因的 mRNA 水平（SCD1、ACC 和 FASN）没有显著性差异（$P>0.05$）（图 3-6）。

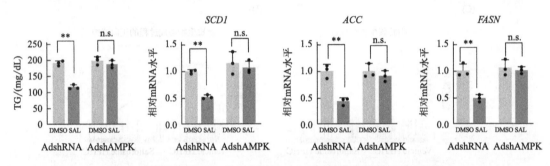

图 3-6　AMPK 沉默对红景天苷缓解 PO 刺激的肝细胞脂质积累的影响

（3）抑制 AMPK 对红景天苷缓解 HFHC 饮食小鼠肝脏脂质沉积的影响

选择 40 只 SPF 级、8～10 周龄、体重 22～25g 的 C57BL/6J 雄性小鼠饲养于 SPF 级动物房。小鼠分为以下四组（每组 10 只）：PBS-Vehicle 组（对照组，仅 HFHC 饮食）、PBS-SAL-H 组［HFHC 饮食＋SAL 200mg/(kg·d)］、CC-SAL-H 组［HFHC 饮食＋化合物 C＋SAL 200mg/(kg·d)］、CC-Vehicle 组（HFHC 饮食＋化合物 C）。化合物 C 是 AMPK 信号通路的特异性抑制剂，能够抑制 AMPK 的表达。以上四组小鼠均连续饲喂 HFHC 饲料 16 周，PBS 溶液是化合物 C 的对照处理，载体溶液（生理盐水）是红景天苷的对照处理。第 7 周开始，CC-SAL-H 组和 CC-Vehicle 组小鼠口服灌胃化合物 C（CC）溶液，用量为 10mg/kg，每 2d 灌胃一次，连续 9 周。第 8 周开始，PBS-SAL-H 组和 CC-SAL-H 组小鼠口服灌胃红景天苷溶液，用量为 200mg/(kg·d)，每天一次，连续 8 周。

结果表明，与 PBS-Vehicle 组相比，PBS-SAL-H 组肝组织中与脂肪酸摄取相关基因的 mRNA 表达水平显著降低（$P<0.01$），包括 CD36、FASN、PPARγ 和 SREBP1，而 CC-SAL-H 组和 CC-Vehicle 组的上述基因 mRNA 表达水平没有显著性差异（$P>0.05$）（图 3-7）。

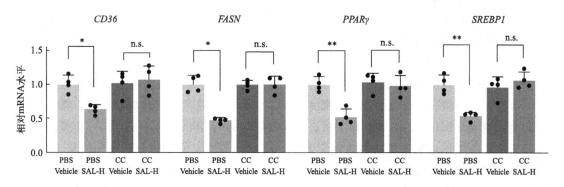

图 3-7 抑制 AMPK 对红景天苷调节 HFHC 饮食小鼠肝脏脂质代谢的影响

（二）动物生产中脂肪肝的其他防控措施

1. 科学管理

处于围产期的动物要加强管理，科学饲喂。围产期奶牛经历了妊娠、产犊和泌乳，机体内分泌和代谢产生了巨大改变，对能量的需求大幅增加，但能量的主动摄入无法满足机体需要，极易导致机体的 NEB。围产期的日粮水平和结构是影响脂肪肝发病率的因素之一，应根据该阶段的动物代谢特点饲喂营养全面和科学均衡的饲粮。在妊娠期适宜减少高精料的摄入，保证碘、钴和磷元素的充足，防止分娩前过于肥胖（李忠良，2018）。围产后期对奶牛的饲喂以优质、适口性好的粗饲料为主，根据实际采食量和泌乳状况对饲喂量进行调整，并逐渐过渡到精饲料，防止产后 NEB 的发生（李莉等，2021）。产犊后奶牛体质虚弱，卧床频率增高，需要保证饲养舍的洁净卫生与良好的通风，定时更换干爽清洁的垫料，及时清理排泄物。对于轻度脂肪肝的动物，应秉持着早治疗、供应血糖、保护肝脏和防止继发其他疾病的原则，在饲喂管理上保证营养元素全面均衡，提供新鲜、优质的豆类或干草来增加采食量，提供充足的空间保证每天一定的运动量等。

2. 使用饲料添加剂

一些饲料添加剂可以抑制脂肪动员、增强肝脏脂肪酸氧化或者促进 VLDL 的分泌输出，能在一定程度上预防脂肪肝的发生。胆碱具有参与细胞膜的构成、乙酰胆碱的合成和作为甲基供体等功能，在维持神经系统正常功能和调节脂肪代谢方面具有重要的作用（刘喆佳等，2021）。饲料中添加胆碱能够降低血浆中 FFA 浓度，减少肝脏中 TG 的积累，为 VLDL 合成提供卵磷脂，并促进肝脏中的脂肪酸氧化，改善机体的 NEB（Cooke et al，2007）。对反刍动物而言，胆碱直接添加易被瘤胃微生物降解，常以过瘤胃保护胆碱（rumen protected choline，RPC）的形式应用于饲粮。烟酰胺（NAM）是辅酶 I 和 II 的前体物，其在机体的能量和糖脂代谢上发挥着重要的作用。围产期奶牛日粮中补充 NAM（45g/d）能够改善肝脏糖异生和葡萄糖循环，维持代谢稳态（Wei et al，2018）。此外，在围产期日粮中添加甘油、蛋氨酸、MDA 和硼酸钠等能影响反刍动物瘤胃发酵模式，减少产后奶牛的脂肪动员和生酮作用，有助于预防代谢紊乱和改善动物健康状态（Basoglu et al，2002；Kabu and Civelek，2012）。目前利用中草药或其提取物对脂肪肝进行防控取得了一定的进展，具有较好的应用前景。Mezzetti 等的研究表明芦荟全株匀浆物对围产期奶牛具有抗高脂血症和抗炎作用，可以改善肝脏功能紊乱（Mezzetti et al，2020）。由陈皮、黄芪、穿心莲等多种中草药组成的复方制剂能够增强围产期奶牛的免疫力和抗氧化功能，改善能量代谢和减轻炎症反应（Ran et al，2020）。

3. 注射激素或葡萄糖

通过提供额外的血糖来源和减少 FFA 从脂肪组织中的动员来改善动物机体的代谢状态，可以预防脂肪肝。可以通过注射激素来增加葡萄糖供应，包括胰高血糖素、糖皮质激素和生长激素（Bobe et al，2004）。从奶牛分娩后第 2d 开始，皮下注射 15mg 剂量的胰高血糖素 14d 可增加血浆葡萄糖和胰岛素浓度，降低脂肪组织的脂肪分解率和血浆 FFA 浓度，从而有效防止脂肪肝的发展（Nafikov et al，2006）。胰岛素是一种合成代谢激素，通过刺激糖、脂肪和甘油的合成，抑制糖异生以及糖原和脂肪的分解来储存营养物质，有研究建议肌内注射低剂量（0.14IU/kg）的缓释胰岛素（slow-release insulin，SRI）来预防肝脂肪沉积（Hayirli et al，2002）。Bobe 等人的研究表明皮下注射胰高血糖素（15mg/d）连续 14d，可逆转 3.5 岁以上奶牛的肝脏 TG 的积累，这可能是脂肪肝的潜在治疗方式（Bobe et al，2003）。葡萄糖注射法可以为机体及时供应血糖，减少脂肪组织动员，改善代谢状态。轻度和中度患病牛一般采用 50% 的葡萄糖溶液静脉注射 500mL 或者 20% 的葡萄糖溶液腹腔注射 1L 进行治疗，连续注射 4d 为一个治疗周期。注射葡萄糖同时配合肌内注射倍他米松、口服甘油或者丙二醇治疗效果更佳（王枫，2011）。

参考文献

豁银强，2011. 奶牛脂肪肝的病理学观察与诊治措施. 黑龙江畜牧兽医，13：128-130.

李莉，王建辉，何庆玲，等，2021. 奶牛围产期的饲养与管理. 中国畜禽种业，17：135-136.

李忠良，2018. 奶牛脂肪肝的中西医结合防治. 中兽医学杂志，3：60.

刘喆佳，王弘浩，姚军虎，等，2021. 胆碱对奶牛肝脏脂肪代谢的调控作用及机制. 草业科学，38：776-784.

王枫，2011. 围产期奶牛脂肪肝的综合诊治. 北方牧业，18：23.

Adewuyi A，Gruys E，Van Eerdenburg F，2005. Non esterified fatty acids（NEFA）in dairy cattle. A review Vet Q，27：117-126.

Alam S，Mustafa G，Alam M，et al，2016. Insulin resistance in development and progression of nonalcoholic fatty liver disease. World J Gastrointest Pathophysiol，7：211-217.

Arrese M，Cabrera D，Kalergis A M，et al，2016. Innate immunity and inflammation in NAFLD/NASH. Digest Dis Sci，61：1294-1303.

Basoglu A，Sevinc M，Birdane F M，et al，2002. Efficacy of sodium borate in the prevention of fatty liver in dairy cows. J Vet Intern Med，16：732-735.

Bobe G，Ametaj B N，Young J W，et al，2003. Potential treatment of fatty liver with 14-day subcutaneous injections of glucagon. J Dairy Sci，86：3138-3147.

Bobe G，Young J，Beitz D，2004. Invited review：pathology, etiology, prevention, and treatment of fatty liver in dairy cows. J Dairy Sci，87：3105-3124.

Chen Z，Tian R，She Z，et al，2020. Role of oxidative stress in the pathogenesis of nonalcoholic fatty liver disease. Free Radic Biol Med，152：116-141.

Cooke R，Del Rio N S，Caraviello D，et al，2007. Supplemental choline for prevention and alleviation of fatty liver in dairy cattle. J Dairy Sci，90：2413-2418.

Duarte N，Coelho I C，Patarrão R S，et al，2015. How inflammation impinges on NAFLD：a role for Kupffer cells. Biomed Res Int，（2015）：984578.

Gerspach C，Ruetten M，Riond B，2016. Investigation of coagulation and serum biochemistry profiles in dairy cattle with different degrees of fatty liver. Schweiz Arch Tierheilkd, 158: 811-818.

Hayirli A, Bertics S, Grummer R, 2002. Effects of slow-release insulin on production, liver triglyceride, and metabolic profiles of Holsteins in early lactation. J Dairy Sci, 85: 2180-2191.

Hsu C, Caussy C, Imajo K, et al, 2019. Magnetic resonance vs transient elastography analysis of patients with nonalcoholic fatty liver disease: a systematic review and pooled analysis of individual participants. Clin Gastroenterol Hepatol, 17: 630-637.

Kabu M, Civelek T, 2012. Effects of propylene glycol, methionine and sodium borate on metabolic profile in dairy cattle during periparturient period. Revue Med Vet, 163: 419-430.

Kammoun H L, Chabanon H, Hainault I, et al, 2009. GRP78 expression inhibits insulin and ER stress-induced SREBP-1c activation and reduces hepatic steatosis in mice. J Clin Invest, 119: 1201-1215.

Koltes D, Spurlock D, 2011. Coordination of lipid droplet-associated proteins during the transition period of Holstein dairy cows. J Dairy Sci, 94: 1839-1848.

Krauss R M, Siri P W, 2004. Metabolic abnormalities: triglyceride and low-density lipoprotein. Endocrinol Metab Clin North Am, 33: 405-415.

Lanthier N, 2015. Targeting Kupffer cells in non-alcoholic fatty liver disease/non-alcoholic steatohepatitis: why and how? World J Hepatol, 7: 2184-2188.

Lebovitz H, 2001. Insulin resistance: definition and consequences. Exp Clin Endocrinol Diabetes, 109: 135-148.

Mezzetti M, Minuti A, Bionaz M, et al, 2020. Effects of *Aloe arborescens* whole plant homogenate on lipid metabolism, inflammatory conditions and liver function of dairy cows during the transition period. Animals, 10: 917.

Moreira C N, Souza S N, Barini A C, et al, 2012. Serum γ-glutamyltransferase activity as an indicator of chronic liver injury in cattle with no clinical signs. Arq Bras Med Vet Zootec, 64: 1403-1410.

Nafikov R, Ametaj B, Bobe G, et al, 2006. Prevention of fatty liver in transition dairy cows by subcutaneous injections of glucagon. J Dairy Sci, 89: 1533-1545.

Ran M, Cha C, Xu Y, et al, 2020. Traditional Chinese herbal medicine complex supplementation improves reproductive performance, serum biochemical parameters, and anti-oxidative capacity in periparturient dairy cows. Anim Biotechnol, 15: 1-10.

Schaapman J J, Tushuizen M E, Coenraad M J, et al, 2021. Multiparametric MRI in patients with nonalcoholic fatty liver disease. J Magn Reson Imaging, 53: 1623-1631.

Shi K, Li R, Xu Z, et al, 2020. Identification of crucial genetic factors, such as PPARγ, that regulate the pathogenesis of fatty liver disease in dairy cows is imperative for the sustainable development of dairy industry. Animals, 10: 639.

Takaki A, Kawai D, Yamamoto K, 2013. Multiple hits, including oxidative stress, as pathogenesis and treatment target in non-alcoholic steatohepatitis (NASH). Int J Mol Sci, 1410: 20704-20728.

Wanders R J, Komen J, Kemp S, 2011. Fatty acid omega-oxidation as a rescue pathway for fatty acid oxidation disorders in humans. FEBS J, 278: 182-194.

Wang D, Wei Y, Pagliassotti M J, 2006. Saturated fatty acids promote endoplasmic reticulum stress and liver injury in rats with hepatic steatosis. Endocrinology, 147: 943-951.

Wei X S, Cai C J, He J J, et al, 2018. Effects of biotin and nicotinamide supplementation on glucose and lipid metabolism and milk production of transition dairy cows. Anim Feed Sci Tech, 237: 106-117.

Xu R, Huang H, Zhang Z, et al, 2014. The role of neutrophils in the development of liver diseases. Cell Mol Immunol, 11: 224-231.

Yu Y, Cai J, She Z, et al, 2019. Insights into the epidemiology, pathogenesis, and therapeutics of nonalcoholic fatty liver diseases. Adv Sci, 6: 1801585.

Zhang X Q, Xu C F, Yu C H, et al, 2014. Role of endoplasmic reticulum stress in the pathogenesis of nonalcoholic fatty liver disease. World J Gastroenterol, 20: 1768-1776.

Zhang Y N, Fowler K J, Hamilton G, et al, 2018. Liver fat imaging-a clinical overview of ultrasound, CT, and MR imaging. Br J Radiol, 91: 20170959.

Zhu Y, Guan Y, Loor J J, et al, 2019. Fatty acid-induced endoplasmic reticulum stress promoted lipid accumulation in calf hepatocytes, and endoplasmic reticulum stress existed in the liver of severe fatty liver cows. J Dairy Sci, 102: 7359-7370.

第二节　猪脂肪肝与营养调控

一、什么是脂肪肝

脂肪肝，也称脂肪性肝病，是由各种原因如遗传因素、环境因素或代谢应激引起的，以肝脂肪变性为基本病理特征的疾病。脂肪肝是一种在动物中比较常见的代谢类疾病，常出现在畜禽养殖中，容易造成畜禽生产能力下降甚至寿命缩短，造成巨大的经济损失。

二、脂肪肝的致病因素

（一）营养因素

饲料成分对动物健康有着至关重要的影响。首先，当饲料中缺乏必需脂肪酸、胆碱、苏氨酸和蛋白质等关键营养成分时，动物的脂蛋白合成和运输过程将受到明显抑制。这种抑制会导致脂肪在肝脏组织中过度积累，进而引发脂肪肝。其次，饲料中某些营养成分的过量摄入同样对动物不利。比如，当饲料中的胆固醇、脂肪、乙醇、生物素等成分含量过高时，动物患脂肪肝的风险会增加，因为这些物质过量时会影响肝脏的正常代谢功能，促进脂肪在肝脏中的沉积。此外，饲料中蛋能比（能量与蛋白质的比例）的不平衡也是导致脂肪肝发病率增高的一个重要因素。因此，为了确保动物的健康，需要严格控制饲料中的营养成分，确保其平衡且适量。许琴等（2021）研究发现，使用能氮比高的饲料饲喂的鸡群相比饲喂能氮比低的饲料的鸡群脂肪肝发病率会显著增加，但是能氮比过低也会引起脂肪肝症状。邹杰（2019）通过实验研究发现，饲料蛋白质含量过高时畜禽患病概率为40%，低能能量蛋白饲料饲喂的畜禽发病率为0%。如果高能量合成脂肪过度，低蛋白无法提供充足的蛋白质和脂肪融合导致脂肪堆积，最终形成脂肪肝。

1. 胆碱对脂肪肝的影响

胆碱作为动物生长发育不可或缺的必需营养素，在脂肪肝疾病的预防和治疗中占据着举足轻重的地位。其化学名称为氢氧化 β-羟乙基三甲基铵离子，是一种强碱，特点在于其含有的三甲基化季氮。胆碱作为一种化合物，在生物组织和材料中广泛存在，是动物体内不可或缺的一部分。动物体内的胆碱来源主要有两个途径：一是通过内源性合成，二是通过饲料添加。在奶牛饲料中，胆碱的丰富来源包括大豆、豆粕、菜粕、鱼粉和干酵母等。在饲料成分和未加工脂肪源中，胆碱多以磷脂酰胆碱（卵磷脂）的形式存在，而游离胆碱、乙酰胆碱和含胆碱磷脂也广泛分布于植物和动物组织及其衍生的饲料中。尽管动物在大多数情况下并不会缺乏胆碱，但其在某些特殊生理状态（如怀孕和哺乳）下会显著增加对胆碱的需求。胆碱在动物体内扮演着多重角色，它能为甲基代谢提供甲基供体，促进机体的转甲基代谢。游离胆碱氧化后形成甜菜碱，甜菜碱进一步为同型半胱氨酸提供甲基，改造蛋氨酸，确保机体代谢过程中有足够的甲基供应。此外，胆碱还是神经递质（乙酰胆碱）的合成原料，对于信息在神经通路中的正常传递至关重要。胆碱在脂质代谢中发挥着调节作用，尤其是在脂质运输方面。它以磷脂酰胆碱的形式参与脂蛋白的形成，促进肝脏中的 TG 转化为脂蛋白并转运出肝脏，有效预防 TG 在肝脏中的积累。因此，在脂肪肝等脂肪性肝病的预防和治疗中，胆碱的噬脂性具有显著效果。

刘喆佳等（2021）研究表明，家畜在分娩前后，由于生理变化，可能会出现胆碱缺乏的情况，这对肝脏功能构成了巨大威胁，特别是对 VLDL 的合成和分泌产生了不利影响。在动物体内，大多数组织的 VLDL 的装配以及肝细胞的分泌过程都高度依赖于磷脂酰胆碱的参与。一旦磷脂酰胆碱的含量不足，VLDL 的分泌便会受到阻碍，这会导致肝细胞内的脂肪或胆固醇逐渐积聚，进而可能演变为脂肪肝。当磷脂酰胆碱的供应受限时，通过补充胆碱可以有效提升 VLDL 的合成速度。这一措施有助于肝脏更有效地处理多余的脂肪，确保 TG 能够顺利从肝脏中转移出去。此外，胆碱还能作为肉毒碱的甲基供体，加速肝脏脂肪酸的 β-氧化过程，从而进一步降低肝脏脂肪的沉积。胆碱已被科学证实，在肝脏中可以通过甲基化步骤作为甲基供体支持肉碱的合成，进一步促进脂肪酸的代谢和能量产生。

2. 胆汁酸对脂肪肝的影响

祁兴震等（2024）的研究表明，胆汁酸作为人和动物胆汁中的核心活性成分，源自胆固醇的代谢过程，是一大类胆烷酸的总称。在机体的脂肪代谢与吸收中，胆汁酸扮演着举足轻重的角色。胆汁酸通过增强猪的脂肪消化率显著促进了其生长性能，并且有效地调节了血清脂质代谢。胆汁酸的一个关键作用是通过激活法尼醇 X 受体（FXR）来清除血浆中的 TG，并抑制肝脏脂肪的生成。这一机制有助于维持血脂平衡和肝脏健康。此外，胆汁酸还能通过激活 G 蛋白偶联胆汁酸受体 5（TGR5）基因对肝脏脂肪代谢产生深远影响。研究显示，TGR5 基因敲除的雌性小鼠肝脏脂肪含量呈现上升趋势，特别是在摄入高脂肪食物时，这种增加更为显著。而当 TGR5 基因被激活后，血浆中的 TG 和非酯化脂肪酸水平均有所下降，这一变化减少了肝脏脂肪变性和组织肝纤维化，进而改善了肝脏的整体功能。

Watanabe 等（2001）发现，使用胆酸（CA）治疗高脂饮食肥胖小鼠可以显著降低小鼠体内脂肪组织重量，缓解肝脏脂肪变性。Li 等（2010）发现，饲喂高脂日粮的 CYP7A1 基因过表达小鼠的胆汁酸合成效率显著增加，其胆汁酸产量达到了正常小鼠的 3 倍。胆汁酸合成效率增加不仅有效降低了血清中的胆固醇含量，而且促进了全身的能量消耗，此外，还促进了棕色脂肪组织中的脂肪酸氧化，从而进一步提高了能量消耗的效率。这一系列的生理变化，最终导致了小鼠的胰岛素抵抗性降低。胆汁酸在这一过程中发挥了重要作用。它有助于降低血清中的脂质含量，减少肝脏中脂肪酸合成酶的表达，从而降低了肝脏中脂肪的积累风险。这些均有助于预防脂肪肝的发生。

3. 铜对脂肪肝的影响

铜作为动物体内不可或缺的一种微量元素，在生物体的多种代谢过程中发挥着至关重要的作用。然而，肝脏作为铜代谢的主要器官，若长时间暴露在过量的铜摄入环境中，便会导致铜在肝脏内逐渐蓄积。这种铜的过度累积不仅会引发肝脏损伤，还可能干扰和影响机体正常的脂质代谢过程，从而对动物的健康造成不利影响。

（二）激素

多种激素在脂肪肝的发病过程中扮演着重要角色，其中主要包括胰岛素、甲状腺素、皮质醇和雌激素等。这些激素调节能量代谢的源头，如促进碳水化合物转化为脂肪、参与游离脂肪酸的形成、影响脂肪酸的氧化过程，以及提高机体对致病因素的敏感性，最终可能诱发脂肪肝。肝脏脂肪变性的猪血清中的雌二醇含量较高，这揭示了激素与能量代谢之间的紧密关联，并且二者可能共同诱导脂肪肝的发生。雌激素水平过高会导致脂质在体内的积累增多，而机体可能无法及时有效地调节这种脂质积累，最终可能发生脂肪肝。

邹杰（2019）的研究表明，患脂肪肝的畜禽血液内肾上腺皮质醇含量是正常畜禽的5％～7％。

（三）环境因素

王志永等（2020）研究发现相较于低温环境，高温条件下饲养的家畜更容易发生脂肪肝。在低温环境中，家畜摄入的能量部分会转化为热能，用以抵御外界低温并维持其正常体温。由于这种能量转化的过程，家畜在低温条件下相对难以将脂肪大量蓄积起来，从而减少了脂肪肝的发生风险。相反，在高温环境中，由于不需要将大量能量转化为热能来维持体温，家畜更容易将多余能量转化为脂肪储存，从而增加了脂肪肝的发病率。

（四）毒素及药物

毒素、霉菌及其代谢产物，特别是黄曲霉毒素等，对肝脏功能具有显著的不良影响。这些毒素能够抑制脂蛋白的合成，从而导致肝脏代谢障碍与脂肪堆积，进一步可能引发肝脏渗血。此外，药物也是影响机体健康的重要因素。以四环素为例，作为一种抗合成代谢药物，它通过抑制细菌蛋白质的合成来达到抑菌效果。然而，这种作用机制也可能对动物机体的肝脏载脂蛋白合成产生负面影响，从而减少肝脏内的脂肪沉积。

三、营养调控

（一）调节饲料原料

在猪的饲料中添加维生素 E、维生素 B_{12} 和肌醇，能够有效帮助减少肝脏脂肪堆积。一种常见的预防方法是适量添加亲脂物质，这种方法已被证明对预防肝脏脂肪堆积具有显著效果。此外，叶酸、生物碱、泛酸和钴元素等营养素也对控制 FLS 具有积极作用。在肝脏脂肪变性过程中，肝脏脂肪的抗氧化功能降低，尤其是脂肪酸 β-氧化受损在这一过程中扮演着重要角色。为了减轻氧化应激带来的损害，可以考虑使用还原型 GSH、维生素 E 和有机铬化合物等。在日常养殖管理中，养殖人员应注意饲料控制，合理调节养殖环境的温度和空气质量，为猪只提供足够的运动空间。同时，应防止饲料突变或霉变，加强猪只运动，减少应激，保持充足的光照，并降低氨等有害气体对猪只的影响。

（二）保持蛋白能量平衡

降低饲料中的能量水平，精心调整蛋白质与能量的比例，以及确保各种必需氨基酸之间的平衡，可以有效控制能量摄入，避免脂肪在肝脏中的过度积累，进而降低脂肪肝发生的风险。罗敏（2006）的试验证明，蛋能比大的试验群，脂肪肝发生率明显高于蛋能比低的，且差异极显著。有研究表明，饲喂能量约 11.3MJ、蛋能比约为 61 的日粮，鸡脂肪肝的发生率最低；而饲喂能量约 11.1MJ、蛋能比约 66.5 的日粮，鸡脂肪肝发生率较低且有最佳的产蛋性能（He et al，2000）。能量的来源类型对于脂肪代谢平衡具有重要影响。与来自脂肪的能量相比，过多依赖来自碳水化合物的能量更容易导致脂肪代谢平衡失调。

（三）日粮中添加不饱和脂肪酸

Sanz 等（2000）研究发现，在日粮中添加富含不饱和脂肪酸的向日葵籽油尽管会使日粮中的脂肪含量有所增加，但却导致猪血浆中的 TG 水平显著下降。这一变化增强了心脏中棕榈酸转移酶和脂酰辅酶 A 脱氢酶的活性，从而提高了猪体内脂肪酸的 β-氧化效率。同时，肝脏脂肪酸合成酶的活性显著降低，减少了脂肪的合成，有效地预防了脂肪肝的发生。Oloyo 等（2000）研究发现在日粮中添加富含不饱和脂肪酸的棕榈油和生物素，能够显著减少因脂肪肝引发的皮炎发病率和死亡率。

（四）添加壳聚糖

蒋莉等（2001）的试验指出，每日以壳聚糖饲喂患有脂肪肝的大鼠能显著降低其肝脏中的 TC 和 TG 含量以及血胆固醇水平。这一作用通过提高线粒体膜的流动性，进而改善脂肪酸的 β-氧化过程，有效缓解了肝脏的脂肪变性。其背后的机制在于壳聚糖与胆酸结合，促使胆酸排出体外，从而打断了胆酸的肠肝循环，减少了脂质的吸收，最终实现了对脂肪肝的改善效果（蒋莉，2001）。罗敏等（2006）的研究发现壳聚糖在降低血脂方面的作用可能与其正电性特征有关。壳聚糖中的乙酰基带有正电荷，这使它在酸性环境下容易与脂肪结合，从而阻止了消化系统对 TG 和 TC 的吸收。此外，研究发现在肝脏脂肪变性的情况下，SOD 的活力会显著下降。然而，当使用壳聚糖后，SOD 的活力得到了提升，并且随着壳聚糖剂量的增加而逐渐恢复正常。这一发现表明，壳聚糖还可能通过提高肝脏的抗氧化能力来发挥其保护肝脏的作用。

（五）添加抗氧化剂

在肝脏脂肪变性的过程中，肝脏的脂肪抗氧化功能显著降低，其中脂肪酸 β-氧化的受损起到了尤为关键的作用。为了减轻这种氧化应激损害及脂质过氧化所诱发的肝纤维化，可以考虑使用还原型 GSH、维生素 E、硒、有机铬化合物以及黄酮类化合物等抗氧化剂。在日粮中适当添加这些物质，能够有效降低脂肪肝的发生率，从而保护肝脏健康。邹晓庭等（2020）研究发现，在日粮中添加二氢吡啶后，动物肝脂率和腹脂率均显著降低，这一效果可能通过以下两个途径来防止 FLS 的发生。首先，二氢吡啶显著提升了血清中 SOD 的活性，从而增强了肝脏的抗氧化能力。这一机制有助于减轻肝脏中的氧化应激，保护肝脏免受损害。其次，二氢吡啶显著降低了肝脏中苹果酸脱氢酶（MDH）的活性。MDH 是生成 NADPH 的关键酶之一，而 NADPH 是脂肪酸合成过程中不可或缺的供氢体。在胞液中，NADPH 的生成依赖于 MDH、G-6-PD 等一系列 NADPH 生成酶的作用。通过降低 MDH 的活性减少 NADPH 的生成，进而限制了脂肪酸合成及其碳链延长所需的供氢体 NADPH 的供应，从而抑制了脂肪酸的合成。这种抑制作用有助于减少肝脏中脂肪酸的积累，进而降低脂肪肝发生的风险。

参考文献

蒋莉，戚晓红，2001. 壳聚糖对大鼠实验性脂肪肝的防治作用. 中国海洋药物（1）：28-31.

刘喆佳，王弘浩，姚军虎，等，2021. 胆碱对奶牛肝脏脂肪代谢的调控作用及机制. 草业科学，38（04）：776-784.

罗敏，王涛，张金伟，等，2006. 蛋鸡脂肪肝的发病机理与营养调控. 中国畜牧杂志（19）：54-57.

祁兴震，路俋，谢兰，等，2024. 胆汁酸对动物糖脂代谢的调控及在动物生产中的应用. 饲料研究，47（04）：148-153.

王志永，段磊，2020. 高温季节家兔球虫病的预防. 养殖与饲料，19（8）：143-144.

夏文锐，温雪婷，杨华，等，2020. 番鸭与北京鸭脂肪沉积性状与血清指标的差异研究. 中国畜牧杂志，56（10）：65-70.

许琴，2021. 蛋鸡脂肪肝综合征的病因及防控措施. 中国动物保健，23（05）：58-59.

邹杰，2019. 产蛋鸡脂肪肝综合征的致病因素与防治措施. 农业开发与装备（02）：236.

He W M, Yang F Y, Zhao T Y, et al, 1992. Study on the relationship between energy- protein ratio and frequency of fatty liver syndrome inlaying hens. Acta Vet Zootechnica Sinica, 23 (2): 107-111.

Li T, Owsley E, Matozel M, et al, 2010. Transgenic expression of cholesterol 7alpha hydroxylase in the liver prevents high fat diet induced obesity and insulin resi stance in mice. Hepatology, 52 (2): 678690.

Oloyo R A, Ogumnodede K, 2000. Effect of dietary palm kernel oil sup plementation on biotin requirement of broiler. Indian J Anim Sci, 70 (6): 623-627.

Sanz M, Lopez B C, Menoyo D, et al, 2000. Abdominal fat deposition and faty acid synthesis are lower and beta-oxidation is higher in broiler chickens fed diets containing unsaturated rather than satu rated fat. J Nutr, 130 (12): 3034- 3037.

Watanabe M, Horai Y, Houten S M, et al, 2011. Lowering bile acid pool size with asyntheticfarnesoid. Xreceptor (FXR) agonistinduces obesity and diabetes through reduced energy expenditure. Journal of Biological Chemistry, 286 (30): 2691326920.

第三节　家禽脂肪肝与营养调控

　　家禽养殖为人们提供的禽肉、禽蛋在人们的餐桌上占据重要的地位。在现代高密度、集约化养殖的模式下，加之为提高生产效率饲喂高能量低蛋白的饲料，家禽的脂肪肝综合征（FLS）发病率越来越高。这不仅阻碍了家禽养殖业的发展，而且影响家禽养殖的经济效益，家禽的 FLS 也越来越受到人们的重视。

一、概念界定

　　FLS 是以肝脏发生脂肪变性为特征的一种营养代谢性疾病，以 TG 含量升高为主要特征。组织学中定义每单位面积有 1/3 以上肝细胞发生脂肪变性，即可判定为 FLS。在临床上的表现为禽只个体肥胖，产蛋量下降。FLS 会导致家禽肝功能障碍，脂质代谢紊乱，严重时导致家禽肝脏破裂出血而死亡。笼养的产蛋鸡由于饲料配比不合理、运动量不足等，易发生此疾病，平养的肉用型鸡也时有发生。

患病蛋鸡出现肝脏代谢异常，在解剖时常见肝脏颜色异常，表现为黄色、油腻，有时出现肝脏破裂，在其他脏器的周围也会出现脂肪的堆积（曾文惠等，2023）。

二、疾病危害

患病家禽在平时无明显的症状，表现为突然性发病，严重时会导致死亡。其发病受到许多因素的影响，这给患病规律的研究与疾病防治工作造成一定的阻碍（刘志友，2017）。FLS 对鸡的肝脏危害巨大，会破坏肝脏原本的合成与代谢功能，导致蛋白质、脂质的合成与分解异常。发病后鸡群产蛋量下降，死亡率上升（刘志新，2020）。在蛋鸭生产中，FLS 常见于冬季和早春，此时温度较低，患病鸭只在受到外界刺激而产生应激时，由于剧烈运动发生肝脏破裂出血，引起死亡（吕克等，2009）。鹅在患病初期并没有十分明显的症状，一旦发病，鹅群中会出现个体的突然死亡。患病鹅只常表现为精神萎靡、食欲不振、腹泻，粪便中有完整的食物颗粒，在行动上表现趴卧不动、不喜下水。且发病鹅一般体况良好或较为肥胖，母鹅在发病后，产蛋量下降（李俊，2013）。除此以外，FLS 还会造成种蛋的受精率、孵化率下降。

三、诱发家禽脂肪肝主要因素

诱发家禽患 FLS 的因素有很多，学者们也从多个角度进行探索，总结来说，主要有饲粮因素、遗传因素、激素水平、环境因素以及肠道微生物五个方面的因素。

（一）饲粮因素

郭小权等采用高能低蛋白日粮饲喂蛋鸡，成功地建立蛋鸡脂肪肝出血综合征（FLS）病理模型，以研究生物素对蛋鸡脂类代谢的影响，发现自由基的水平上升降低了机体的抗氧化能力。有些养殖户为降低成本，使用单一的能量饲料，这不仅起不到降低饲料成本的作用，反而增加禽类患 FLS 的风险（郭小权，2012）。科学家在实验中发现饲喂低蛋氨酸、亚油酸、胆碱和高能量的饲料会使母鸡的总肝脏重量显著升高。他们的实验结果表明，饲粮因素对蛋鸡 FLS 的诱导效果显著，且 AST 的活性指标可用于蛋鸡 FLS 的诊断（Yousefi，2005）。目前通常采用饲喂高能量低蛋白饲料的方法诱发蛋鸡 FLS。喂食海兰褐壳蛋鸡高能量低蛋白的日粮，其表现为肝脏 TG 水平显著上升。研究者认为，当日粮中的能量提高但是机体不能即时利用时，这些多余能量会在肝脏中转化为脂肪。同时，如果日粮中缺少蛋白质，会导致脂肪转运不及时，使脂类物质在肝脏内大量堆积，达到一定程度时，形成蛋鸡的 FLS。有实验显示，在日粮中添加共轭亚油酸可以缓解蛋鸡 FLS，研究者对此的解释是减轻鸡的肝脏氧化，协调脂代谢，减少炎症的发生（王安琪，2023）。此外，饲粮中抗营养因子的存在也会导致家禽患 FLS 的可能性增加。黄曲霉素、芥子酸都可以导致肝脏的脂肪变性和出血。目前，学者们普遍认为饲粮因素是引发禽类（主要是产蛋禽）患 FLS 的主要因素。饲料原料的合理配比（主要表现在能量饲料原料与蛋白质饲料原料之间的配比）可以有效降低 FLS 的发生率。

（二）遗传因素

研究者表示，不同品系的小鼠对于脂肪肝的敏感性不同，该种肝脏受损的品系特异性与过氧化物酶体增殖物激活受体 α（PPARα）调控的代谢通路有关（Tsuchiya，2012）。在使用外源性的雌二醇诱导蛋鸡 FLS 时，洛岛红鸡比白来航鸡更容易诱导成功（Stake，1981）。在蛋鸡品系中，UCD-003 蛋鸡品系肝脏的酶活性高，比同龄的其他蛋鸡品系更容易诱导出 FLS。不同品种之间的蛋鸡 FLS 发生率不同，平均在 25.8%～49.0%（Abplanalp，1987）。饲喂高脂肪的饲粮可诱导京星黄鸡的 FLS，这种 FLS 的遗传可表现为父代遗传。参与调控 FLS 表型遗传的基因包括脂肪酸代谢的相关基因、脂代谢相关的基因以及糖代谢相关基因（张永宏，2019）。在母鸡的日粮中添加甜菜碱，可以通过表观遗传修饰调控脂代谢以及脂质自噬相关基因的表达，缓解子代鸡由皮质酮诱导的 FLS（胡云，2021）。在半番鸭的肝脏脂肪代谢中，关键炎症因子 NF-κB 的表达在填饲的后期受到抑制，代谢产物花生四烯酸（AA）的表达在填饲后期上调，其具有抗炎特性可抑制脂肪过度沉积引起的炎症效应，这为非酒精性 FLS 的防治提供新的思路（Luo，2023）。遗传因素也是造成家禽 FLS 的重要因素之一，不同品种的家禽具有不同的遗传特性，可以通过调节相关基因的表达，减少 FLS 的发生，这些研究发现为家禽的品种选育提供了理论指导。

（三）激素水平

激素调控着生物机体内的各种生化反应，激素分泌的异常也将导致机体异常。家禽的 FLS 常见于产蛋母禽，在幼年家禽与雄性家禽中并不常见。母鸡开产时，雌激素水平上升，肝脏中的脂肪合成增加。因此，有研究者认为蛋鸡患 FLS 的原因是雌激素的水平过高。

有实验结果显示，在给母鸡注射雌激素后，停药 3d，母鸡的肝脏重量以及肝出血分数比对照组母鸡有明显提升，血清中的 TG 含量也高于对照组。使用雌激素诱发的鸡 FLS 模型在停止注射雌激素 31d 后，基本可以自愈。甲状腺激素参与机体各种生化反应，蛋鸡患 FLS 时，会引起血清中甲状腺激素的水平降低，甲状腺激素的水平下降会进一步导致脂质的代谢紊乱，甲状腺激素的水平影响着蛋鸡 FLS 的发生（姜锦鹏，2013）。与此同时，其他激素如胰岛素通过调控酶的活性进一步影响脂质的合成与代谢，胰高血糖素与胰岛素相拮抗，抑制内源性脂质的合成。

（四）环境因素

应激是动物机体对外界环境做出的适应性反应，外界的强烈刺激会对动物的健康产生不利的影响。应激是家禽 FLS 发病的重要诱因。高密度、集约化是现代养禽业的特征，随着密度的增加，在养殖家禽的过程中家禽也会不可避免地发生应激反应。在高度紧张的环境下，家禽采食量降低，免疫力下降，患各种疾病的风险也随之增大。有研究表明当蛋鸡处于应激状态时，体内的能量大量消耗，糖皮质激素水平上升，导致蛋鸡体内的脂质代谢紊乱，肝脏的脂质合成能力增强，肝脏脂肪增多，引起 FLS。热应激一直阻碍着家禽养殖行业的发展，研究者发现，当鸡舍温度过高时，蛋鸡体内过氧化状态的脂质增多，自由基的水平升高，造成其肝脏的损伤。高密度的养殖势必意味着拥挤，笼养蛋鸡在这一方面显得尤为突出。家禽生活在狭小的空间内，运动量受限且采食能量极高的食物，这也是笼养蛋鸡产生 FLS 的重要原因。此外，蛋鸡发生 FLS 也与饲养管理有关，延长饲喂时间将增加脂肪的沉积，同时提高脂质过氧化的水平（Du，2024）。良好的环境可以减少家禽的应激，因此可以在一定程度上减少包括 FLS 在内的各种疾病的发生。

（五）肠道微生物

近年来，随着对家禽 FLS 和其他领域研究的逐步深入，人们不再仅局限于"头痛医头，脚痛医脚"，逐步探究起体内其他系统与肝脏之间的关系，学者们在"肝-肠轴"有许多发现。肠道内的微生物种类、数量和分布影响着家禽 FLS 的形成。

全球范围内，非酒精性脂肪肝的发病率日益升高，脂肪肝是可能引发肝硬化和肝癌的最大的潜在因素。肠道内的微生物群被认为是重要的代谢器官，对于利用粗纤维的动物来说其重要性更甚。肠道的微生物与多种疾病有关，目前肠道微生物在预防和治疗脂肪相关疾病中所起的作用已经成为研究的热点，但是肠道微生物的影响机制尚未完全明确（陶永彪，2023）。通过"肠-肝轴"来防治蛋鸡的 FLS 是新的思路，肠道微生物参与食物的消化吸收，可以平衡机体内能量的摄入与消耗，同时肠道微生物还参与 TG 的合成（丁嘉怡，2023）。

可以在饲料中人为补充益生菌群，完善肠道菌群的结构，使肠道内为低氧环境，抑制好氧致病菌的繁殖，改善肠道黏膜的通透性，减少毒素的渗漏，从而延缓肝脏脂肪变性（2018，宋献美）。皮质酮注射诱导的肉鸡 FLS 可以通过早期在饲料中添加益生菌得到有效的缓解，其原因是益生菌可以抑制肝脏脂肪的合成途径，还可以完善肠道结构，丰富肠道内菌群的数量（梅文晴，2022）。通过 LEfSe 分析发现，在患有 FLS 的蛋鸡组中，粪球菌、肠球菌、双歧杆菌的丰度下调，而弯曲杆菌、丁酸梭菌的丰度上调，这说明了肠道内的微生物与家禽的 FLS 相关（Liu，2024）。饲喂菊粉的母鸡与小鼠，绳状分歧杆菌数量增加，肠道内丙酸盐浓度增加，菌落数与脂肪变性相关参数呈现负相关性，而丙酸盐能介导 APN-AMPK-PPARα 信号通路的激活，从而抑制脂肪酸的从头合成并促进 β-氧化（Yang，2023）。机体消化吸收为个体提供各类营养物质，并与糖代谢、脂代谢紧密相关。除了物理消化与化学消化，生物的消化也越来越受到大家的关注，肠道内的微生物与消化吸收过程密切相关，已经成为防治家禽 FLS 的突破点。

四、发病机理

FLS 表现为脂肪在肝脏内堆积，肝脏变黄、变脆、质量增加，血清中的 TG 水平升高。FLS 可造成肝功能的障碍，引起生化反应的异常，使家禽生产能力、饲料利用率都呈下降趋势。FLS 的发生受到许多因素的影响，不同因素诱导 FLS 发生的机制是不同的。

从饲粮角度出发，肝脏是脂类物质合成的主要场所，当家禽摄入过多能量饲料，且蛋白质供应不足时，糖类物质就转化为脂肪，且不能向外运输而积聚在肝脏内，由此造成

FLS。黄曲霉素、芥子碱都可以引起脂肪变性，导致 FLS。从遗传因素出发，不同品系的家禽患 FLS 的概率是不同的，这与遗传特性有关，故可控制某些基因的表达来防治家禽 FLS。从激素水平出发，雌激素、甲状腺素、胰岛素、胰高血糖素等都影响着体内的各项生理生化反应，而体内的反应往往是相互关联、相互牵制的，激素水平的异常，会导致肝脏的脂质代谢发生异常，脂质代谢的异常又反过来影响激素的合成与分泌，形成恶性循环。从环境的角度出发，生存空间狭小、密度过高、禽舍内空气质量差、温度过高等都会引发家禽的应激反应导致蛋鸡体内的脂质代谢紊乱，肝脏的脂质合成能力增强，从而使肝脏脂肪增多，引起 FLS。肠道菌群的结构不合理或有害菌占据主导地位，会对家禽的消化吸收造成巨大的影响，增加家禽患 FLS 的可能性。

五、家禽脂肪肝防治的营养调控措施

家禽的 FLS 较为常见，且对产蛋率、受精率、孵化率都有不可忽视的影响，给家禽的养殖带来不小的影响。所以如何避免或缓解家禽的 FLS 一直是学者们研究的热点。为了有效地解决家禽 FLS 所带来的问题，学者们展开了丰富的研究。

（一）限制肝脏内脂质的过度合成，增加肝内脂肪的向外输出

平衡日粮配方，避免出现高能低蛋白的饲料配方。减少肝脏内脂肪的合成，同时增加肉碱、脂蛋白等载体的数量，加快脂肪向肝外的运输速度。在肉鸡的颈部皮下注射地塞米松可以诱导肉鸡的脂代谢紊乱，引发机体的氧化应激与肝脏炎症，其表现与 FLS 的症状相似，该法可以用来较为快速地建立肉鸡的 FLS 模型（王超慧，2023）。不同剂量的苜蓿素对蛋鸡的 FLS 具有防治作用，实验显示，1000mg/kg 剂量的苜蓿素可以降低 FLS 在鸡群中的发病率，发病率比对照组低了 50%（杨长进，2015）。实验表明银杏叶提取物可以通过改变肠道中的微生物群而起到缓解蛋鸡 FLS 的效果，同时该研究揭示了银杏叶提取物的作用与其抗脂肪肝的作用机制，为蛋鸡 FLS 的防治奠定了理论基础（Yang，2024）。姜黄素是一种多酚类物质，被广泛应用于食品的调味与上色，同时姜黄素还具有抗肿瘤、护肝等作用，能提高 HL 活性，其对脂肪肝的防治效果与其使用的剂量呈现一定的量效关系（任永丽等，2008）。石吊兰素是一种从传统中草药石吊兰中提取出来的天然黄酮类物质，来源广泛，在降血压等方面有显著效果。石吊兰素能够缓解由高脂诱导的肉鸡脂肪的沉积，并可以调控肉鸡的肝脏代谢，其来源较广，且价格低廉，为肉鸡 FLS 的防治提供了新的选择（高嘉怡，2024）。甘露寡糖能够改善蛋鸡的肠道菌群，下调肝脏中与脂肪合成有关基因的 mRNA 表达水平，从而达到减少脂肪在肝脏内合成的效果。实验表明，在饲粮中添加质量分数为 0.5% 的甘露寡糖对于降低肝脏的质量具有积极意义，可以缓解高脂日粮引起的蛋鸡脂肪肝（赵伟杰等，2024）。二苯乙烯苷具有抗脂肪肝作用，且呈剂量依赖性，其机制可能与提高肝脏 LPL、HL 活性，调节脂代谢，保护肝细胞有关（李雪飞，2020）。抑制 IGFBP5 表达导致的 p38MAPK 蛋白质表达量减少可能有助于避免鹅脂肪肝病理性症状如肝脏纤维化的发生（Diego Javier Jáuregui Sierra，2023）。研究发现，紫苏油可以调控肝脏中脂肪的生成，以及调控脂质转运基因 FASN 的表达，能够在不影响肉鸡生长的情况下减少肝脏中脂肪的积累以及血清中 TG 的水平（Xiao et al，2022）。

在饲料中添加特定的物质可以调控家禽肝脏内脂肪的合成与沉积，是解决 FLS 的途径之一。

（二）增加机体的抗氧化水平

中药多来源于植物，对动物健康无害，不会对人类的食品安全造成威胁。中药中的某些成分可以提升畜禽机体的抗氧化能力，减少脂肪在肝脏中的积累，从而起到防治脂肪肝的作用（杨哲，2023）。牛磺酸对肝脏细胞具有保护作用，可以有效减少肝脏脂肪的沉积，可在一定程度上提高蛋鸡肝脏抗氧化的能力，因此对蛋鸡的 FLS 具有防治作用（左文君，2019）。甜菜碱对家禽的脂肪肝也有预防作用，但是其预防的效果与饲喂的天数有关，同样饲喂 1000mg/kg 剂量的甜菜碱，饲喂 30d 对蛋鸡脂肪肝的发生具有显著的预防作用，在饲喂 60d 后，甜菜碱的预防作用减弱（张彩英，2010）。实验显示，茵栀黄口服液按每 2mL 兑水 1L 的比例给鸡饮用，对于蛋鸡 FLS 具有很好的防治效果，可以降低蛋鸡的死亡率，提高产蛋量，同时可以降低血清中 TG 的含量（邢玉娟，2017）。此外，在饲粮中加入 0.3mg/kg 剂量的生物素或 0.01mg/(d·只) 剂量的吡咯喹啉醌（PQQ）（赵芹，2014）均可以提高蛋鸡的抗氧化能力，在一定程度上减少脂肪肝的发生。在饲粮中添加某些成分可以增强家禽机体的抗氧化能力，提高家禽抵抗脂肪肝的能力，这是解决家禽脂肪肝的另一途径。

六、研究评析

综合国内外的文献，学者们对于家禽 FLS 的概念、危害，以及目前使用的降低家禽脂肪肝发生率的方法做出了较为细致全面的分析，为更好地防治家禽的 FLS、获得更好的经济效益奠定了理论基础并指明了方向。

研究中多探索某种物质对 FLS 的作用，但是对于脂肪肝的发生机制与物质治疗脂肪肝的机制的研究尚有不足。未来，为了更好地解决家禽 FLS 造成的问题，我们需要根据存在的问题与不足，有针对性地展开研究，拓宽研究领域，深刻认识现存问题，并采取针对性措施，使研究结果更具有科学性和指导意义。探索诱导家禽脂肪肝发生的各种影响因素，从而提出更加有效且实际的解决措施，助力乡村振兴和美丽中国的建设。

<h1 style="text-align:center">参考文献</h1>

丁嘉怡，吴涛，陈佳琪，等，2023. 基于肠道微生物探讨蛋鸡脂肪肝出血综合征的研究进展. 中国畜牧兽医，50（07）：2888-2895.

高嘉怡，2024. 石吊兰素缓解鸡脂肪肝的作用研究. 南宁：广西大学.

郭小权，曹华斌，胡国良，等，2012. 高能量低蛋白质日粮中添加生物素对蛋鸡脂类代谢的影响. 中国兽医学报，32（05）：754-758.

胡云，2021. 糖皮质激素诱导的鸡脂肪肝发生机制与甜菜碱的缓解作用. 南京：南京农业大学.

姜锦鹏，顾有方，吕锦芳，等，2013. 鸡脂肪肝出血综合征发生过程中脂质代谢与血清甲状腺激素水平变化. 中国兽医学报，33（11）：1733-1737.

李俊，2013. 鹅脂肪肝出血综合征的防治. 养殖技术顾问，（07）：79.

李雪飞，徐宗佩，张增瑞，等，2010. 二苯乙烯苷对脂肪肝家鸭模型肝脂的干预效果及机制研究. 辽宁中医杂志，37（01）：172-174.

刘新志，2020.鸡脂肪肝综合征的危害及防治.中国畜禽业，16（02）：192.

刘志友，孙德欣，绳志生，2017.蛋鸡脂肪肝综合征诱发因素及营养调控.畜牧与饲料科学，38（03）：105-106＋112.

吕克茹，永淮，陈华，等，2009.鸭的脂肪肝综合征防治措施.畜牧兽医科技信息，（11）：79.

梅文晴，2020.复合益生菌对肉鸡肠道结构、微生物组成和应激引起的脂肪肝的缓解作用研究.南京：南京农业大学.

任永丽，徐宗佩，梁汝圣，等，2008.姜黄素对家鸭脂肪肝模型肝脂与血脂的干预效果及机制研究.时珍国医国药，（10）：2327-2329.

宋献美，吴晓东，石科，等，2018.地衣芽孢杆菌对非酒精性脂肪肝病的干预作用及对肠黏膜通透性的影响.实用医学杂志，34（24）：4056-4059.

陶永彪，汪龙德，李正菊，等，2023.肠道菌群代谢物短链脂肪酸改善非酒精性脂肪肝病的作用研究进展.中国药理学与毒理学杂志，37（01）：47-53.

王安琪，2023.共轭亚油酸对蛋鸡脂肪肝出血综合征的调控作用.泰安：山东农业大学.

王超慧，孙喜，王强刚，等，2023.地塞米松诱导肉鸡脂肪肝模型的构建及效果分析.中国农业科学，56（20）：4115-4124.

邢玉娟，赵微微，秦俊杰，等，2017.茵栀黄口服液对鸡脂肪肝综合征治疗效果的研究.黑龙江畜牧兽医（16）：166-167.

杨长进，董晓芳，佟建明，等，2015.苜草素对产蛋高峰期蛋鸡脂肪肝出血综合征预防作用研究.动物营养学报，27（07）：2184-2192.

杨哲，范春艳，王宏艳，2023.中药治疗畜禽脂肪肝研究进展.北方牧业，（21）：14.

曾文惠，曾庆节，殷超，等，2021.蛋鸡脂肪肝出血综合征及其分子机制的研究进展.中国兽医学报，41（08）：1658-1665.

张彩英，曹华斌，胡国良，等，2010.甜菜碱预防蛋鸡脂肪肝出血综合征的研究.中国畜牧兽医，37（10）：197-201.

张永宏，2019.高脂日粮诱导的鸡脂肪肝表型遗传的分子机制.北京：中国农业科学院.

赵芹，张海军，武书庚，等，2014.吡咯喹啉醌对脂肪肝蛋鸡肝损伤的保护作用机制.动物营养学报，26（3）：651-658.

赵伟杰，冯晓华，梁兢文，等，2024.甘露寡糖干预采食高脂饲粮罗曼蛋鸡的脂肪肝综合征.华南农业大学学报，45（01）：15-22.

左文君，2019.牛磺酸对蛋鸡脂肪肝出血综合征预防作用的研究.沈阳：沈阳农业大学.

Abplanalp H，Napolitano D，1987. Genetic predisposition for fatty liver ruptures in white leghorn hens of a highly in-bred line. Poultry Science，66（S1）：52.

Diego Javier Jáuregui Sierra，2022. Acquisition of complete mRNA and genomic sequences of goose IGFBP5 and its involvement in the development of goose fatty liver. 扬州：扬州大学.

Du X，Wang Y，Amevor F K，et al，2024. Effect of high energy low protein diet on lipid metabolism and inflammation in the liver and abdominal adipose tissue of laying hens. Animals：an open access journal from MDPI，14（8）.

Liu Y L，Wang Y B，Wang C H，et al，2023. Alterations in hepatic transcriptome and cecum microbiota underlying potential ways to prevent early fatty liver in laying hens. Poultry Science，102（5）：102593.

Luo R T，Chen C，Shi Y Z，et al，2023. Effects of overfeeding on liver lipid metabolism in mule ducks based on transcriptomics and metabolomics. British poultry science，64（2）：143-156.

Stake P E，Fredrickson T N，Bourdeau C A，1981. Induction of fatty liver-hemorrhagic syndrome in laying hens by exogenous β-estradiol. Avian Diseases，25（2）：410.

Tsuchiya M，Cheng J，Kosyk O，et al，2012. Interstrain differences in liver injury and one-carbon metabolism in alcohol-fed mice. Hepatology，56（1）：130-139.

Xiao Y，Jia M T，Jiang T Y，et al，2022. Dietary supplementation with perillartine ameliorates lipid metabolism disorder induced by a high-fat diet in broiler chickens. Biochemical and Biophysical Research Communications，625：66-74.

Yang X，Li D，Zhang M，et al，2024. Ginkgo biloba extract alleviates fatty liver hemorrhagic syndrome in laying hens via reshaping gut microbiota. Journal of Animal Science and Biotechnology，15（01）：277-294.

Yang X，Zhang M，Liu Y，et al，2023. Inulin-enriched *Megamonas funiformis* ameliorates metabolic dysfunction-associated fatty liver disease by producing propionic acid. npj Biofilms and Microbiomes，9（1）：84.

Yousefi M，Shivazad M，Sohrabi-Haghdoost I，2005. Effect of dietary factors on induction of fatty liver-hemorrhagic syndrome and its diagnosis methods with use of serum and liver parameters in laying hens. Int J Poult Sci，4（8）：468-472.

第四章

肢蹄病与动物营养调控理论和技术

第一节　奶牛肢蹄病概况

奶牛肢蹄病是继乳腺炎和生殖疾病后第三种被列为对乳制品行业造成重大经济损失的疾病（Bruijnis，2010；Huxley，2013）。据报道，奶牛肢蹄病的发生率在国内为 5.7%～54.9%，国外为 4%～55%，由该病导致的奶牛淘汰数占总淘汰数的 15%～25%（郭爽等，2017）。研究表明，该病不仅能够影响奶牛的生理健康，而且会降低繁殖率和产奶量并增加管理费用和淘汰率（Coulon et al，1996；Cha et al，2010）。当前在集约化养殖模式下，肢蹄病已成为奶牛养殖所面临的巨大挑战。

第二节　肢蹄病临床症状及危害

奶牛肢蹄病是四肢骨骼变形和各种不利因素引起跛行的总称（王晓峰，2016）。病牛早期表现轻微跛行，行走有疼痛感，背部呈弓形，蹄部出现肿胀疼痛。当体温在 40℃以上时，病牛蹄冠部位红肿和充血，采食量减少，喜好趴卧，站立困难，走路时常提起病变肢蹄。随着症状的加重，趾间受到感染时引起肢蹄发炎，严重时发炎部位会流出微黄色恶臭的脓汁，此时奶牛产奶量急剧下降，明显消瘦，免疫力严重降低，跛行加重，行走困难，蹄壳腐烂变形而被淘汰（郭爽等，2017）。

肢蹄病对奶牛的生产性能、健康和福利产生不利影响（Green et al，2014），不仅能降低奶牛的产奶量、体况评分和体重（Pavlenko et al，2011），使奶牛一个泌乳期的产奶量减少 357kg（Archer et al，2010），还会降低繁殖参数，损害奶牛的生殖性能（Kilic et al，2007）。Walker 等（2010）发现跛行可能通过降低 GnRH/LH 分泌频率抑制促排卵激素的释放来延迟母牛的卵巢循环。尹文兵（2018）通过统计发现跛行奶牛卵巢囊肿发病率比正常奶牛高 11.1%，这表明肢蹄病可能会降低奶牛繁殖能力。

肢蹄病具有高发病率和流行率，造成严重的经济和福利问题（Huxley，2013）。研究表明，仅美国和英国在春季和夏季，奶牛的临床肢蹄病发病率就达到 15%，实际患病的奶牛占比更是大于 50%（张鹏，2012）。我国奶牛患肢蹄病的概率同样非常高，一般奶牛的发病率为 5.7％～54.9％（郭爽等，2017）。有统计表明，一头牛一年因肢蹄病导致的亏损为 900～1800 元，若不进行有效控制，每天仍会导致 5％～20％的牛患肢蹄病（郭威等，2012）。因为肢蹄病每年被强制淘汰的奶牛占总淘汰牛数的 15％～30％，其导致的奶牛行业经济损失高达 2250 万元（严作廷等，2011）。在国外，仅英国肢蹄病所导致的损失就达到 3 亿美元（张鹏，2012）。研究发现，肢蹄病导致牛奶产量和农场利润减少，超过 70％的奶牛每年至少发病一次，每 305d 哺乳期的产奶量平均减少约 360kg（Green et al，2002）。在加拿大奶牛场，肢蹄病发病率从 0 到 69％不等，平均为 21％（Solano et al，2016），肢蹄病的患病率与牛奶产量的增加呈正相关（Bicalho and Oikonomou，2013）。肢蹄病使乳制品生产商每箱产品损失 121～216 美元（Cha et al，2010），Kossaibati and Esslemont（1997）预测英国每例肢蹄病的总体成本为 246.22 英镑（约合 446 美元）。尽管造成了许多负面影响，但跛行在许多以牧场为基础的商业牧场仍然很普遍，患病率在 8％～31％之间（Fabian et al，2014；Ranjbar et al，2016；Bran et al，2018）。据报道，在北美，跛行影响了 15％～55％的泌乳奶牛（Westin et al，2016）。奶牛跛行大多是由蹄部病变引起的，近 90％涉及后蹄，大部分（70％～90％）影响蹄底侧面（Griffiths et al，2018）。

第三节　肢蹄病的影响因素

一、营养因素

为了增加产奶量，牧场长期给奶牛提供高精饲料、高青贮饲料和高酸度糟粕饲料，忽略了粗饲料的供给，使饲粮中容易消化的碳水化合物占比过大，纤维物质不足，致使牛瘤胃中有机酸含量增加，减弱了瘤胃缓冲（Kleen et al，2003）。这些变化的组合可导致瘤胃 pH 的降低，瘤胃 pH 长时间偏低易导致奶牛发生瘤胃酸中毒（Owens et al，1998；Plaizier et al，2008）。瘤胃内环境的损坏可降低瘤胃黏膜防御力，削弱屏障保护功能，导致有毒有害物质进入血液或体液，诱发蹄叶炎，而蹄叶炎可直接导致角质代谢发生紊乱，造成蹄变形（Nocek，1997）。同时，当奶牛饲料供给不足或比例失衡，奶牛会使用储存在骨骼中的钙（calcium，Ca）和磷（phosphorus，P），从而引起骨质疏松、蹄角质软化和蹄变形等，进而引发肢蹄病。另外，微量元素如锌（zinc，Zn）和铜（copper，Cu）等供给不足同样会导致肢蹄病发生。Zn 参与蹄的角化，其缺乏会导致蹄炎、趾间皮质增生、腐蹄病和蹄变形；Cu 的缺乏会导致关节接头僵硬、蹄部开裂和蹄溃疡等（张文秋，2014）。

二、环境因素

奶牛肢蹄病的发病率随着气候的变化而有所不同，一般来说在夏秋两季发病率较高。夏季炎热干燥，奶牛易发生热应激导致机体免疫力下降，此时病原微生物繁殖加快，奶牛采食量下降，营养摄取不足，使得四肢和蹄部皮肤疏松、角质变软而易感染发炎（李海龙，2014）。秋季多雨潮湿，为降低奶牛的热应激喷淋设施使用过多，使牛舍潮湿不清洁，粪尿未及时处理时，运动场排水困难，路面光滑易滑倒，奶牛肢蹄长期浸泡在粪尿中，蹄角质遭受病菌的侵扰导致硬度下降，极易引起蹄病。奶牛若长期站立在坚硬粗糙的运动场上，也会致使蹄角质严重损伤，极易引起蹄部病变（张文秋，2014；方妍等，2019）。一般奶牛场每天都会经历多次挤奶，研究发现在通往挤奶厅的道路上，常存在尖锐的物体、石头等异物，这些异物可能会引发牛蹄部创伤。在沿沙砾或混凝土铺设的光滑人行道上长距离移动时，牛发生严重跛行和蹄部病变的现象十分常见（Westin et al，2016）。

三、遗传因素

肢蹄病的产生与遗传直接相关，例如高产荷斯坦奶牛，由于个头大、身体重、蹄壳脆弱皮薄，极容易被尖利的东西刺伤，造成蹄部腐烂变形，严重者发展成腐蹄病。随着奶牛年龄的增加，肢蹄病发生概率也会明显上升。由于年龄变大，牛蹄内部结构变软，牛蹄质量逐渐下降，跛行发生的可能性增加（Ito et al，2010）。与青年牛相比，老年牛更容易患有肢蹄病（曾凡亮，2015）。Randall 等（2016）发现随着泌乳期的延长，奶牛跛行患病率也相应增加。研究发现，泌乳后期的高产奶牛肢蹄病发病率较高，这可能与生殖机能衰竭有关（Mellado et al，2018）。

四、疾病因素

当奶牛患有某坏死杆菌病、子宫内膜炎和乳腺炎等疾病时，机体末端都会产生微血栓，导致末端组织局部血液循环受到阻碍，影响蹄部角质层角化，诱发蹄变形。蹄发生变形后，支撑力减弱，蹄部负重力加大，诱发皮下炎症甚至溃疡，从而发展成慢性或急性蹄叶炎。有毒物质如霉菌毒和亚硝酸盐等侵入机体，会在血液中产生毒素，可产生微血栓堵塞小血管，易导致蹄叶炎和蹄部皮肤坏死（王晓峰，2016）。

五、饲养管理因素

饲养管理质量是导致奶牛肢蹄病发生的主要因素之一，其中包括牛床和运动场的建造、维护及牛群饲养密度和牛蹄保健。豢养数量过多，活动面积过小，会使奶牛缺乏运动，蹄角质磨损不足，角质增长快速而导致蹄变形，同时因奶牛四肢和蹄承重不匀称，从而使肢蹄病的发病率增加。牛舍不及时清除粪污，容易导致粪污沟堵塞，奶牛长期站在粪污中，易使牛蹄受到腐蚀，如果缺少对牛蹄的护理保健，同样会引发肢蹄病。

牛床及运动场的建筑材料应松软平坦且干净整洁，避免如石子和铁钉等锋利或有棱角的东西存在，否则容易使奶牛患肢蹄病（张鹏，2012）。研究表明，与有运动场奶牛相比，无运动场奶牛肢蹄患病率明显增高（Olechnowicz et al，2010）。粪便未及时清理、运动场积聚大量污泥且卧床表面潮湿易使结节状梭菌、化脓性棒状杆菌、坏死杆菌和链球菌等细菌大量增殖，造成奶牛蹄部感染，进而导致腐蹄病发生（王晓峰，2016）。奶牛肢蹄病和乳腺炎等疾病的发病率可以在一定程度上体现牛床环境的质量。卧床柔软度决定了牛床的舒适度，在可以选择的情况下，奶牛喜欢躺卧在柔软干燥的卧床上，柔软的卧床可以增加奶牛的躺卧时间，躺卧时间增加会降低奶牛肢蹄损伤的风险（Norring et al，2010；Ohnstad，2012），不合适的卧床会增加奶牛飞节受伤的风险（Weary and Taszkun et al，2000）。与沙土地面相比，水泥地面更容易导致奶牛肢蹄的损伤，特别是新建水泥地面，由于表面光滑，容易导致奶牛滑倒，对奶牛肢蹄的影响非常大。与饲养在橡胶垫上的奶牛相比，饲养在混凝土上的奶牛腕关节肿胀的可能性要高其3倍（Rushen et al，2007）。由此可见，牧场饲养管理在预防肢蹄病和改善奶牛肢蹄健康的过程中发挥重要作用，而卧床的构建和垫料的选择是奶牛饲养管理的一项重要环节。

六、饲养模式因素

(一) 水泥卧床养殖模式

由于经济水平和技术的制约，传统的养殖模式普遍存在设备简陋、机械化程度低、科技含量低和饲养方法粗糙的问题。当前人们在养殖设施的建设中更加注重成本问题，因此尽可能选择坚固耐久的材料，以降低维护费用。

水泥卧床结实耐用且易清理，不容易毁坏，制作与维护费用较低，因此大多数养殖场采用水泥卧床，但是水泥卧床坚硬湿冷，容易导致家畜肢蹄病、感冒和乳腺炎等疾病的发生（钱林，1998）。坚硬的水泥地面会导致奶牛肢蹄损伤，增加奶牛患肢蹄病的风险（Telezhenko et al，2007）。Rushen等（2006）发现，与橡胶卧床相比，水泥卧床更容易使牛滑倒，导致肢蹄损伤。同时，水泥卧床上的奶牛站立时间会增多，而躺卧时间会缩短，进而增加了肢蹄病发生的风险（Bell et al，2000；Vokey et al，2001）。此外，水泥卧床会使奶牛躺卧的准备时间增加，过程延长（Wechsler et al，2000）。Haley等（2001）的研究表明，与在软卧床和橡胶卧床相比，奶牛在裸露的混凝土卧床每天趴卧时间减少1.8h。趴卧时间缩短，站立时间延长，造成奶牛四肢和蹄长时间负重，易引起蹄壁损伤，使流经蹄部的血液量减少，造成蹄部缺氧及营养供应不足。体内毒素的消除需要充足的血流量，血流量不足会降低毒素消除的速度。上述原因都会破坏蹄部内部结构，导致肢蹄病出现（李世歌，2014）。坚硬潮湿的混凝土卧床可能会加剧对四肢和蹄部的损害，增加牛感染致病微生物的可能性（Cook，2004）。因此，奶牛躺在不舒服的卧床上会产生异常行为和生理应激反应，影响其生产性能和健康（Munksgaard et al，1999）。

(二) 沙土卧床养殖模式

传统养殖模式逐渐向规模化、标准化和现代化养殖模式发展。为了追求更高的经济效益，现代化养殖场采用科学技术手段，不断改善奶牛养殖模式，提高奶牛生产力。若要保证奶牛健康和提高奶牛生产力，在生产中必须为奶牛提供舒适的生活环境。而卧床的舒适度对于创造奶牛舒适生活环境十分重要，它与奶牛的舒适度、清洁度和健康状况息息相关。

大量研究表明传统的水泥卧床对奶牛的危害较大，既不利于奶牛健康，又会影响奶牛生产性能。与水泥相比，沙土来源广泛且价格较低，沙土卧床较水泥卧床更加柔软，对奶牛健康更加有利。研究表明，沙土卧床可以提高奶牛乳房清洁度、牛体清洁度和舒适度（Bewley et al，2001）。Cook（2004）发现与混凝土卧床相比，沙土卧床可以有效降低奶牛肢蹄病发生率。稻草和锯屑等有机秸秆虽然同样具有柔软和保温的特性，但是容易滋生大量病原微生物，从而使奶牛患乳腺炎（Zdanowicz et al，2004）。稻草和锯屑等卧床不仅对奶牛乳房健康产生影响，且其成本比沙土卧床高，故养殖场普遍使用沙土铺设卧床（Norring，2008）。尽管沙土卧床较水泥卧床、稻草卧床更好，但是沙土卧床也存在不易清理落在上面的粪便等问题，且沙子是宝贵的自然资源，过度开采会破坏环境。无节制的开采导致沙子紧缺，一些国家已颁布采沙禁令，因此沙子的成本不断增加。而且用沙土做卧床易发生流失浪费，必须时常填充，使得卧床维护成本相对增加。有报道表明，与橡胶卧床和水床相比，沙土卧床奶牛清洁度低，分析原因可能是沙土上的排泄物不易被清理，而且容易粘在奶牛躯体上（Fulwider，2007）。因此，研究新型卧床来替代沙土卧床已成为当前的重点。

（三）床场一体化养殖模式

随着奶牛养殖规模的快速发展，畜禽排泄物的污染问题愈发严峻。新型生态养殖模式受到许多国家的重视和应用（韩秀秀等，2020），特别是生物发酵卧床养殖技术须得到国内各牛场的大力推广与支持。如今资源少物价高，寻找合适的卧床垫料越来越难。因此，创造出新型环保的卧床已成为畜牧生产中的瓶颈问题。

生物发酵卧床养殖技术又称床场一体化养殖技术（free-stall mattress bedding，FSMB），如图4-1所示（拍摄于林华牧场），其通过运动场和卧床的有机结合，利用微生物发酵原理达到绿色环保养殖的目的（Guo et al，2013），是一种节本、高效、健康的新型生态化模式（张元等，2019）。该技术运用到奶牛场之后，发酵床中的有益微生物充分降解奶牛排泄物，使牛舍空气得到净化，并极大减少病菌的繁殖。李晓锋等（2019）发现床场一体化养殖模式可有效降解奶牛的粪尿，大幅提高奶牛舒适度和躺卧时长，明显减少病原菌的侵扰，有效改善奶牛肢蹄健康并提高生产和繁殖性能。与传统饲养模式相比，床场一体化饲养技术可将粪尿长期存留在牛舍，不需要进行清理，大大降低粪尿污水的排放量，从而减少对环境的危害。同时可将这些无法使用的垫料发酵成有机肥应用到种植农作物上，从而做到无污染和零排放（Meng et al，2015），实现资源的可持续利用，其生态效益十分明显（李倩倩等，2019）。

图4-1　床场一体化饲养模式

"无污染、零排放"是现代牧场追求的最大目标，而牛场粪污排放量已超过其他养殖行业，粪便处理困难已成为养殖业重大环保问题。大量实验表明，奶牛本身易受热应激的影响，因此床场一体化模式应用到奶牛场之前，必须了解气候对奶牛的影响。研究表明，在夏季采用生物发酵床技术会加重高温的影响，尤其是南方地区，故其应用于泌乳牛时，发酵床的效果会受到影响；在冬季可以根据发酵床的温度判断发酵程度（王深圳等，2017）。唐式校和王义（2016）利用育肥牛进行发酵床的实验，结果表明发酵床可降低8.67%的肢蹄发病率和20.96%的制作成本。江宇等（2012）将床场一体化运用于犊牛，发现卧床上粪便堆积现象减少，腹泻发生率显著降低，牛舍空气得到改善。张晓慧等（2017）发现床场一体化可明显降低泌乳牛舍内氨气含量，既净化了空气，又利于预防肢蹄病的发生。

床场一体化养殖技术利用微生物发酵原理对奶牛排泄物进行充分降解，改善了牛舍空气质量，减少了有毒有害气体的产生和蚊蝇数量，有效控制了粪污对环境的污染，实现零污染、绿色养殖的效果（Vestal and White，1989）。从经济效益上看，床场一体化养殖技术的使用极大降低各项投资成本的投入，如沼气设施的建设、牛舍地面的硬化、自动刮粪板的配备，以及人工、水电、燃油和垫料等资源的准备（张元等，2019）。陈永生等（2015）发现奶牛场应用床场一体化模式每年可节省人工费用高达十几万元。从环境保护上看，床场一体化养殖技术对牧场环境保护有很大的积极作用，牛舍经改造实现雨污分离，奶牛粪尿在垫料中充分发酵形成的营养物质含量丰富的有机肥料，可替代农药和化肥应用到种植农作物上，减少农作物的损失，维护土壤的生态平衡（陈慧君和齐智利，2018）。从奶牛本身上看，床场一体化养殖技术的使用对奶牛生产有着积极的影响，不但可提高奶牛生产性能和饲料转化率，还使奶牛的卧床时间增加、舒适度提高、生活环境变好。微生物菌剂的使用极大提高奶牛抵抗力，并有利于预防奶牛肢蹄病和乳腺炎的发生。

综上所述，床场一体化养殖技术是一种环保、安全、高效的科技创新型技术，可大幅度提升奶牛场综合效益，减少奶牛场粪污排放量，提高奶牛免疫力，减少各种奶牛疾病的发生，进而改善奶牛身体健康状况。现阶段，虽然人们对床场一体化有了比较深入的研究，但是其推广范围相对来说比较局限，且制作工艺繁琐、成本高、耗时长，不同环境下应用效果有较大差异。床场一体化养殖技术是否能真正改善奶牛生产性能和肢蹄健康，还有待进一步深入探究。

第四节　肢蹄病的营养调控

随着现代化和集约化养殖业的发展，奶牛的生长、生产和福利情况都会因肢蹄病的影响而发生改变。当奶牛发生肢蹄病时，其生理健康状态会发生一系列的变化，比如产奶性能降低、发情周期延长、出现跛行和免疫性能下降等。肢蹄病不仅会对奶牛福利和健康产生不利影响，而且会限制奶牛业的发展速度，降低养殖收益。为响应国家对奶牛养殖提出的绿色、环保、零排放的号召，我们研究了育成牛和泌乳牛在三种不同卧床（床场一体化、沙土卧床、水泥卧床）下的肢蹄病发病率、福利指标和肢体微生物的变化情况，进而为规模化奶牛场防治奶牛肢蹄病提供科学参考。选择荷斯坦育成奶牛48头，随机分为3

组：沙土卧床组、水泥卧床组和床场一体化组，每组 16 头育成奶牛，试验预饲期为 7d，正式期为 50d。

如表 4-1 和表 4-2 所示，与水泥卧床组相比，床场一体化组奶牛血清中 PIIANP 的含量极显著降低，床场一体化组奶牛血清中 CTX-Ⅱ 和 Mg 的含量显著降低，床场一体化组奶牛血清中 Ca 的含量显著升高；与沙土卧床和水泥卧床组相比，床场一体化组奶牛血清中 P 的含量极显著降低。

表 4-1　不同卧床对奶牛骨关节损伤标志物的影响

骨关节损伤标志物	分组			SEM	P 值
	沙土卧床	水泥卧床	床场一体化		
PIIANP/(ng/mL)	61.45^B	79.29^A	58.76^B	1.82	<0.01
CTX-Ⅱ/(ng/mL)	202.58^{ab}	223.62^a	162.71^b	10.63	<0.05
COMP/(ng/mL)	186.21	206.35	186.06	7.08	0.430

注：同行不同大写字母代表差异极显著（$P<0.01$），同行相同字母代表差异不显著（$P>0.05$），同行不同小写字母代表差异显著（$P<0.05$）。

表 4-2　不同卧床对奶牛血清矿物质元素的影响

矿物质元素	分组			SEM	P 值
	沙土卧床	水泥卧床	床场一体化		
Zn/(μmmol/L)	14.40	14.21	14.39	0.25	0.951
Ca/(mmol/L)	3.65^a	2.98^b	3.69^a	0.12	<0.05
Mg/(mmol/L)	1.58^{ab}	1.88^a	1.27^b	0.10	<0.05
P/(mmol/L)	1.84^B	1.80^B	2.04^A	0.04	<0.01

注：同行不同大写字母代表差异极显著（$P<0.01$），同行相同字母代表差异不显著（$P>0.05$），同行不同小写字母代表差异显著（$P<0.05$）。

选择泌乳天数（91 ± 42）d 且 SCC$<50\times10^4$ 个/mL，年龄、体重、胎次（2～4 胎）基本一致的荷斯坦泌乳奶牛 64 头，在不同 THI 的环境条件下（夏季和秋季）进行试验，每个季节分为沙土卧床组和床场一体化组，每组 16 头泌乳奶牛，试验预试期为 10d，正试期为 38d。

结果表明，THI 对产奶量和总固形物的影响极显著，卧床类型对奶牛生产性能的影响不显著，THI 与卧床类型的交互作用对乳脂率和总固形物含量的影响极显著。当 THI=77.70 时，和沙土卧床组相比，床场一体化组的总固形物含量显著升高；当 THI=62.67 时，和沙土卧床组相比，床场一体化组产奶量显著升高，总固形物含量极显著降低。此外，沙土卧床组，和 THI=77.70 时相比，THI=62.67 时的乳脂率和总固形物含量极显著升高；床场一体化组，和 THI=77.70 时相比，THI=62.67 时的产奶量极显著升高（表 4-3）。

表 4-3　不同温湿指数与卧床类型对奶牛生产性能的影响

指标	THI=77.70		THI=62.67		P 值		
	沙土	床场一体化	沙土	床场一体化	THI	卧床类型	THI×卧床类型
产奶量/kg	43.13±9.61	42.55±10.50††	47.95±4.82*	55.58±10.03	<0.01	0.15	0.10
乳脂率/%	2.89±0.74††	3.24±0.72	3.66±0.52	2.94±0.83*	0.21	0.34	<0.01
乳蛋白率/%	2.85±0.29	2.99±0.45	3.00±0.19	2.98±0.11	0.38	0.45	0.37
乳糖率/%	4.99±0.57	4.87±0.56	5.21±0.09	4.99±0.20	0.15	0.15	0.66
总固形物/%	10.68±1.32*††	11.40±0.98	12.55±0.54	11.45±0.70**	<0.01	0.45	<0.01
尿素/(mg/dL)	12.72±2.59	12.62±2.35	12.33±2.54	11.89±2.16	0.40	0.69	0.80

注：同一行"＊"表示同一温湿指数不同卧床类型差异性比较，＊表示差异显著（$P<0.05$），＊＊表示差异极显著（$P<0.01$）；同一行"†"表示不同温湿指数同一卧床类型差异性比较，†表示差异显著（$P<0.05$），††表示差异极显著（$P<0.01$）；同一行不标字母或标相同字母之间差异不显著（$P>0.05$），不同字母之间差异显著（$P<0.05$）。

　　THI 以及 THI 与卧床类型的交互作用对奶牛血清抗氧化指标含量的影响不显著，卧床类型对奶牛血清 MDA 含量影响显著，对其他指标含量影响不显著。当 THI=77.70 时，和沙土卧床组相比，床场一体化组奶牛血清中 MDA 含量显著升高；当 THI=62.67 时，沙土卧床组与床场一体化组抗氧化指标含量之间差异不显著（表 4-4）。

表 4-4　不同温湿指数与卧床类型对奶牛血清抗氧化指标的影响

指标	THI=77.70		THI=62.67		P 值		
	沙土	床场一体化	沙土	床场一体化	THI	卧床类型	THI×卧床类型
MDA/(nmol/mL)	16.90±3.74*	21.84±3.80	20.46±5.19	22.04±4.53	0.19	0.03	0.24
SOD/(U/mL)	103.66±23.28	89.58±21.92	92.90±20.13	84.42±20.20	0.25	0.11	0.69
GSH-Px/(U/mL)	153.36±28.82	147.37±27.13	169.00±35.84	166.56±36.92	0.10	0.69	0.87
CAT/(U/mL)	43.76±8.71	39.90±7.64	40.68±7.36	37.23±8.82	0.28	0.17	0.94

注：同一行"＊"表示同一温湿指数不同卧床类型差异性比较，＊表示差异显著（$P<0.05$），＊＊表示差异极显著（$P<0.01$）。

　　THI 对奶牛血清中 CTX-Ⅱ含量的影响显著，对其他指标含量影响不显著；卧床类型以及 THI 与卧床类型的交互作用对奶牛血清骨关节损伤标志物含量的影响不显著。沙土卧床组，和 THI=77.70 时相比，THI=62.67 时的血清中 CTX-Ⅱ含量显著升高，其他指标含量差异不显著（$P>0.05$）；床场一体化组，当 THI=77.70/62.67 时，三个指标含量之间差异不显著（表 4-5）。

表 4-5　不同温湿指数与卧床类型对奶牛血清骨关节损伤标志物的影响

指标	THI=77.70		THI=62.67		P 值		
	沙土	床场一体化	沙土	床场一体化	THI	卧床类型	THI×卧床类型
PIIANP/(ng/mL)	72.05±13.25	77.31±15.90	77.20±16.62	80.00±20.96	0.48	0.47	0.82
CTX-Ⅱ/(ng/mL)	0.83±0.22†	0.95±0.21	1.02±0.18	1.06±0.16	0.02	0.21	0.49
COMP/(ng/mL)	1.86±0.39	1.87±0.39	1.80±0.47	1.78±0.47	0.61	0.95	0.90

注：同一行 "†" 表示不同温湿指数同一卧床类型差异性比较，† 表示差异显著（$P<0.05$），†† 表示差异极显著（$P<0.01$）；同一行不标字母或标相同字母之间差异不显著（$P>0.05$），不同字母之间差异显著（$P<0.05$）。

　　THI 与卧床类型对奶牛血清中 Cu 含量影响显著，对其他矿物质含量影响不显著；THI 与卧床类型的交互作用对奶牛血清中矿物质元素含量的影响不显著。当 THI=77.70 时，和沙土卧床组相比，床场一体化组奶牛血清中 Cu 含量显著降低，其他矿物质元素含量差异不显著。与 THI=77.70 相比，沙土卧床组 THI=62.67 时的血清 Ca 含量显著升高，Cu 含量显著下降；床场一体化组 THI=62.67 时血清 Mg 含量显著降低，其他指标含量差异不显著（表 4-6）。

表 4-6　不同温湿指数与卧床类型对奶牛血清矿物质元素的影响

指标	THI=77.70		THI=62.67		P 值		
	沙土	床场一体化	沙土	床场一体化	THI	卧床类型	THI×卧床类型
Ca/(mmol/L)	2.48±0.10†	2.52±0.17	2.60±0.10	2.51±0.10	0.18	0.54	0.09
P/(mmol/L)	5.17±0.89	5.27±0.61	5.47±0.66	5.05±0.77	0.87	0.50	0.28
Mg/(mmol/L)	0.97±0.11	0.99±0.09	0.96±0.07	0.91±0.08†	0.07	0.61	0.19
Cu/(μmol/L)	15.10±3.54	12.37±2.49*	12.51±1.46†	11.31±1.15	0.02	0.01	0.31
Zn/(μmol/L)	14.02±2.18	15.38±2.46	13.80±2.05	13.77±1.59	0.18	0.33	0.31

注：同一行 "＊" 表示同一温湿指数不同卧床类型差异性比较，＊ 表示差异显著（$P<0.05$），＊＊ 表示差异极显著（$P<0.01$）；同一行 "†" 表示不同温湿指数同一卧床类型差异性比较，† 表示差异显著（$P<0.05$），†† 表示差异极显著（$P<0.01$）；同一行不标字母或标相同字母之间差异不显著（$P>0.05$），不同字母之间差异显著（$P<0.05$）。

　　通过对试验牛蹄组织微生物菌群的分析发现，在门水平上，相对丰度大于 0.1% 的门一共有 11 个，分别为变形菌门（Proteobacteria）、厚壁菌门（Firmicutes）、拟杆菌门（Bacteroidetes）、放线菌门（Actinobacteria）、绿弯菌门（Chloroflexi）、酸杆菌门（Acidobacteria）、异常球菌-栖热菌门（Deinococcus-Thermus）、芽单胞菌门（Gemmatimonadetes）、髌骨细菌门（Patescibacteria）、ε-变形菌门（Epsilonbacteraeota）、疣微菌门（Verrucomicrobia）；在属水平上，相对丰度大于 1% 的属一共有 22 个，其中占比前五的优势菌属为不动杆菌属（Acinetobacter）、嗜冷杆菌属（Psychrobacter）、棒杆菌属（Corynebacterium）、黄杆菌属（Flavobacterium）、古根海莫拉菌属（Guggenheimella）。通过在属水平上对四组蹄组织微生物进行显著性差异分析，发现四组之间和奶牛肢蹄病相关并存在显著差异的物种有 6 个。其中 THI＝77.70 时的床场一体化组中双芽孢杆菌属（*Amphibacillus*）的相对丰度显著低于 THI＝62.67 时的床场一体化组；THI＝62.67 时的沙土卧床组中的短波单胞菌属（*Brevundimonas*）和微小杆菌属（*Exiguobacterium*）的相对丰度极显著低于 THI＝77.70 时的沙土卧床组，漠河杆菌属（*Moheibacter*）和希瓦氏菌属（*Shewanella*）的相对丰度显著低于 THI＝77.70 时的沙土卧床组；THI＝77.70 时的沙土卧床组的 δ-变形菌纲（*uncultured_bacterium_c_Deltaproteobacteria*）的相对丰度显著低于 THI＝62.67 时的沙土卧床组。

参考文献

陈慧君，齐智利，2018. 基于奶牛生产的 FSMB 模式推广策略分析. 中国奶牛，(12)：60-63.

陈永生，欧邦伟，贺代荣，等，2015. 微生物发酵床在奶牛生产中的推广应用. 中国乳业，(2)：36-39.

方妍，田素香，陈丹丹，等，2019. 种公牛肢蹄病的防治研究. 中国乳业，(6)：47-49.

郭爽，孟庆江，曹秀萍，等，2017. 奶牛肢蹄病的防治与管理. 甘肃畜牧兽医，47 (10)：74-75.

郭威，李建卫，郭展，2012. 奶牛肢蹄病的原因分析及防治. 河南畜牧兽医：综合版，16.

韩秀秀，张文珍，王军民，等，2020. 发酵床养殖技术在肉牛养殖中的应用. 养殖与饲料，19：35-36.

江宇，崔艳霞，张卫平，等，2012. 发酵床养殖技术在犊牛上的应用研究. 北京农业：136，140.

李海龙，2014. 奶牛肢蹄病的发病原因分析及综合防治措施. 畜禽业，25 (10)：26-27.

李倩倩，吴洁，刘军彪，等，2019. 发酵床在奶牛养殖中应用的技术措施. 中国奶牛，(2)：1-4.

李世歌，2014. 牛床舒适度等级对泌乳牛日产奶量的影响研究//中国畜牧兽医学会家禽生态学分会学术研讨会. 中国畜牧兽医学会家禽生态学分会学术研讨会论文集. 北京：中国畜牧兽医学会，259-263.

李晓锋，王平，杨前平，2019. 肉牛发酵床养殖模式与传统拴系养殖模式效益比较. 科学种养，(3)：43-45.

唐式校，王义，2016. 发酵床养殖育肥用乳公牛试验研究. 现代畜牧科技，(10)：22-23.

王深圳，李杰元，崔志浩，等，2017. 夏季和冬季肉牛棚舍发酵床饲养模式的研究. 畜牧与兽医，49：38-41.

王晓峰，2016. 奶牛肢蹄病的病因、症状与综合疗法. 现代畜牧科技，(10)：85.

严作廷，王东升，2011. 奶牛腐蹄病的诊断与防治//中国兽医大会暨中国兽医发展论坛. 第二届中国兽医大会暨中国兽医发展论坛论文集. 北京：中国畜牧兽医学会：216-223.

尹文兵，2018. 奶牛肢蹄病对繁殖性能的影响. 畜牧兽医科技信息，41 (5)：67.

曾凡亮，2015. 奶牛肢蹄病的病因及防治措施. 农业灾害研究，5：14-17.

张鹏，2012. 泌乳奶牛肢蹄病影响因素及生物素适宜添加量的研究. 泰安：山东农业大学.

张文秋，2014. 奶牛肢蹄病原因分析与预防. 黑龙江畜牧兽医，(1)：64-65.

张晓慧，张瑞华，夏青，等，2017. 发酵床技术在泌乳牛群的临床应用研究. 上海畜牧兽医通讯，(5)：14-17.

张元，蔡正军，熊海谦，等，2019. 奶牛环保养殖床场一体化技术试验. 湖北农业科学，58：110-112，116.

Archer S, Bell N, Huxley J, 2010. Lameness hi UK dairy cows: a review of the current status. In Practice, 32：492-504.

Bell E, Weary D M, 2000. The effects of farm environment and management on laminitis. Spokane, Washington：179-189.

Bewley J, Palmer R W, Jackson-Smith D B, 2011. A comparison of free-stall barns used by modernized Wisconsin dairies. Journal of Dairy Science, 84：528-541.

Bicalho R C, Oikonomou G, 2013. Control and prevention of lameness associated with claw lesions in dairy cows. Livestock Science, 156：96-105.

Bran J A, Daros R R, von Keyserlingk M A G, et al, 2018. Cow and herd-level factors associated with lameness in small-scale grazing dairy herds in Brazil. Preventive Veterinary Medicine, 151：79-86.

Bruijnis M R N, Hogeveen H, Stassen E N, 2010. Assessing economic consequences of foot disorders in dairy cattle using a dynamic stochastic simulation model. Journal of Dairy Science, 93：2419-2432.

Cha E, Hertl J A, Bar D, et al, 2010. The cost of different types of lameness in dairy cows calculated by dynamic programming. Preventive Veterinary Medicine, 97：1-8.

Cook N B, Bennett T B, Nordlund K V, 2004. Effect of free stall surface on daily activity patterns in dairy cows with relevance to lameness prevalence. Journal of Dairy Science, 87: 2912-2922.

Coulon J B, Lescourret F, Fonty A, 1996. Effect of foot lesions on milk production by dairy cows. Journal of Dairy Science, 79: 44-49.

Fabian J, Laven R A, Whay H R, 2014. The prevalence of lameness on New Zealand dairy farms: a comparison of farmer estimate and locomotion scoring. Veterinary Journal, 201: 31-38.

Fulwider W K, Grandin T, Garrick D J, et al, 2007. Influence of free-stall base on tarsal joint lesions and hygiene in dairy cows. Journal of dairy science, 90: 3559-3566.

Green L E, Borkert J, Monti G, et al, 2010. Associations between lesion-specific lameness and the milk yield of 1,635 dairy cows from seven herds in the Xth region of Chile and implications for management of lame dairy cows worldwide. Animal Welfare, 19: 419-427.

Griffiths B E, White D G, Oikonomou G, 2018. A cross-sectional study into the prevalence of dairy cattle lameness and associated herd-level risk factors in England and Wales. Frontiers in Veterinary Science, 5: 65.

Guo H, Geng B, Liu X, et al, 2013. Characterization of bacterial consortium and its application in an ectopic fermentation system. Bioresource Technology, 139: 28-33.

Haley D B, de Passillé A M, Rushen J, 2001. Assessing cow comfort: effects of two floor types and two tie stall designs on the behaviour of lactating dairy cows. Applied Animal Behaviour Science, 71: 105-117.

Huxley J N, 2013. Impact of lameness and claw lesions in cows on health and production. Livestock Science, 156: 64-70.

Ito K, Von Keyserlingk M A G, LeBlanc S J, et al, 2010. Lying behavior as an indicator of lameness in dairy cows. Journal of dairy science, 93: 3553-3560.

Kilic N, Ceylan A, Serin I, et al, 2007. Possible interaction between lameness, fertility, some minerals, and vitamin E in dairy cows. Bulletin of the Veterinary Institute in Pulawy, 51: 425-429.

Kleen J L, Hooijer G A, Rehage J, et al, 2003. Subacute ruminal acidosis (SARA): a review. Journal of Veterinary Medicine SeriesA, 50: 406-414.

Kossaibati M A, Esslemont R J, 1997. The costs of production diseases in dairy herds in England. Veterinary Journal, 154: 41-51.

Mellado M, Saavedra E, Gaytan L, et al, 2018. The effect of lameness-causing lesions on milk yield and fertility of primiparous Holstein cows in a hot environment. Livestock Science, 217: 8-14.

Meng J, Shi E H, Meng Q X, et al, 2015. Effects of bedding material composition in deep litter systems on bedding characteristics and growth performance of limousin calves. Asian-Australasian Journal of Animal Sciences, 28: 143-150.

Munksgaard L, Ingvartsen K L, Pedersen L J, et al, 1999. Deprivation of lying down affects behaviour and pituitary-adrenal axis responses in young bulls. Acta Agriculturae Scandinavica, Section A-Animal Science, 49: 172-178.

Nocek J E, 1997. Bovine acidosis: implications on laminitis. Journal of Dairy Science, 80: 1005-1028.

Norring M, Manninen E, de Passillé A M, et al, 2008. Effects of sand and straw bedding on the lying behavior, cleanliness, and hoof and hock injuries of dairy cows. Journal of Dairy Science, 91: 570-576.

Ohnstad I, 2012. Cow comfort and cubicle design. Livestock, 17: 22-26.

Olechnowicz J, Jaśkowski J M, 2010. Risk factors influencing lameness and key areas in reduction of lameness in dairy cows. Medycyna Weterynaryjna, 66: 507-510.

Owens F N, Secrist D S, Hill W J, et al, 1998. Acidosis in cattle: a review. Journal of Animal Science, 76: 275-286.

Pavlenko A, Bergsten C, Ekesbo I, et al, 2011. Influence of digital dermatitis and sole ulcer on dairy cow behaviour and milk production. Animal, 5: 1259-1269.

Plaizier J C, Krause D O, Gozho G N, et al, 2008. Subacute ruminal acidosis in dairy cows: the physiological causes, incidence and consequences. Veterinary Journal, 176: 21-31.

Randall L V, Green M J, Chagunda M G G, et al, 2016. Lameness in dairy heifers: impacts of hoof lesions present around first calving on future lameness, milk yield and culling risk. Preventive Veterinary Medicine, 133: 52-63.

Ranjbar S，Rabiee A R，Gunn A，et al，2016. Identifying risk factors associated with lameness in pasture-based dairy herds. Journal of Dairy Science，99：7495-7505.

Rushen J，de Passillé A M，2006. Effects of roughness and compressibility of flooring on cow locomotion. Journal of Dairy Science，89：2970-2972.

Solano L，Barkema H W，Pajor E A，et al，2016. Associations between lying behavior and lameness in Canadian Holstein-Friesian cows housed in freestall barns. Journal of Dairy Science，99：2086-2101.

Vestal J R，White D C，1989. Lipid analysis in microbial ecology-quantitative approaches to the study of microbial communities. Bioscience，39：535-541.

Vokey F J，Guard C L，Erb H N，et al，2001. Effects of alley and stall surfaces on indices of claw and leg health in dairy cattle housed in a free-stall barn. Journal of Dairy Science，84：2686-2699.

Walker S L，Smith R F，Jones D N，et al，2010. The effect of a chronic stressor，lameness，on detailed sexual behaviour and hormonal profiles in milk and plasma of dairy cattle. reproduction in domestic animals，45：109-117.

Weary D M，Taszkun I，2000. Hock lesions and free-stall design. Journal of Dairy Science，83：697-702.

Wechsler B，Schaub J，Friedli K，et al，2000. Behaviour and leg injuries in dairy cows kept in cubicle systems with straw bedding or soft lying mats. Applied Animal Behaviour Science，69：189-197.

Westin R，Vaughan A，de Passille A M，et al，2016. Cow and farm-level risk factors for lameness on dairy farms with automated milking systems. Journal of Dairy Science，99：3732-3743.

Zdanowicz M，Shelford J A，Tucker C B，et al，2004. Bacterial populations on teat ends of dairy cows housed in free stalls and bedded with either sand or sawdust. Journal of Dairy Science，87：1694-1701.

宠物肥胖与营养调控理论和技术

第一节　宠物肥胖健康评价指标

一、体况评分

体况评分（body condition score，BCS）是评估宠物肥胖程度的常用方法，主要通过视觉观察和触诊来判断宠物的脂肪分布和骨骼轮廓。BCS通常分为5分制和9分制。5分制：1分为极度消瘦，5分为极度肥胖，3分为理想状态；9分制：1分为极度消瘦，9分为极度肥胖，5分为理想状态。

评估时需重点关注肋骨、脊柱、髋骨等部位的脂肪厚度和骨骼可触及性。

二、体重

体重是判断宠物肥胖的重要指标之一。超过理想体重的15％～20％即可视为肥胖。然而，体重评估需结合BCS，因为单纯依靠体重无法反映脂肪和肌肉的比例。

三、体脂率

体脂率可通过专业设备测量，是评估肥胖程度的更精确指标。虽然体脂率在宠物评估中不如BCS常用，但在一些研究中已逐渐被应用。

四、身体形态观察

通过观察宠物的整体形态，如腰部轮廓是否明显、腹部是否膨大等，可以初步判断肥胖程度。例如，肥胖宠物通常身体浑圆、行动笨拙，稍微运动即呼吸急促。

第二节　宠物肥胖与营养调控

饲喂宠物减肥主粮是治疗宠物肥胖的有效方式之一。目前的宠物减肥主粮主要有高蛋白、低碳水、高纤维、添加中草药、添加益生菌等类型（刘凤华，2020）。饮食的营养成分管理对宠物肥胖问题有重要影响。

一、碳水化合物

糖类是机体 GLU 的主要来源，而过多的 GLU 在猫机体代谢中会转化为脂肪和蛋白质，进而沉积在体内造成肥胖，因此许多减肥饲料配方的思路是通过低糖含量改善肥胖问题。有学者提出，高蛋白低糖类饮食可促进体重下降，高蛋白饮食通过增加机体的饱腹感，减少主粮的摄入量，从而减少机体能量摄入，而在所有营养成分中蛋白质的热增耗最高，故可达到减肥的目的（Pesta et al，2014）。有研究表明，高蛋白、高纤维饮食能减少犬血液中 TG 浓度，达到减肥效果（Phungviwatnikul et al，2020）。

二、纤维

一些研究提出可通过调整纤维比例改善宠物肥胖问题。适量的纤维可以加快肠道排空，有利于通便，从而达到减肥效果。有研究发现中等蛋白、高纤维饮食能使猫血清中 TG 浓度以及体脂量和体脂百分比显著下降，从而达到减肥的目的（Pallotto et al，2018）。

三、功能性营养物质

其他在代谢中起作用的营养物质也可以实现改善肥胖问题的目的。左旋肉碱是动物体必需的一种营养物质，它与动物体内的长链脂肪酸代谢有关，能将长链脂肪酸运送到线粒体内代谢氧化，因而左旋肉碱也有减轻体重的功效。有研究发现在低能量主粮中添加左旋肉碱可以减轻大鼠的体重（Brandsch and Eder，2002），使用犬作为试验动物，在它的基础主粮中添加左旋肉碱和膳食纤维，可以达到减轻犬体重的效果。某些中草药有加速脂肪代谢的作用，以此提高机体代谢率，从而达到减肥的效果。有研究在研发减肥药时应用中草药大黄，得出其能降低家兔血液中 TG 和 TC 的含量的结果（马利芹等，2009）；另一研究发现用陈皮、山楂和杜仲三味草药制成的混合汤剂可以通过抑制大鼠脂肪酸合成酶的活性，促进酰基辅酶 A 氧化酶活性，从而发挥显著降低体重和血脂含量的作用（林园园和熊义涛，2018）。

参考文献

林园园，熊义涛，2018. 杜仲、山楂和陈皮混合汤剂对营养型肥胖大鼠减肥降脂的作用. 中国当代医药，25（17）：20-23，28.

刘凤华，2020. 肥胖症犬猫的科学饲养管理技术探究. 现代畜牧兽医（10）：66-81.

马利芹，耿光瑞，孙秀梅，2009. 大黄减肥复方对家兔脂肪代谢的影响. 黑龙江畜牧兽医（03）：107-108.

Brandsch C，Eder K，2002. Thermally oxidized dietary fats increase plasma thyroxine concentrations in rats irrespective of the vitamin E and selenium supply. The Journal of Nutrition，132（6）：1275-1281.

Pallotto M R，Vester B M，Swanson K S，2018. Effects of weight loss with a moderate-protein，high-fiber diet on body composition，voluntary physical activity，and fecal microbiota of obese cats. American Journal of Veterinary Research，79（2）：181-190.

Pesta D H，Samuel V T，2014. A high-protein diet for reducing body fat：mechanisms and possible caveats. Nutrition & Metabolism，11（1）：53.

Phungviwatnikul T，Valentine H，de Godoy M R C，et al，2020. Effects of diet on body weight，body composition，metabolic parameters，and fecal microbiota of adult domestic shorthair cats. Journal of Animal Science，98（3）：skaa057.

第六章

宠物毛发健康与营养调控理论和技术

第一节 宠物毛发健康评价指标

一、毛发评分

宠物皮肤与毛发的感官评定方法最早是在 Rees 等（2001）的研究中提出并使用，后来成为最为主流的宠物犬猫毛发评分方法，目前许多以犬猫为试验动物的研究中使用并根据实际情况改进了此方法。但该方法作为一种主观评价，评价结果会因为评价者的不同而存在差异，所以在试验中应该进一步将试验动物的毛发评分与其他毛发指标进行相关性分析。宠物犬猫毛发状态评分标准如表 6-1 所示。

表 6-1 宠物犬猫毛发状态评分标准

分数	毛发状态
1	无光泽、粗糙、干燥
2	反射性差，不柔和
3	中等反射性，中等柔软
4	高反射性，非常柔软
5	油腻

二、毛发拉断峰值力和胱氨酸含量

单达聪（2008）在猫粮中添加了亮毛因子，通过毛发拉断峰值力和胱氨酸含量等指标评价了其对宠物猫毛发的影响。其中毛发拉断峰值力是采用 MARK-10 拉力计测定，记录毛发拉断时的瞬时拉力值。毛发拉断峰值力反映了宠物毛发的韧性和强度，韧性好、强度高的毛发，其品质也更高。测量毛发中胱氨酸含量是由于其分子之间存在二硫键，毛发中胱氨酸含量越高，它的拉力和韧性也就更好，被毛的品质也更好。单达聪（2008）还对样品分析值进行了相关性回归分析，构建了毛发胱氨酸含量和拉断峰值力的线性回归关系式，发现毛发胱氨酸含量与峰值力之间呈正相关趋势。

三、毛发感官品质

毛发感官品质评分方法包括毛发手感力度、光亮度和柔顺度。手感力度以抚摸犬猫毛发时的作用力度为标准；毛发光亮度评分要在自然光的条件下，并且测定时要保持观测的位置不变，毛发越有光泽，光亮度评分越高；柔顺度评分时需评分者用手沿犬猫毛发生长方向抚摸，毛发柔顺程度越高，评分越高。3个评分均以10分制计量，以上3个指标直观地反映了犬猫毛发的健康美丽程度和观赏价值，但是感官品质评分的精确度难免会存在一定的主观误差，评分也会因为评价者不同而有所差异，所以试验中需要将感官品质评分结果与可以定量测定的指标进行关联分析。而单达聪（2008）研究发现，毛发拉断峰值力和胱氨酸含量与这3个感官品质评分指标存在明显的相关性。邢蕾等（2020）在研究锌和复合酶制剂对贵宾幼犬毛发品质的影响时也使用了感官品质评分方法。

四、毛发色差值

有研究表明毛发色差值可用色差仪测试，色差仪在畜牧业中主要用于测定鸡的皮肤黄度、家畜屠宰后肌肉色差和肌肉脂肪含量（郑浩等，2019；黄维等，2020；何世梓等，2021），应用于测定犬猫毛发的研究较少。刘策等（2020）使用手持式色差仪测定了不同宠物毛发的色差值，包括亮度值、红度值、黄度值及计算值饱和度和色度角，发现黄度值与饱和度值可以用于评估和区分不同品种宠物间毛发的颜色差异。而亮度值与毛色光泽度、毛发含水量和含油量有关，亮度值越高则说明毛发的光泽度越好，动物的健康状态就越好。饱和度是颜色纯正、无污染的重要指标。当饱和度值为0时，代表毛发是灰色或黑色。而饱和度值越大，代表色彩的饱和度越高。色彩饱和度高的毛发更能够吸引注意力，也与宠物健康状态有关。色度角是在饱和度值为100%时，某种特定的颜色对应的角度值信息。通过以上测定指标和计算指标能够准确地描述色彩信息。张云海等（2023）用透明质酸钠饲喂临清狮猫，测定了猫毛的色差值，发现328mg/kg透明质酸钠添加量可以显著提高临清狮猫的被毛的亮度、红度、黄度值，与此同时也显著提高了被毛的感官光泽度评分。因此，测定毛发的色差值是一种科学有效评定犬猫毛发质量的方法。

五、毛发鳞片结构

Guo等（2022）在研究甲基磺酰甲烷（MSM）对幼龄布偶猫毛发质量的影响时使用扫描电子显微镜观察毛发样品鳞片的结构特征，包括毛发鳞片厚度、鳞片高度和毛发直径。鳞片结构是评价毛发质量的重要指标。鳞片的厚度、密度、形状和排列结构可以直接影响毛发的光泽度、柔软度和手感等性状。鳞片的厚度越小，毛发的摩擦系数就越小，毛发表面越光滑。鳞片高度越高，单位长度的鳞片数量就会越少，鳞片密度就会越小，导致毛发越光滑。而毛发直径越大，其柔软度越差（Wei et al，2005）。而研究结果也表明，2% MSM添加量促使毛发鳞片厚度变小，而0.4% MSM会使鳞片高度增加，均能提升毛发质量（Guo et al，2022）。丁丽军等（2018）的研究中使用了电子显微镜观察美毛添加剂对贵宾犬毛发的影响，结果表明，新型宠物美毛添加剂可以保证犬只被毛小皮层的完整性，提高被毛光滑程度，防止被毛损伤。使用电子显微镜观察毛发的鳞片结构的方法在其他领域的研究中已经比较成熟，研究犬猫的毛发也可考虑使用该方法。

六、近红外光谱技术分析

近红外光谱（near-infrared spectroscopy，NIRS）技术作为一种快速无损检测方法，在许多领域应用广泛。其已经应用于鉴别不同品种动物的毛纤维和毛发质量（魏峰等，2017）。Prola 等（2013）在日粮中添加 0.2％溶菌酶，通过 NIRS 分析评估犬只毛发质量，其中 NIRS 分析是使用 LabSpec Pro 便携式光谱仪完成的，该设备可以收集 350～2500nm 的光谱。研究者还根据毛发的亮度和纹理，使用视觉评分（1 稀缺，2 良好，3 最佳）来评估毛发质量。研究结果表明日粮添加溶菌酶处理后，毛发在电磁波谱的紫外、可见光和近红外波段的吸光度均提高了约 7％，同时毛发质量评分也显著提升（Prola et al，2013）。

第二节 宠物毛发健康与营养调控

一、矿物质

对犬猫毛发质量有重要作用的常量矿物元素主要是钙、镁、硫等（王国华等，2018）。日粮中钙、镁的比例对犬猫的毛发质量具有十分重要的影响，其比例不当会引起动物毛发凌乱、暗沉、无光泽以及掉毛和推迟换毛等现象（Lohi et al，2000）。硫参与毛发中的角蛋白合成，犬猫缺硫会影响毛发品质。在犬猫试验中，毛发中的硫元素含量也是重要的检测指标之一。

对犬猫毛发质量有重要作用的微量矿物元素是铜、锌、碘等（张晓军，2017）。锌可以提高动物毛发光泽度和毛囊密度等毛发品质（Liu et al，2015）。而且锌和铜对动物毛色有重要的调控作用。研究表明，锌和铜可参与毛皮中酪氨酸酶（tyrosinase，TYR）的合成激活过程并调节相关基因表达，而 TYR 通过参与黑色素细胞形成及分化直接调控动物的皮毛颜色。周宁（2015）研究发现，不同锌含量的饲粮能够调节水貂皮肤中酪氨酸酶相关蛋白 1（TYRP1）和 TYRP2 基因的表达量。Wu 等（2015）研究发现，饲料中添加铜可以显著改善水貂皮毛的整体质量评分和颜色评分。李继兴（2012）研究发现，在血清中加入铜可以显著提升 TYR 活性，在饲粮中添加铜可以显著提高卡拉库尔羊皮肤中 TYR 表达量，并可缓解毛发褪色的现象。这些研究说明，锌和铜可以通过提升 TYR 活性并上调 TYRP1 和 TYRP2 基因表达来调控动物的毛色。

锌的来源也会影响犬猫毛发的质量。Lowe 等（1994）研究对比了将氨基酸螯合锌、锌多糖复合物和氧化锌 3 种来源的锌分别添加到比格犬日粮中的效果，结果表明饲喂氨基酸螯合锌的犬比饲喂氧化锌或锌多糖复合物的犬的毛发生长速率更快，并且毛发中锌的沉积量更大，这说明来自氨基酸螯合物的锌可能更容易被比格犬利用。Jamikorn 等（2008）

的研究对比了将甲硫酰甘氨酸锌（ZnMetGly）与硫酸锌（$ZnSO_4$）分别作为犬粮添加剂的效果，在电子显微镜下测定比格犬的毛发特征，发现相比于 $ZnSO_4$，补充 ZnMG 可以显著提升比格犬毛发的生长速度。

碘是合成甲状腺激素的重要组成成分，而 Safer 等（2001）研究发现，局部外用 T3 可显著增加小鼠的皮肤厚度和毛发生长速度，这表明甲状腺激素能够促进皮肤和毛发的生长。也有研究表明，碘可影响 Wnt 蛋白表达改善动物毛皮的质量（申垒，2018），而 Wnt 蛋白是调控毛囊自我修复和周期性生长的重要信号蛋白（Närhi et al，2008）。这些研究说明碘可以通过影响 Wnt 蛋白表达和甲状腺素的分泌水平进而影响毛发生长。犬猫缺碘都会表现为被毛稀疏（王国华，2018）。

二、脂肪酸

脂肪是犬猫饲粮中的重要营养组成，其不仅是高水平的能量来源，而且能提供必需脂肪酸（essential fatty acids，EFA），显著提高饲粮的适口性，还可作为脂溶性维生素的载体。

饲料中的多不饱和脂肪酸（PUFA）对于犬猫的毛发和皮肤有重要影响，缺乏时会导致动物毛发生长发育不良，皮肤呈干鳞片状等（穆国柱，2013）。Kirby 等（2009）研究表明，在日粮中加入 13％脂肪可以改善犬的毛发评分。

同时脂肪酸中 n-6/n-3 PUFA 的比例对犬猫的健康和毛发质量也有重要影响，对于犬来说，理想的 n-6∶n-3 PUFA 在（5∶1）～（10∶1）（Vaughn et al，1994）。NRC 对猫营养需要的 n-6 和 n-3 推荐比例为 5∶1。张明秀（2013）用亚麻酸日粮（5.29％亚油酸、1.23％亚麻酸）和亚油酸日粮（5.05％亚油酸、0.10％亚麻酸）分别饲喂比格犬，结果表明不同比例的亚油酸和亚麻酸均可以显著提高比格犬的皮肤和毛发评分，而且日粮中亚麻酸和亚油酸比例为 5∶1 时对犬的皮肤和毛发质量提升更明显。Combarros 等（2020）研究表明，给毛色较差的犬饲喂 n-3 PUFA 胶囊可以显著提升犬毛发中脂肪酸含量，改善犬的毛发质量。这表明增加日粮中的脂肪酸含量并提高 n-3/n-6 PUFA 比例能够有效改善犬的毛发和皮肤状态。目前在宠物市场上，鱼油已被应用于宠物保健品中以额外补充 n-3 PUFA，能够对犬猫美毛起到有效的作用。

（一）多不饱和脂肪酸在犬猫毛发质量改善中的作用机理

1. 维持与促进毛发生长

毛发生长是毛囊中增殖细胞分裂的结果。毛囊是位于皮肤表皮与真皮之间的结构，其中毛乳头细胞作为毛囊的真皮成分，在新毛发的形成、毛发生长中起着基础性的决定作用（Yoon et al，2014）。研究表明，PUFA 可通过调节毛乳头细胞的功能影响毛发的生长与健康。一方面，PUFA 在细胞膜中起到重要的结构作用，可帮助细胞保持适当的形状和功能，这对于毛囊中毛乳头细胞等细胞的正常生长和发育至关重要。毛囊缺少营养时会发育不良，在切片下观察呈现萎缩、扭曲状（Bond et al，2016），这会引起宠物脱毛。另一方面，PUFA 可参与对毛囊生长周期的调控。体外试验表明二十二碳六烯酸（DHA）可通过促进毛乳头细胞生长周期蛋白 D1、p34 cdc2 的表达进而促进细胞从 S 期至 G2/M 期的转变，诱导毛乳头细胞增殖，从而促进毛发生长（Kang et al，2018）。这与毛乳头细胞的旁分泌作用有关。毛乳头细胞可分泌多种细胞因子作为信号来调节毛囊的发育。Ω-3 脂肪酸可作用于毛乳头细胞，刺激毛乳头细胞产生成纤维细胞生长因子（FGF）、IGF、血管内皮生长因子（VEGF）（邹匡月等，2023），这些信号可参与 Wnt、BMP、Notch 等信号通路的调控（刘公言等，2021），进而刺激毛发的生长。此外，对于毛发脱落较为严重的动物而言，进行 PUFA 的联合补充对促进毛发生长会更有效。以脱毛小鼠为对象进行磷脂型二十碳五烯（EPA）/DHA 膳食补充，结果显示小鼠的毛发覆盖率、长度均显著增加，且 VEGF、FGF-18 等的表达量显著提高（李晓月等，2021）。

2. 缓解炎症

当皮肤出现炎症时，炎症因子会在毛球附近募集免疫细胞，这会损伤毛囊，严重时可引起毛发脱落（Harmon et al，1993；Fetter et al，2023）。在宠物营养方面，PUFA 已被证明可通过减轻患皮肤病犬猫的皮肤炎症反应改善毛发质量（Logas et al，1994；Lechowski et al，1998；de Santiago et al，2021）。PUFA 缓解皮肤炎症反应很可能是通过为机体提供免疫调节剂来实现的。在宠物中，Ω-3 脂肪酸已被广泛应用于治疗犬猫的瘙痒症、特异性皮炎等，其机制主要是抑制炎症介质如 AA 或促进抗炎细胞因子的产生。在给比格犬饲喂 30d 鱼油胶囊（110mg EPA /68mg DHA）后，比格犬毛发瘙痒程度、皮肤鳞片化水平等得到了一定改善，且经测定比格犬红细胞膜中 AA/（DHA＋EPA）比值出现下降，这说明通过补充鱼油来减少 AA 等类二十烷酸促炎物质底物的数量对于缓解皮肤炎症是有效的（Combarros et al，2020）。进一步研究发现，Ω-3 脂肪酸可通过影响炎症相关蛋白的表达缓解炎症。Purushothaman 等（2014）给犬补充 21d 亚麻籽油后，发现格力犬体内与白细胞炎症相关基因（*HSP90* 和 *IL-1β*）的表达降低。但这项试验也表明在比格犬中并未发现相似的现象，这说明机体补充 PUFA 可能存在品种差异性。目前，Ω-3 脂肪酸已被广泛用于治疗犬猫的瘙痒症、特异性皮炎。

另外，以 Ω-6 脂肪酸为前体产生的类二十烷酸并非都是具有促炎作用的，一些研究表示，当同时补充富含 GLA 的植物油与 Ω-3 脂肪酸油时，可在促进 GLA 向二高-γ-亚麻酸（dihomo-gamma-linolenic acid，DGLA）转化的同时抑制 DGLA 向 AA 的进一步转化，而 GLA 已经被证明具有抗皮肤炎症的作用（Balić et al，2020）。总之，犬猫食品中 Ω-6 脂肪酸和 Ω-3 脂肪酸之间的比例要控制在合理范围内。Wyrostek 等（2023）通过对犬毛发脂肪酸谱进行分析后表明，当犬粮中亚油酸（LA）与 α-亚麻酸（ALA）比例为 1:1 时，可以促进 ALA 转化为 EPA 和 DHA。但除了毛发健康外，PUFA 对心血管健康等方面同样有重要影响，机体实际需要量要超过 1:1。有研究指出，在哺乳动物中，当 LA 与 ALA 比例在（3:1）～（4:1）时，是促进 ALA 向 DHA 转化的最佳比例（Barceló-Coblijn et al，2009）。目前，犬粮中添加 PUFA 时一般控制 Ω-6 脂肪酸与 Ω-3 脂肪酸的比例在（5:1）～（10:1）之间（Vaughn et al，1994），最佳比例有待进一步研究。

3. 抗氧化

氧化应激会分别导致毛发内部和外部的损伤从而影响毛发质量。一方面，动物机体内抗氧化能力的下降会导致毛囊受到自由基攻击而遭受损伤。另一方面，当毛发长时间暴露于阳光下时，紫外线诱导产生的自由基会破坏毛发中的角蛋白，特别是半胱氨酸中的二硫键，从而降低毛发结构的完整性，使其变脆、易折断（Trüeb et al，2015）。此外，机体内发生氧化反应的过程中，SOD可将O_2^-歧化为H_2O_2，而H_2O_2会破坏毛发黑色素细胞中的甲硫氨酸亚砜修复平衡（Wood et al，2009），衰老的犬猫毛发变灰、变白很可能与此相关。为毛发提供抗氧化剂如PUFA是中止自由基反应从而保护毛发质量的良好策略。岳佳新等（2022）的研究表明研制的育发复方对脱毛小鼠毛发生长有积极影响，配方中的油菜可通过清除DPPH自由基发挥抗氧化作用。丁丽军等（2018）测定了以鱼油、卵磷脂等为主要成分制成的美毛添加剂对贵宾犬毛发质量的影响，发现犬只总抗氧化能力、SOD含量均显著增加，毛发质量得到显著改善。可见PUFA可通过在体内发挥抗氧化剂的作用改善犬猫毛发质量。PUFA所具有的不饱和双键可以与氧自由基发生反应，通过形成相对稳定的氧自由基中间体防止由氧自由基引发的链式反应发生，从而减少机体内的氧化反应对毛发带来的损伤。

4. 保持皮肤屏障完整

PUFA可通过保持皮肤结构完整性从而维持毛发健康。研究表明，犬易位性皮炎的发生与皮肤屏障被破坏密切相关（Chermprapai et al，2018）。皮肤屏障功能的受损使得外界过敏原更容易侵入皮肤，从而诱发皮肤炎症。Ω-6脂肪酸可参与皮肤屏障功能，其补充对于维持表皮稳态具有重要意义。神经酰胺是皮肤角质层的主要组成成分，LA是合成神经酰胺的前体，在维持和形成皮肤结构、保持皮肤脂质屏障完整性、抵御外源微生物入侵上起到重要作用（Rabionet et al，2014）。在犬角质层细胞的培养过程中进行EPA和LA补充后，测定发现细胞中神经酰胺含量增加，且与神经酰胺合成相关的葡萄糖基神经酰胺合成酶的mRNA表达显著增加，说明PUFA的补充有助于维持犬表皮的屏障功能（Yoon et al，2020）。同时，膳食补充PUFA还可通过调节皮脂腺的代谢影响毛发健康。在喂食含有LA、ALA的饮食后，犬被毛评分显著改善，毛发中胆固醇含量显著增加，说明PUFA的膳食补充可通过对皮脂腺分泌的调节影响毛发光泽度、柔软度（Kirby et al，2009）。

5. 维生素溶剂作用

多种脂溶性维生素对犬猫毛发健康有积极影响（刘公言等，2021），脂溶性维生素与PUFA对毛发的作用是相互的。一方面，PUFA是脂质存在的一种形式，可作为脂溶性维生素的良好溶剂促进脂溶性维生素在体内的吸收和转运，与其共同维持犬猫毛发的健康。维生素A可维持上皮组织结构的完整性，维生素E的缺乏可使动物皮肤粗糙、脱毛，维生素D的缺乏可能造成与维生素D受体相关的毛发疾病（赵恒光等，2016；Vanburen et al，2022）。另一方面，维生素C、维生素E具有抗氧化性，可防止由脂质的过氧化作用引起的皮肤和毛发损伤。在给患有特异性皮炎的犬喂食含有PUFA与维生素E、维生素C的饮食后，犬瘙痒状况得到了明显改善（De Santiago et al，2021），这对犬毛发质量的改善也具有一定意义。

（二）不同来源的多不饱和脂肪酸在犬猫毛发质量改善中的应用

1. 动物性多不饱和脂肪酸

在犬猫食品生产中，鱼油是被广泛应用的动物源性Ω-3脂肪酸来源。鱼油富含DHA与EPA，已有研究表明膳食补充鱼油对犬猫毛发健康有益处。饲喂鱼油胶囊后，患有皮肤病的犬瘙痒、脱发症状及毛发质量均得到显著改善（Logas et al，1994）。对猫的研究也取得了类似的结果（Lechowski et al，1998）。然而，当前海洋生态环境受到严重污染，使来自海洋的油脂安全风险升高。有研究表明，在以粗炼鱼油为饲料的养殖鱼中检测出的二噁英、多氯联苯、DDT 等有机污染物残留率为 $1.3\%\sim5.2\%$，这对机体健康构成风险（Sun et al，2018）。目前尚未见与犬猫健康相关的报道，但仍不能忽略鱼油可能给犬猫健康带来的风险。鱼油的生产加工过程中还存在寄生虫污染、易氧化变性、生产成本较高等问题，这对海洋油脂在饲料加工产业中的应用带来了一定挑战（Naylor et al，2021）。在如今全球鱼类资源紧张、气候变化影响水产养殖业生产的背景下，寻找其他可替代 PUFA 来源具有重要意义，这也是犬猫食品产业未来发展的方向之一。此举将对饲料资源库的进一步拓展及 Ω-3 脂肪酸来源的可持续发展做出贡献。

2. 植物性多不饱和脂肪酸

植物油是犬猫膳食中 Ω-6 脂肪酸的主要来源。对猫而言，体内 Δ-6 去饱和酶的极低活性导致了常规植物油的补充不足以满足猫对 AA 的需求，而 AA 的缺乏会导致猫出现毛发干燥、脱屑等严重情况（Rivers et al，1975；Angell et al，2012）。Trevizan 等（2012）的研究表明，富含 GLA 的植物油是猫补充 AA 的一条良好途径。在猫粮中添加富含 GLA 的植物油可使猫血浆和红细胞中 AA 水平足以维持在正常范围内。

目前，已有多种油料作物可作为 Ω-6 的拓展来源，富含 ALA 的亚麻籽备受关注。在犬猫毛发健康的研究中，补充亚麻籽已经被证明对改善毛发质量有益，其是目前犬猫毛发健康产品中使用较为广泛的植物油（Rees et al，2001；Panasevich et al，2022；Richards et al，2023）。然而，亚麻籽对种植气候要求较高，世界上只有少数地区具备适宜的环境，因此有必要寻找其他植物油来源。Scarlett 等（2023）证明了犬补充亚麻荠油的安全性，并表明经过 16 周的亚麻荠油补充后，犬毛发柔软度、光泽度、颜色均匀性、毛囊密度等指标均随时间推移得到改善，说明亚麻荠油具有在犬猫毛发健康产品中应用的潜力。大麻籽油具有对皮肤、毛发保湿的有益作用（Metwally et al，2020；Tadić et al，2021），已有多项研究验证了大麻籽油补充对犬的安全性（Vastolo et al，2021；Xin et al，2022；Vastolo et al，2022），其未来有希望在犬猫毛发健康产品中添加应用。此外，植物油脂在实际生产应用中仍面临一些挑战，如动物机体内 ALA 转化效率有限、有抗营养物质存在、储存及加工过程中易氧化等问题（Wyrostek et al，2023），这可以通过饲料加工处理工艺解决。如对亚麻籽油进行酯化脱酸预加工处理后所得到的酯化产物具有在储存和加工过程中不易发生氧化反应、更有利于机体对脂肪酸的代谢等优点。

转基因油料植物油同样有作为鱼油可替代资源的潜力。目前研究人员已在芥菜、油菜的基础上研发转基因油料植物，有望生产富含 EPA、DHA 的籽油（Cahoon et al，2007）。但是，关于转基因植物油在犬猫毛发健康食品中的功能性、安全性和市场可接受性还需要通过进一步的试验研究加以确认，这一领域仍有待成熟和完善。

3. 微生物油脂

微生物油脂是由微生物或藻类发酵培养，再经精炼提取所生产的油脂。海洋中的藻类具有从头合成 EPA 与 DHA 的能力（Gladyshev et al，2013），且具有不争夺耕地、生长速度快等优势，是值得开发的 PUFA 新型来源。Ryckebosch 等（2014）通过测定表明，金藻（*Isochrysis*）、褐指藻（*Phaeodactylum*）等藻类的藻油中含有丰富的 Ω-3 脂肪酸，且含有胡萝卜素，可作为鱼油替代品。目前，已经有一些试验验证了犬猫食品中添加藻油的安全性，其中以裂殖壶菌属（*Schizochytrium*）藻油的相关研究最多。Dahms等（2021）开发了一种来自裂殖壶菌的富含DHA的藻油，并将其添加到怀孕犬及其后代的干食品中，测定了两代犬的生理参数、食物消耗量、体重，结果证明该藻油对两代犬的健康均无显著影响。该团队在怀孕猫及其后代上也取得了类似的结果（Vuorinen et al，2020）。Camilla等（2019）在膨化犬粮中添加了0.4%裂壶藻粉末，测定结果表明藻油的补充对健康比格犬消化系统、免疫系统的相关参数无显著影响，但藻油的添加有利于膨化犬粮适口性的提高。同时，该研究还对分别添加藻油与鱼油的犬猫食品进行了分析比较。藻油中存在的维生素E、黄酮类化合物、酚类化合物等抗氧化物质有利于提高含藻油犬猫食品的氧化稳定性。含藻油犬猫膨化食品的氧化诱导期为214d，而含鱼油的犬猫食品氧化诱导期是178d。Scheibel等（2021）则研究了裂殖壶菌藻油对雌猫和雄猫绝育后炎症反应的影响，发现膳食中补充藻油有利于术后恢复。然而，目前尚未有在食品中添加藻油对犬猫毛发健康影响的相关研究报道。

（三）高亚麻酸菜籽对猫生长性能的影响

用综合法和回归法研究了日粮中添加野生型菜籽和高亚麻酸菜籽对中华田园猫生长性能、血常规指标、血清生化指标和毛发质量的影响，以期为高亚麻酸菜籽的推广应用提供理论基础和科学依据。试验选取30只健康状况良好、年龄（2~4岁）和体重相似（3.53kg±1.16kg）的中华田园猫，将其随机分为3组：对照组（CON组）、野生型菜籽组（WT组）、高亚麻酸菜籽组（TR组），每组10只重复。试验期共44d，整个试验期猫房室内温度为26℃，相对湿度为46%。

高亚麻酸菜籽对猫生长性能的影响如表6-2所示。各组猫的初始体重、最终体重和平均日采食量没有显著差异（$P>0.05$）。高亚麻酸菜籽组猫粪便评分显著高于对照组（$P<0.05$），且粪便评分维持在较为健康的分数（2.66分）。

表6-2　高亚麻酸菜籽对猫体重、采食量和粪便评分的影响

指标	CON	WT	TR	P值
初始体重（IBW）/kg	3.66±1.08	3.66±1.05	3.73±1.35	0.990
最终体重（FBW）/kg	3.94±1.04	3.87±0.96	3.90±1.34	0.992
平均日采食量（ADFI）/g	53.27±15.18	55.14±11.90	54.04±13.69	0.957
粪便评分（FS）	2.18±0.46[a]	2.31±0.28[ab]	2.66±0.43[b]	0.039

注：同行肩注不同小写字母表示差异显著（$P<0.05$），含相同或无字母表示差异不显著（$P>0.05$）。下表同。

（四）高亚麻酸菜籽对猫血常规指标的影响

高亚麻酸菜籽对猫血常规指标的影响如表6-3所示，各组猫血常规指标没有显著差异（$P>0.05$），但野生型菜籽组猫RDWc较对照组有下降趋势（$P<0.1$）。添加4%高亚麻酸菜籽和野生型菜籽对猫血常规指标没有明显影响。

表 6-3　高亚麻酸菜籽对猫血常规指标的影响

指标	CON	WT	TR	参考范围	P 值
红细胞计数(RBC)/(10^{12}/L)	9.06±2.15	7.51±0.51	8.99±1.79	7.70～12.80	0.168
血红蛋白(HGB)/(g/dL)	12.35±3.76	10.07±0.95	12.01±2.51	10.00～17.00	0.257
红细胞压积(HCT)/%	40.48±9.59	34.33±2.56	39.73±7.52	33.70～55.40	0.245
平均红细胞体积(MCV)/fL	44.75±3.28	45.57±2.07	44.43±2.44	35.00～52.00	0.717
平均红细胞血红蛋白含量(MCH)/pg	13.47±1.12	13.39±0.90	13.39±0.51	10.00～16.90	0.975
平均红细胞血红蛋白浓度(MCHC)/(g/dL)	30.11±2.08	29.24±0.81	30.19±1.18	27.00～35.00	0.434
红细胞分布宽度变异系数(RDWc)/%	23.44±2.36	21.34±1.45	22.10±1.11	18.30～24.10	0.090
红细胞分布宽度标准差(RDWS)/fL	36.54±4.50	34.37±2.41	34.14±2.21	—	0.314
白细胞计数(WBC)/(10^9/L)	13.78±4.50	12.87±3.31	12.58±2.56	3.50～20.70	0.798
中性粒细胞(NEU)/(10^9/L)	10.08±4.05	9.95±3.07	9.38±1.80	1.63～13.37	0.905
嗜酸性粒细胞(EOS)/(10^9/L)	0.13±0.05	0.12±0.10	0.16±0.11	0.02～0.49	0.693
嗜碱性粒细胞(BAS)/(10^9/L)	0.01±0.01	0.00±0.01	0.01±0.01	0.00～0.20	0.055
淋巴细胞(LYM)/(10^9/L)	3.04±2.07	2.10±0.63	2.50±1.33	0.83～9.10	0.492
单核细胞(MON)/(10^9/L)	0.52±0.20	0.70±0.36	0.53±0.16	0.09～1.21	0.320
NEU/%	72.37±13.02	76.39±5.50	75.06±7.22	—	0.704
EOS/%	1.05±0.74	0.83±0.54	1.29±0.94	—	0.537
BAS/%	0.07±0.07	0.03±0.05	0.09±0.09	—	0.304
LYM/%	22.39±12.91	17.49±6.94	19.29±7.93	—	0.625
MON/%	4.09±1.89	5.24±1.49	4.30±1.28	—	0.359
血小板计数(PLT)/(10^9/L)	392.88±189.03	259.71±102.50	307.00±67.43	125.00～618.00	0.174
血小板平均体积(MPV)/fL	12.20±1.26	13.44±1.08	12.86±1.46	8.60～14.90	0.196
降钙素原(PCT)/%	0.48±0.25	0.35±0.13	0.39±0.09	—	0.354
血小板分布宽度变异系数(PDWc)/%	35.98±1.72	36.03±3.40	34.94±2.35	—	0.668
血小板分布宽度标准差(PDWs)/fL	17.26±2.57	18.89±2.44	17.33±2.62	—	0.410

(五) 高亚麻酸菜籽对猫血清生化指标的影响

高亚麻酸菜籽对猫血清生化指标的影响如表 6-4 所示。高亚麻酸菜籽组猫血清 GLU 浓度显著低于对照组 ($P < 0.05$)，野生型菜籽组猫血清 GLU 浓度与对照组无显著差异 ($P > 0.05$)。各组猫 TP、TG、ALT、AST、ALP、ALB、TC、LDL-C、HDL-C、UREA 和 CR 的含量差异不显著 ($P > 0.05$)。

表 6-4　高亚麻酸菜籽对猫血清生化指标的影响

指标	CON	WT	TR	P 值
总蛋白(TP)/(g/L)	68.21±4.90	64.10±8.06	68.59±5.50	0.414
谷丙转氨酶(ALT)/(U/L)	30.83±8.88	26.76±7.62	28.66±2.44	0.725
谷草转氨酶(AST)/(U/L)	23.40±4.76	20.40±1.92	19.32±1.60	0.147
葡萄糖(GLU)/(mmol/L)	8.62±0.20^a	6.93±1.61^{ab}	6.08±1.75^b	0.031
球蛋白(GLB)	42.33±3.98	38.67±7.76	42.67±5.72	0.461
碱性磷酸酶(ALP)/(U/L)	50.38±16.30	35.42±7.68	48.49±15.74	0.117
白蛋白(ALB)/(g/L)	25.69±1.85	25.55±0.72	25.73±2.00	0.979
总胆固醇(TC)/(mmol/L)	2.35±0.15	2.45±0.43	2.24±0.29	0.635
高密度脂蛋白胆固醇(HDL-C)/(mmol/L)	2.32±0.20	2.38±0.34	2.47±0.34	0.669
低密度脂蛋白胆固醇(LDL-C)/(mmol/L)	0.40±0.05	0.48±0.21	0.38±0.09	0.612
甘油三酯(TG)/(mmol/L)	1.85±0.11	1.90±0.51	1.85±0.33	0.972
尿素(UREA)/(mmol/L)	8.65±1.31	8.26±1.32	9.28±1.18	0.392
肌酐(CR)/(μmol/L)	135.31±13.96	131.46±25.16	136.92±15.71	0.878

(六) 高亚麻酸菜籽对猫血清炎症因子与免疫球蛋白的影响

高亚麻酸菜籽对猫血清免疫球蛋白与炎症因子的影响见表 6-5。高亚麻酸菜籽组猫血清中 IL-4 含量显著高于对照组 ($P<0.05$)。各组猫 IgG、IgM、IL-6 和 TNF-α 的含量均无显著差异 ($P>0.05$)。

表 6-5　高亚麻酸菜籽对猫血清炎症因子与免疫球蛋白的影响

指标	CON	WT	TR	P 值
IgG/(μg/mL)	28.25±1.89	34.00±4.08	33.33±4.89	0.125
IgM/(μg/mL)	3.98±0.17	4.36±0.34	4.45±0.51	0.215
IL-4/(ng/L)	92.81±14.33^a	105.02±10.59^{ab}	118.01±11.35^b	0.024
IL-6/(ng/L)	145.62±11.11	167.98±25.18	149.71±8.62	0.212
TNF-α/(ng/L)	130.53±19.33	147.36±20.22	154.49±23.15	0.260

(七) 高亚麻酸菜籽对猫血清炎症因子与免疫球蛋白的影响

高亚麻酸菜籽对猫血清抗氧化指标的影响见表 6-6。野生型菜籽组猫血清 T-AOC 活力显著低于对照组和高亚麻酸菜籽组 ($P<0.05$)。各组猫血清 MDA 含量、SOD 活力、GSH-Px 活力、CAT 含量没有显著差异 ($P>0.05$)。

表 6-6　高亚麻酸菜籽对猫血清抗氧化指标的影响

指标	CON	WT	TR	P 值
MDA/(nmol/mL)	11.54±4.54	13.08±3.64	11.28±4.32	0.729
SOD/(U/mL)	10.21±1.14	8.97±1.53	9.84±1.37	0.299
GSH-Px/(U/mL)	394.17±64.85	392.67±19.88	381.67±26.25	0.739
T-AOC/(U/mL)	1.56±0.45[b]	0.71±0.27[a]	1.17±0.27[b]	0.004
CAT/(U/mL)	3.02±1.41	2.97±1.06	3.11±1.13	0.980

（八）高亚麻酸菜籽对猫毛发鳞片结构的影响

高亚麻酸菜籽对猫毛发直径的影响如图 6-1 所示。相比于对照组和野生型菜籽组，高亚麻酸菜籽组猫毛发直径分别下降了 12.86% 和 6.26%，但无显著差异（$P>0.05$）。高亚麻酸菜籽组猫毛发直径第 40d 与第 0d 相比无显著差异。

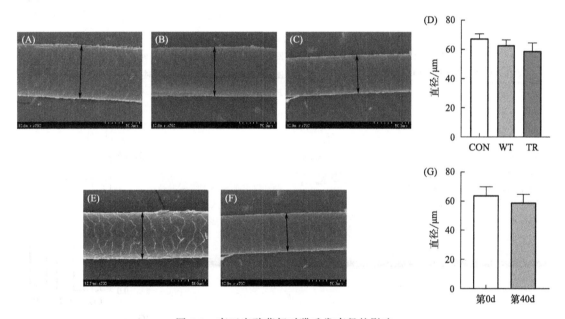

图 6-1　高亚麻酸菜籽对猫毛发直径的影响

(A)、(B)、(C) 图为第 40d 时 CON、WT 和 TR 组毛发直径，(D) 图为第 40d 时 3 组的毛发直径，(E) 和 (F) 图为第 0d 和第 40d 时 TR 组毛发直径，(G) 图为第 0d 和第 40d 时 TR 组毛发直径。

高亚麻酸菜籽对猫毛发鳞片高度的影响如图 6-2 所示。第 40d 时，高亚麻酸菜籽组猫毛发鳞片高度极显著高于野生型菜籽组（$P<0.0001$）。高亚麻酸菜籽组猫毛发鳞片高度第 40d 与第 0d 相比无显著差异（$P>0.05$）。

高亚麻酸菜籽对猫毛发鳞片厚度的影响如图 6-3 所示，第 40d 时，高亚麻酸菜籽组猫毛发鳞片厚度显著低于对照组（$P<0.05$）。高亚麻酸菜籽组猫毛发鳞片厚度第 40d 与第 0d 相比显著下降（$P<0.05$）。

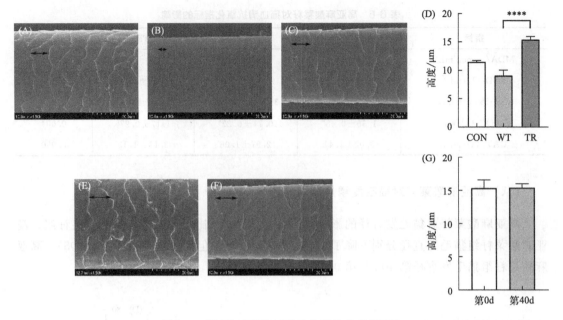

图 6-2   高亚麻酸菜籽对猫毛发鳞片高度的影响

（A）、（B）、（C）图为第 40d 时 CON、WT 和 TR 组毛发鳞片高度，（D）图为第 40d 时 3 组的毛发鳞片高度，

（E）和（F）图为第 0d 和第 40d 时 TR 组毛发鳞片高度，（G）图为第 0d 和第 40d 时 TR 组毛发鳞片高度。

（＊＊＊＊，$P < 0.0001$）

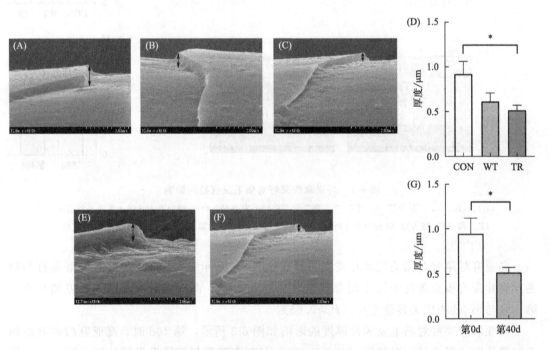

图 6-3   高亚麻酸菜籽对猫毛发鳞片厚度的影响

（A）、（B）、（C）图为第 40d 时 CON、WT 和 TR 组毛发鳞片厚度，（D）图为第 40d 时 3 组的毛发鳞片厚度，

（E）和（F）图为第 0d 和第 40d 时 TR 组毛发鳞片厚度，（G）图为第 0d 和第 40d 时 TR 组毛发鳞片厚度。

（＊，$P < 0.05$）

三、氨基酸

饲粮中氨基酸平衡对于犬猫皮肤和毛发的健康有很大影响。毛发由角蛋白构成，构成角蛋白的主要成分是含硫氨基酸（蛋氨酸、胱氨酸和半胱氨酸）（刘公言等，2021），所以含硫氨基酸对犬猫毛发质量有重要作用，而且相比于犬，猫对含硫氨基酸的需求更高，其原因之一就是猫需要维持更加厚重的被毛（王金全，2018）。蛋氨酸脱甲基后转变为胱氨酸和半胱氨酸，宠物缺乏蛋氨酸时会发生被毛变质。而且蛋氨酸调控动物毛囊发育的机制也已有研究探索，Zhu 等（2020）的研究表明，添加蛋氨酸可显著增加獭兔背部皮肤的毛囊密度，提高背部皮肤中 Wnt10b、β-连环蛋白（β-catenin）和 Dishevelled 蛋白的表达水平，并且使用 XAV-939 抑制 Wnt/β-catenin 信号通路后可以消除这种促进作用。而 Wnt/β-catenin 信号通路是调控毛囊形态发生发展最重要的信号通路（张铁佳等，2016），这表明蛋氨酸可以通过激活 Wnt/β-catenin 信号通路促进獭兔毛囊发育。吴振宇（2016）的研究表明，提高日粮中蛋氨酸水平能提高獭兔背皮中 Wnt10b、β-catenin、IGF-1、EGF、GHR、角蛋白关联蛋白（Kap）3.1 和 Kap 6.1 的基因相对表达水平，并显著提升毛囊密度。而 IGF 家族、EGF 和角蛋白相关蛋白质等基因都在动物的毛发生长中起重要作用（王文楠等，2019），这表明蛋氨酸可以通过调节激素受体、生长因子及角蛋白关联蛋白的水平来调控动物毛囊发育。

酪氨酸和苯丙氨酸主要参与调控犬猫毛发中黑色素的沉积，而哺乳动物的毛发颜色的形成主要是依赖于黑素在毛泡内的沉积（Ortonne et al，1993）。Watson 等（2017）分别饲喂给黑色拉布拉多犬 14654g/kJ 和 23446g/kJ 苯丙氨酸和酪氨酸，结果表明，高浓度组毛发中的黑色素沉积显著增加。而成年犬的推荐酪氨酸摄入量只有 10467g/kJ，这说明为了优化皮毛中的黑色素表达，犬需要的酪氨酸摄入量明显高于正常生长发育所需的摄入量。Anderson 等（2002）的研究表明，当饲粮中苯丙氨酸和酪氨酸浓度之和小于 16g/kg 时，黑猫会因为黑色素沉积不足而长出红毛。Morris 等（2002）的研究表明，在长出红色毛的猫日粮中补充酪氨酸可以逆转这种情况。以上研究结果说明，猫正常、健康生长和发育所需的酪氨酸和苯丙氨酸的摄入不足以支持毛发中黑色素的最大表达。

四、维生素

维生素 A 是犬猫健康皮肤和毛发生长所必需的脂溶性微量营养素，可以治疗宠物犬皮炎。有研究表明，患有脂溢性皮炎的犬对补充大量维生素 A 反应敏感（Raila et al，2002）。Suo 等（2015）研究发现，饲喂小鼠维生素 A 可以通过 Wnt 信号通路激活小鼠毛囊干细胞，诱导毛发生长。

维生素 D 能够促进动物毛发生长，并可以通过多个信号通路促进毛囊发育。吴晓静（2022）的研究表明，饲粮添加维生素 D 显著提升了獭兔被毛的长度，并极显著降低了绒毛细度，显著提高了獭兔的总毛囊密度及次级毛囊密度，同时使獭兔皮肤组织内的 *Wnt10b*、*ALPL*、*β-catenin*、*EGF*、*IGF-1*、*Hedgehog*（*SHH*）、*NOTCH* 以及 *miR-205* 基因表达量显著提高，而这些都是与毛囊发育高度相关的信号通路中的关键基因。

在缺乏维生素 B_2、维生素 B_6 和维生素 B_{12} 时，犬猫都会表现为毛发杂乱、脱落（王国华等，2018）。刘公言（2019）的研究表明，维生素 B_6 提高獭兔被毛密度的分子机理是抑制 ocu-miR-205-5p 表达，激活 PI3K/Akt、Wnt 和 Notch 等信号通路中相关基因和蛋白质的表达，使毛囊生长期延长、推迟休止期到来。

生物素可以直接调控毛囊细胞的代谢，Tahmasbi 等（2007）把分离出的次级毛囊保存在 Williams E 培养液中，分别补充 0mg/L、0.25mg/L、0.50mg/L 生物素，发现随着培养基中生物素添加水平的提高，毛囊生长速度增加。林颖等（2020）研究也得出了相似的结论，研究发现在体外培养的绒山羊次级毛囊的培养基中加入 0.50mg/L 生物素可以显著增加次级毛囊的长度和生长速度。犬缺乏生物素时面部和眼部周围会脱毛，严重情况下还会出现痂皮（马宗毅等，2004）。

维生素 E 具有强大的抗氧化能力，能够提高机体免疫力，维持细胞膜的完整性与正常功能，其对于犬猫皮肤和毛发发育也起重要作用，可能是由于维生素 E 抑制了日粮中多不饱和脂肪酸氧化，从而间接达到美毛的效果。日粮中缺乏维生素 E，动物会出现皮炎及皮下出血等症状，并且毛发也会脱落（刘公言等，2021）。但维生素调控毛囊和毛发发育的机制还未在犬猫上验证，有待进一步研究。

五、功能型添加剂

目前已经有许多功能性添加剂用于犬猫的美毛，其中比较常见的有卵磷脂、亚麻籽、海藻粉、植物提取物、中草药添加剂和益生菌等。

卵磷脂又称蛋黄素，在大自然中广泛分布于大豆、蛋黄及动物组织中，享有"第三营养素"的美称。殷国政等（2020）的研究表明，日粮中添加鱼油卵磷脂颗粒可以明显改善幼犬毛光亮度与柔顺度，并且降低了损伤毛发的检出率。周佳等（2018）研究表明，犬粮中添加海藻粉和亚麻籽能够改善贵宾犬的被毛品质，同时显著提高生长性能和表观消化率。海藻粉已经应用于许多美毛产品中。彭海航（2009）的研究表明，玉米幼芽提取物对毛囊细胞具有明显的抗氧化损伤作用，并且可以有效维持氧化损伤后毛囊的毛发生长周期。燕磊等（2016）研发了一款用于宠物猫美毛的添加剂，其中包含了益智仁、萝藦、玉竹、蒲公英、雪莲花等中草药原料，能够改善猫的皮毛健康状况，保护毛囊和毛发不受损伤，使被毛光洁柔顺，减少掉毛，可促进皮毛再生，而且此发明的原料均是天然产物，具有安全性高、无药物残留、无毒副作用等优势。有研究表明，益生菌对于犬猫毛发质量也有改善效果，陈博（2022）研究发现，基础日粮中添加凝结芽孢杆菌和酸化剂可以显著提升比特犬的毛发评分。

参考文献

陈博，2022. 芽孢杆菌组合对比特犬被毛品质、免疫机能及肠道健康的影响. 郑州：河南农业大学.

丁丽军，顾蓓蓓，罗有文，等，2018. 一种新型宠物犬美毛添加剂配方的效果评价. 江苏农业科学，46（22）：176-178.

何世梓，邓先旗，曾宪军，等，2021. 麻黄鸡皮肤黄度测定方法研究. 东北农业大学学报，52（12）：24-30.

黄维，王永，林亚秋，等，2020. 不同冷冻保存时间对肥羔型黑山羊肌肉色差的影响. 黑龙江畜牧兽医，601

（13）：7-11.

李继兴，2012. 铜对卡拉库尔羊毛色影响的研究 . 阿拉尔：塔里木大学 .

李晓月，王成成，段学锋，等，2021. 膳食补充磷脂型 EPA/DHA 结合蓝光照射对小鼠毛发再生的影响 . 水产学报，45（7）：1225-1234.

林颖，王文楠，刘海英，等，2020. 蛋氨酸和生物素对体外培养绒山羊次级毛囊生长的影响 . 动物营养学报，32（9）：4222-4229.

刘策，刘公言，林振国，等，2020. 手持式色差仪测定不同观赏动物的被毛的色差值 . 当代畜牧，458（4）：24-26.

刘公言，刘策，白莉雅，等，2021. 饲料添加剂对宠物被毛健康影响的研究进展 . 饲料研究，44（10）：146-149.

刘公言，刘策，陈雪梅，等，2021. 饲粮中营养物质对宠物被毛健康影响的研究进展 . 山东农业科学，53（6）：139-142.

刘公言，白莉雅，李福昌，等，2021. 毛囊发育与周期性生长的调控信号通路研究进展 . 畜牧与兽医，53（1）：125-129.

刘公言，2019. 维生素 B_6 通过 miRNA 调控獭兔毛囊发育作用机制的研究 . 泰安：山东农业大学 .

马宗毅，徐虎，星云，等，2004. 犬的皮毛健康与营养的关系 . 警犬（1）：36-37.

穆国柱，2013. 饲粮脂肪添加水平对生长獭兔生长性能、营养消化代谢、血清生化及皮毛质量的影响 . 泰安：山东农业大学 .

彭海航，2009. 玉米幼芽提取物宠物美毛保健产品的研制 . 杨凌：西北农林科技大学 .

单达聪，2008. 功能猫粮中亮毛因子组合效果的研究 . 饲料与畜牧（11）：23-26.

申垒，2018. 日粮碘水平对生长獭兔生产性能、肉毛皮品质、脂肪和氮代谢的影响 . 泰安：山东农业大学 .

王国华，李海云，冯杰，2018. 宠物犬、猫维生素营养需求研究进展 . 饲料研究，487（6）：29-32.

王国华，刘莉君，徐清华，等，2018. 宠物犬、猫矿物质营养需求研究进展 . 饲料研究，484（3）：24-27.

王金全，2018. 宠物营养与食品 . 北京：中国农业科学技术出版社 .

王文楠，孙亚波，刘海英，等，2019. 蛋氨酸对动物生长发育及毛发生长调控作用的研究进展 . 中国饲料（5）：4-7.

魏峰，杜锋，黄轩，等，2017. 红外光谱法鉴别动物毛纤维 . 毛纺科技，45（11）：65-69.

吴晓静，2022. 饲粮维生素 D 添加水平对獭兔毛囊发育和脂肪代谢的影响 . 泰安：山东农业大学 .

吴振宇，2016. 生长獭兔毛囊发育规律及蛋氨酸调控机制研究 . 泰安：山东农业大学 .

邢蕾，熊忙利，杜飞，2020. 氨基酸锌和复合酶制剂对贵宾幼犬被毛品质、免疫功能及血液生化指标的影响 . 黑龙江畜牧兽医（17）：141-144.

燕磊，吕明斌，唐婷婷 . 一种改善猫毛质和毛色的饲料添加剂及其制备方法 .CN105876214A，2016-08-24.

殷国政，李红梅，刘耀庆，等，2020. 卵磷脂对犬只被毛质量的影响研究 . 中国动物保健，22（3）：49-50.

岳佳新，王强强，孟令瑜，等，2022. 岩藻多糖-油菜花粉-南瓜籽油育发复方对雄激素性脱发模型小鼠毛发生长的影响及其作用机制 . 世界临床药物，43（4）：411-417，424.

张明秀，2013. 高多不饱和脂肪酸含量犬粮的制备及应用研究 . 无锡：江南大学 .

张铁佳，吴静，王岩，等，2016.Wnt10b 的生理功能及其在绒毛生长中的作用 . 畜牧与兽医，48（7）：115-118.

张晓军，2017. 宠物犬必需微量元素介绍及补充 . 中国畜禽种业，13（1）：97.

张云海，崔凯，孙海涛，等，2023. 饲粮中添加透明质酸钠对猫采食性能、血液指标和毛皮健康的影响 . 动物营养学报，35（3）：1957-1965.

赵恒光，易永芬，2016. 维生素 D 受体与毛发疾病 . 临床皮肤科杂志，45（1）：76-79.

郑浩，季久秀，周李生，等，2019. 猪肉肉色评分与色度值、大理石花纹评分及肌内脂肪含量回归模型的建立 . 江西农业大学学报，41（1）：124-131.

周佳，邓华彬，唐超，2018. 海藻粉和亚麻籽对贵宾犬被毛品质及生长性能、表观消化率的影响 . 广东饲料，27（6）：28-30.

周宁，2015. 锌对水貂毛色基因表达及生产性能的影响 . 延吉：延边大学 .

邹匡月，应明，孙兆军，等，2023. 不饱和脂肪酸对毛乳头细胞生长发育的影响 . 中国油脂：1-13.

Anderson P J，Rogers Q R，Morris J G，2002. Cats require more dietary phenylalanine or tyrosine for melanin deposition in hair than for maximal growth. J Nutr，132（7）：2037-2042.

Angell R J，Mcclure M K，Bigley K E，et al，2012. Fish oil supplementation maintains adequate plasma arachidonate in cats, but similar amounts of vegetable oils lead to dietary arachidonate deficiency from nutrient dilu-tion. Nutrition Research, 32 (5): 381-389.

Balić A, Vlašić D, Žužul K, et al, 2020. Omega-3 versus omega-6 polyunsaturated fatty acids in the prevention and treatment of inflammatory skin diseases. International Journal of Molecular Sciences, 21 (3): 741.

Barceló-Coblijn G, Murphy E J, 2009. Alpha-linolenic acid and its conversion to longer chain n-3 fatty acids: bene-fits for human health and a role in maintaining tissue n-3 fatty acid levels. Progress in Lipid Research, 48 (6): 355-374.

Bond R, Varjonen K, Hendricks A, et al, 2016. Clinical and pathological features of hair coat abnormalities in curly coated retrievers from UK and Sweden: follicular dysplasia in curly coated retrievers. Journal of Small Ani-mal Practice, 57 (12): 659-667.

Burron S, Richards T, Patterson K, et al, 2021. Safety of dietary camelina oil supplementation in healthy, adult dogs. Animals, 11 (9): 2603.

Cahoon E B, Shockey J M, Dietrich C R, et al, 2007. Engineering oilseeds for sustainable production of industrial and nutritional feedstocks: solving bottlenecks in fatty acid flux. Current Opinion in Plant Biology, 10 (3): 236-244.

Chermprapai S, Broere F, Gooris G, et al, 2018. Altered lipid properties of the stratum corneum in canine atopic dermatitis. BBA-Biomembranes, 1860 (2): 526-533.

Combarros D, Castilla-Castaño E, Lecru L A, et al, 2020. A prospective, randomized, double blind, placebo-controlled evaluation of the effects of an n-3 essential fatty acids supplement (Agepi® ω3) on clinical signs, and fatty acid concentrations in the erythrocyte membrane, hair shafts and skin surface of dogs with poor quality coats. Prostaglandins Leukotrienes Essential Fatty Acids, 159: 102140.

Dahms I, Bailey-Hall E, Sylvester E, et al, 2021. Correction: safety of a novel feed ingredient, algal oil contai-ning EPA and DHA, in a gestation-lactation-growth feeding study in beagle dogs. PLOS ONE, 16 (1): e0246487.

de Santiago M S, Arribas J L G, Llamas Y M, et al, 2021. Randomized, double-blind, placebo-controlled clini-cal trial measuring the effect of a dietetic food on dermatologic scoring and pruritus in dogs with atopic dermati-tis. BMC Veterinary Research, 17 (1): 354.

Ding L J, Gu B B, Luo Y W, et al, 2018. Evaluation of the effect of a new pet dog coat-care additive formula-tion. Jiangsu Agricultural Sciences, 46 (22): 176-178.

Fetter T, De Graaf D M, Claus I, et al, 2023. Aberrant inflammasome activation as a driving force of human au-toimmune skin disease. Frontiers in Immunology, 14: 190388.

Gladyshev M I, Sushchik N N, Makhutova O N, 2013. Production of EPA and DHA in aquatic ecosystems and their transfer to the land. Prostaglandins & Other Lipid Mediators, 107: 117-126.

Guo D, Zhang L, Zhang L, et al, 2022. Effect of dietary methylsulfonylmethane supplementation on growth per-formance, hair quality, fecal microbiota, and metabolome in ragdoll kittens. Front Microbiol, 13: 838164.

Harmon C S, Nevins T D, 1993. Il-1 alpha inhibits human hair follicle growth and hair fiber production in whole-organ cultures. Lymphokine and cytokine research, 12 (4): 197-203.

Jamikorn U, Preedapattarapong T, 2008. Comparative effects of zinc methionylglycinate and zinc sulfate on hair coat characteristics and zinc concentration in plasma, hair, and stool of dogs. The Thai veterinary medicine, 38 (4): 9-16.

Kang J I, Yoon H S, Kim S, et al, 2018. Mackerel-derived fermented fish oil promotes hair growth by anagen-stimulating pathways. International Journal of Molecular Sciences, 19 (9): 2770.

Kirby N A, Hester S L, Rees C A, et al, 2009. Skin surface lipids and skin and hair coat condition in dogs fed in-creased total fat diets containing polyunsaturated fatty acids. J Anim Physiol Anim Nutr (Berl), 93: 505-511.

Kirby N A, Hester S L, Rees C A, et al, 2009. Skin surface lipids and skin and hair coat condition in dogs fed in-creased total fat diets containing polyunsaturated fatty acids. Journal of Animal Physiology and Animal Nutrition, 93 (4): 505-511.

Lechowski R, Sawosz E, Klucińskl W, 1998. The effect of the addition of oil preparation with increased content of n-3 fatty acids on serum lipid profile and clinical condition of cats with miliary dermatitis. Journal of Veterinary Medicine Series A, 45 (1/10): 417-424.

Li X Y, Wang C C, Duan X F, et al, 2021. Effects of dietary supplementation with EPA/DHA-enriched phospho lipids combined with blue light irradiation on hair regeneration in mice. Journal of Fisheries of China, 45 (7): 1225-1234.

Liu G Y, Bai L Y, Li F C, et al, 2021. Progress in research on the regulatory signaling pathway of hair follicle development and periodic growth. Animal Husbandry & Veterinary Medicine, 53 (1): 125-129.

Liu G Y, Liu C, Bai L Y, et al, 2021. Research progress on the effects of feed additives on the coat healthy of pets. Feed Research, 44 (10): 146-149.

Liu Z, Wu X, Zhang T, et al, 2015. Effects of dietary copper and zinc supplementation on growth performance, tissue mineral retention, antioxidant status, and fur quality in growing-furring blue foxes (Alopex lagopus). Biol Trace Elem Res, 168: 401-410.

Logas D, Kunkle G A, 1994. Double-blinded crossover study with marine oil supplementation containing high-dose icosapentaenoic acid for the treatment of canine pruritic skin disease. Veterinary Dermatology, 5 (3): 99-104.

Lohi O, Hanusova E, Suvegova K, et al, 2000. Factors affecting the mineral composition of nutria fur (Myocastor coypus). Scientifur, 3: 197-202.

Lowe J A, Wiseman J, Cole D J, 1994. Zinc source influences zinc retention in hair and hair growth in the dog. J Nutr, 124: 2575-2576.

Metwally S, Ura D P, Krysiak Z J, et al, 2020. Electrospun pcl patches with controlled fiber morphology and mechanical performance for skin moisturization via long-term release of hemp oil for atopic dermatitis. Membranes, 11 (1): 26.

Morris J G, Yu S, Rogers Q R, 2002. Red hair in black cats is reversed by addition of tyrosine to the diet. J Nutr, 132 (6): 1646-1648.

Närhi K, Järvinen E, Birchmeier W, et al, 2008. Sustained epithelial beta-catenin activity induces precocious hair development but disrupts hair follicle down-growth and hair shaft formation. Development, 135 (6): 1019-1028.

Naylor R L, Hardy R W, Buschmann A H, et al, 2021. A 20-year retrospective review of global aquaculture. Nature, 591 (7851): 551-563.

Ortonne J P, Prota G, 1993. Hair melanins and hair color: ultrastructural and biochemical aspects. J Invest Dermatol, 101: 82-89.

Panasevich M R, Daristotle L, Yamka R M, et al, 2022. Dietary ground flaxseed increases serum alpha-linolenic acid concentrations in adult cats. Animals, 12 (19): 2543.

Prola L, Nery J, Dumon H, et al, 2013. Effect of dietary supplementation with lysozyme on coat quality and composition, haematological parameters and faecal quality in dogs. J Appl Anim Res, 41 (3): 326-332.

Purushothaman D, Brown W Y, Vanselow B A, et al, 2014. Flaxseed oil supplementation alters the expression of inflammatory-related genes in dogs. Genetics and Molecular Research, 13 (3): 5322-5332.

Rabionet M, Gorgas K, Sandhoff R, 2014. Ceramide synthesis in the epidermis. BBA-Molecular and Cell Biology of Lipids, 1841 (3): 422-434.

Raila J, Radon R, Trüpschuch A, et al, 2002. Retinol and retinyl ester responses in the blood plasma and urine of dogs after a single oral dose of vitamin A. J Nutr, 132: 1673-1675.

Rees C A, Bauer J E, Burkholder W J, et al, 2001. Effects of dietary flax seed and sunflower seed supplementation on normal canine serum polyunsaturated fatty acids and skin and hair coat condition scores. Vet Dermatol, 12: 111-117.

Rees C A, Bauer J E, Burkholder W J, et al, 2001. Effects of dietary flax seed and sunflower seed supplementation on normal canine serum polyunsaturated fatty acids and skin and hair coat condition scores. Veterinary Dermatology, 12 (2): 111-117.

Richards T L, Burron S, Ma D W L, et al, 2023. Effects of dietary camelina, flaxseed, and canola oil supplementation on inflammatory and oxidative markers, transepidermal water loss, and coat quality in healthy adult dogs. Frontiers in Veterinary Science, 10: 1085890.

Rivers J, Sinclair A, Crawford M, 1975. Inability of the cat to desaturate essential fatty acids. Nature, 258 (5531): 171-173.

Ryckebosch E, Bruneel C, Termote-Verhalle R, et al, 2014. Nutritional evaluation of microalgae oils rich in omega-3 long chain polyunsaturated fatty acids as an alternative for fish oil. Food Chemistry, 160: 393-400.

Safer J D, Fraser L M, Ray S, et al, 2001. Topical triiodothyronine stimulates epidermal proliferation, dermal thickening, and hair growth in mice and rats. Thyroid, 11 (8): 717-724.

Scheibel S, De Oliveira C A L, Marianne D A B, et al, 2021. DHA from microalgae *Schizochytrium* spp. (Thraustochytriaceae) modifies the inflammatory response and gonadal lipid profile in domestic cats. British Journal of Nutrition, 126 (2): 172-182.

Souza C M M, Lima D C, Bastos T S, et al, 2019. Microalgae Schizochytrium sp. as a source of docosahexaenoic acid (DHA): effects on diet digestibility, oxidation and palatability and on immunity and inflammatory indices in dogs. Animal Science Journal, 90 (12): 1567-1574.

Sun S X, Hua X M, Deng Y Y, et al, 2018. Tracking pollutants in dietary fish oil: from ocean to table. Environmental Pollution, 240: 733-744.

Suo L, Sundberg J P, Everts H B, 2015. Dietary vitamin A regulates wingless-related MMTV integration site signaling to alter the hair cycle. Exp Biol Med (Maywood), 240 (5): 618-623.

Tadić V M, Žugić A, Martinović M, et al, 2021. Enhanced skin performance of emulgel vs. cream as systems for topical delivery of herbal actives (immortelle extract and hemp oil). Pharmaceutics, 13 (11): 1919.

Tahmasbi A M, Galbraith H, Scaife J R, 2007. Investigation of the role of biotin in the regulation of wool growth in sheep hair follicles cultured in vitro. Res J Anim Sci, 1 (1): 9-19.

Trevizan L, de Mello Kessler A, Brenna J T, et al, 2012. Maintenance of arachidonic acid and evidence of δ5 desaturation in cats fed γ-linolenic and linoleic acid enriched diets. Lipids, 47 (4): 413-423.

Trüeb R M, 2015. The impact of oxidative stress on hair. International Journal of Cosmetic Science, 37: 25-30.

Vanburen C A, Everts H B, 2022. Vitamin A in skin and hair: an update. Nutrients, 14 (14): 2952.

Vastolo A, Iliano S, Laperuta F, et al, 2021. Hemp seed cake as a novel ingredient for dog's diet. Frontiers in Veterinary Science, 8: 754625.

Vastolo A, Riedmüller J, Cutrignelli M I, et al, 2022. Evaluation of the effect of different dietary lipid sources on dogs' faecal microbial population and activities. Animals, 12 (11): 1368.

Vaughn D M, Reinhart G A, Swaim S F, et al, 1994. Evaluation of effects of dietary *n*-6 to *n*-3 fatty acid ratios on leukotriene b synthesis in dog skin and neutrophils. Vet Dermatol, 5: 163-173.

Vuorinen A, Bailey-Hall E, Karagiannis A, et al, 2020. Safety of algal oil containing EPA and DHA in cats during gestation, lactation and growth. Journal of Animal Physiology and Animal Nutrition, 104 (5): 1509-1523.

Watson A, Le Verger L, Guiot A, et al, 2017. Nutritional components can influence hair coat colouration in white dogs. J Appl Anim Nutr, 5: 5.

Wei G, Bhushan B, Torgerson P M, 2005. Nanomechanical characterization of human hair using nanoindentation and SEM. Ultramicroscopy, 105: 248-266.

Wood J M, Decker H, Hartmann H, et al, 2009. Senile hair graying: H_2O_2-mediated oxidative stress affects human hair color by blunting methionine sulfoxide repair. The FASEB Journal, 23 (7): 2065-2075.

Wu X, Gao X, Yang F, 2015. Effects of dietary copper on organ indexes, tissular Cu, Zn and Fe deposition and fur quality of growing-furring male mink (*Mustela vison*). J Anim Sci Technol, 57: 6.

Wyrostek A, Czyż K, Sokoła-Wysoczańska E, et al, 2023. The effect of ethyl esters of linseed oil on the changes in the fatty acid profile of hair coat sebum, blood serum and erythrocyte membranes in healthy dogs. Animals, 13 (14): 2250.

Xin G, Yang J, Li R, et al, 2022. Dietary supplementation of hemp oil in teddy dogs: effect on apparent nutrient digestibility, blood biochemistry and metabolomics. Bioengineered, 13 (3): 6173-6187.

Yoon J, Nishifuji K, Iwasaki T, 2020. Supplementation with eicosapentaenoic acid and linoleic acid increases the production of epidermal ceramides in in vitro canine keratinocytes. Veterinary Dermatology, 31 (5): 419.

Yoon S Y, Yoon J S, Jo S J, et al, 2014. A role of placental growth factor in hair growth. Journal of Dermatological Science, 74 (2): 125-134.

Yue J X, Wang Q Q, Meng L Y, et al, 2022. Effects of fucoidan-pollen of Brassica campestris-pumpkin seed oil-1 on hair growth in androgenic alopecia model mice and its mechanisms of action. World Clinical Drug, 43 (4): 411-417+424.

Zhao H G, Yi Y F. Vitamin D receptor and hair follicle diseases. Journal of Clinical Dermatology, 2021, 44 (10):

146-149.

Zhu Y，Wu Z，Liu H，et al，2020. Methionine promotes the development of hair follicles via the Wnt/β-catenin signalling pathway in Rex rabbits. J Anim Physiol Anim Nutr（Berl），104（1）：379-384.